全国中等职业学校机械类/工程技术类专业通用教材
全国技工院校机械类/工程技术类专业通用教材（中级技能层级）

电　工　学

（少学时）（第二版）

人力资源社会保障部教材办公室组织编写

中国劳动社会保障出版社

简　介

本书主要内容包括：安全用电知识、直流电路、磁场与电磁感应、单相交流电路、三相交流电路、变压器与电动机、工作机械的基本电气控制电路、电子技术基础等。

本书由鲁劲柏担任主编，段晓凡、刘涛担任副主编，何薇、刁红艳、王惠祥、王海霞、郭一飞、陈建芳参加编写。

图书在版编目(CIP)数据

电工学：少学时/人力资源社会保障部教材办公室组织编写. -- 2版. -- 北京：中国劳动社会保障出版社，2019

全国中等职业学校机械类/工程技术类专业通用教材　全国技工院校机械类/工程技术类专业通用教材：中级技能层级

ISBN 978-7-5167-4077-4

Ⅰ. ①电…　Ⅱ. ①人…　Ⅲ. ①电工-中等专业学校-教材　Ⅳ. ①TM

中国版本图书馆 CIP 数据核字(2019)第 149406 号

中国劳动社会保障出版社出版发行

（北京市惠新东街1号　邮政编码：100029）

*

北京宏伟双华印刷有限公司印刷装订　　新华书店经销

787毫米×1092毫米　16开本　13印张　308千字

2019年7月第2版　　2023年12月第7次印刷

定价：26.00元

营销中心电话：400-606-6496

出版社网址：http://www.class.com.cn

http://jg.class.com.cn

前　言

为了更好地适应全国技工院校机械类、工程技术类专业的教学要求，全面提升教学质量，人力资源社会保障部教材办公室组织有关学校的一线教师和行业、企业专家，充分调研企业生产和学校教学情况，广泛听取教师对教材使用的反馈意见，在2018年完成全国技工院校机械类专业通用教材修订工作的基础上，又对其少学时版教材进行了修订。本次修订的少学时版教材包括：《机械制图（少学时）（第二版）》《机械基础（少学时）（第二版）》《机械制造工艺基础（少学时）（第二版）》《金属材料与热处理（少学时）（第二版）》《极限配合与技术测量基础（少学时）（第二版）》《电工学（少学时）（第二版）》《工程力学（少学时）（第二版）》等。

本次教材修订工作的重点主要体现在以下几个方面：

第一，更新教材内容，体现时代发展。

根据机械类、工程技术类不同专业对专业基础课教学的需要和教学实际情况的变化，合理确定学生应具备的能力与知识结构，对部分教材内容及其深度、难度做了适当调整；根据相关专业领域的最新发展，在教材中充实新知识、新技术、新设备、新材料等方面的内容，体现教材的先进性；采用最新国家技术标准，使教材更加科学和规范。

第二，提升表现形式，激发学习兴趣。

在教材内容的呈现形式上，较多地利用图片、实物照片和表格等形式将知识点生动地展示出来，尤其是在《机械基础（少学时）（第二版）》等教材插图的制作中全面采用了立体造型技术，力求让学生更直观地理解和掌握所学内容。针对不同的知识点，设计了许多贴近实际的互动栏目，在激发学生学习兴趣和自主学习积极性的同时，使教材“易教易学，易懂易用”。在印刷工艺上采用了双色或四色印刷，增强了教材的表现力。

第三，开发配套资源，提供教学服务。

本套教材配有习题册和方便教师上课使用的多媒体电子课件，可以通过职业教育教学资源和数字学习中心网站（http://zyjy.class.com.cn）下载电子课件等教学资源。另外，在教材中使用了二维码技术，针对教材中的教学重点和难点制作了动画、视频、微课等多媒体资源，学生使用移动终端扫描二维码即可在线观看相应内容。

本次教材的修订工作得到了河北、辽宁、江苏、山东、广东、广西、陕西等省、自治区人力资源社会保障厅及有关学校的大力支持，在此我们表示诚挚的谢意。

人力资源社会保障部教材办公室

2019年6月

目　录

第 1 章

安全用电知识

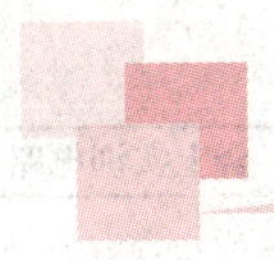

§1—1　认识电工实训室

一、熟悉电工实训环境

学生在教师的带领下，走进电工实训室（图 1—1），了解实训设施（图 1—2）的分布，电源配置情况，安全通道、消防设备、各级配电箱（板）的位置，认识安全警示标志等。

图 1—1　电工实训室布置图

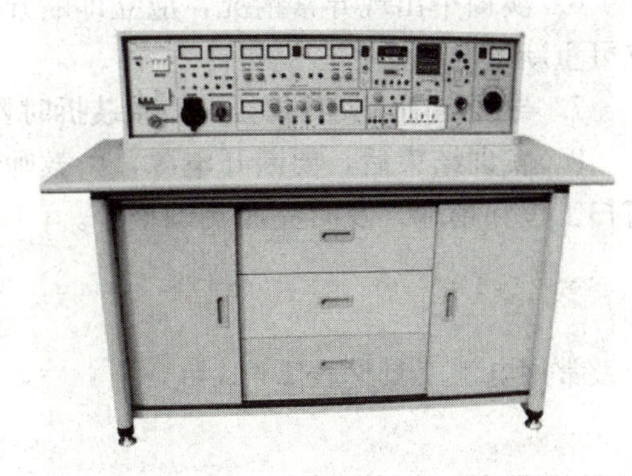

图 1—2　电工实训台

二、了解电工实训操作规程

1. 实训前，应认真阅读实训指导书，了解实训内容和安全操作注意事项，明确操作要求和操作顺序，检查待用工具、仪表的安全性和可靠性。

2. 实训中，应服从教师的指导和安排，认真听取教师讲解，仔细观察示范动作。

3. 按原理图准确接线，连接电路时，先接设备，后接电源；拆解电路时，先断电源，

后拆设备。

4．接好电路后，先认真自查，再由教师复查，确认无误后，方可送电（图1—3）。未经教师检查和允许，切不可擅自合闸送电。

图 1—3　电工实训室配电控制台

送电顺序：

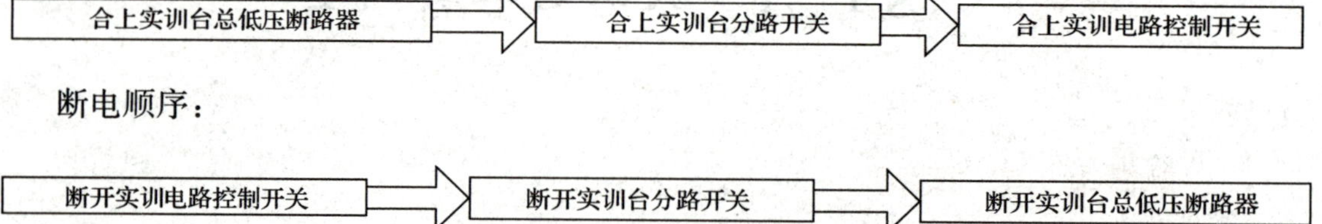

5．电工实训室内所有电气线路在未经验电器确定无电前，应一律视为“有电”，不可用手触摸。

6．实训中出现异常情况，应立即断开分路电源，检查线路。排除故障后，经教师同意，方可重新送电。

7．导线剖削、元件焊接、设备装拆时要特别注意刀具的正确使用，谨防伤及自己或他人。

8．实训结束后，要断开电源，由教师恢复好设备原有功能状态，学生整理工具和器材，清扫工位和场地，及时完成实训报告。

三、认识电工常用工具

常用电工工具见表 1—1。

表 1—1　　**常用电工工具**

名称	外形	用　途
钢丝钳		钳口用来钳夹或弯绞导线线头，齿口用来紧固或起松螺母，刃口用来剪断导线或剖剥导线绝缘层，铡口用来铡切导线线芯等。钳柄上应套有耐压为 500 V 以上的绝缘套

续表

名称	外形	用　　途
旋具		俗称改锥、螺丝刀或起子，它是一种紧固、拆卸螺钉的工具，按头部形状不同分一字形和十字形两种。电工用旋具应有绝缘柄，必要时还应在金属杆上加装绝缘套
尖嘴钳		用于钳断小直径导线、钳夹一些小部件和弯曲线头
偏口钳		又称斜口钳，也称断线钳，用于钳断导线或剥除导线绝缘层
剥线钳		主要用于剥削 6 mm^2 以下导线绝缘层，切口有多种规格的刃口，将导线放入相应刃口，紧握钳柄，即可将导线绝缘层割破，然后手动剥除
电工刀		主要用于剖削导线绝缘层和切割导线线头。使用时应将刀口向外剖削，用毕应及时将刀身折进刀柄。由于刀柄无绝缘保护，故不可带电作业

四、测电笔的使用

测电笔又称试电笔，简称电笔（图 1—4），常用于检查低压导体和电气设备是否带电。测电笔的正确握法如图 1—5 所示，常见的错误握法如图 1—6 所示。

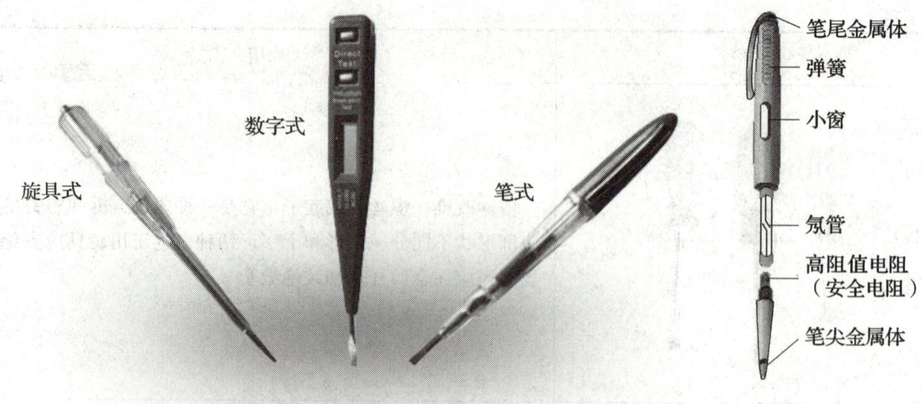

图 1—4　测电笔的结构和样式

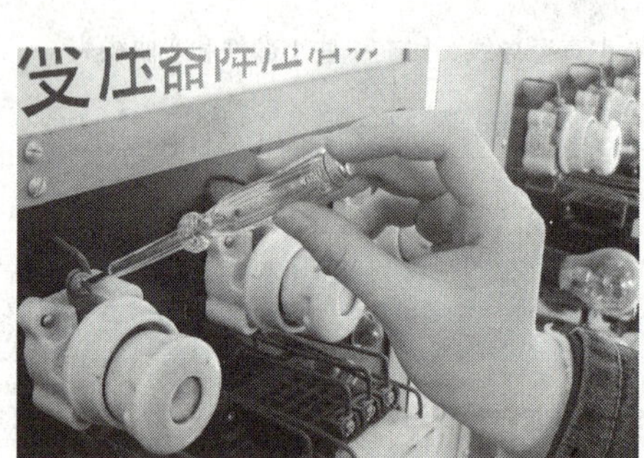

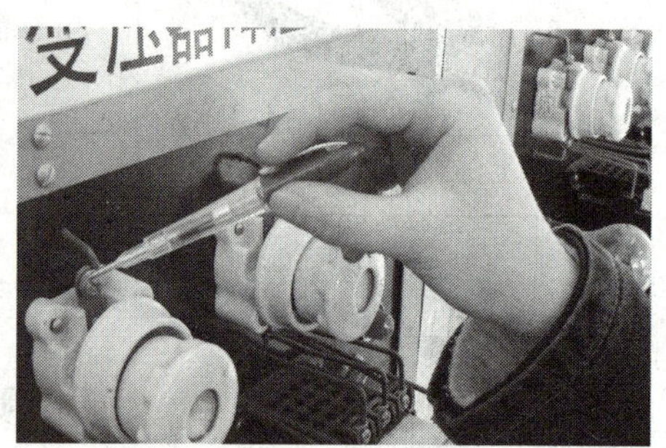

图 1—5　测电笔的正确握法

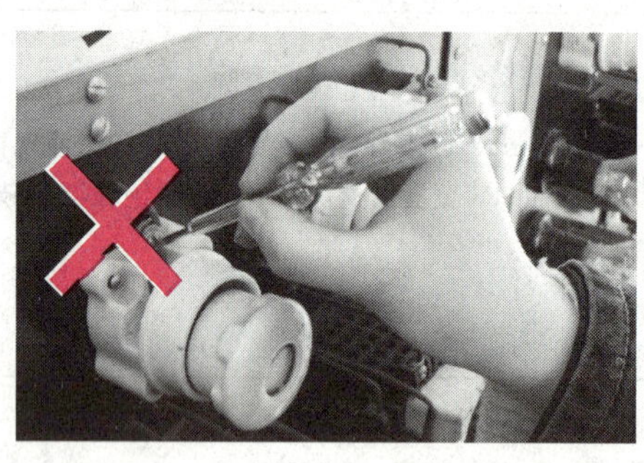

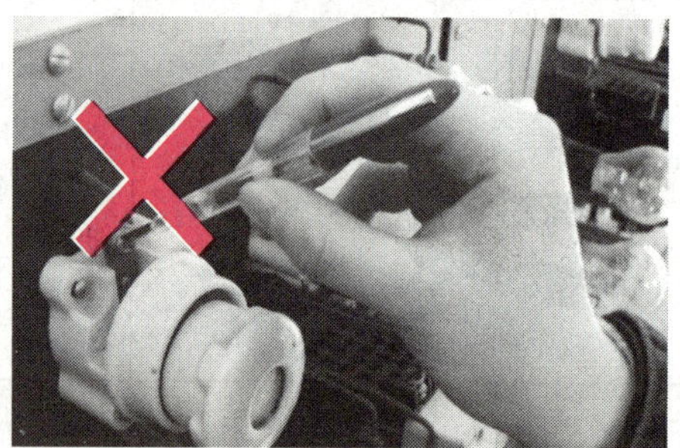

图 1—6　测电笔的错误握法

使用测电笔时应注意以下几点：

1. 被测电压不得高于测电笔的标称电压值。

2. 使用测电笔前，首先要检查测电笔内有无安全电阻，然后试测某已知带电物体，看氖管能否正常发光，检查无误后方可使用。

3. 在光线明亮的场所使用测电笔时，应注意遮光，防止因光线太强看不清氖管是否发光而造成误判。

4. 多数测电笔前端金属体都制成一字旋具状，注意在用它拧螺钉时用力不可过猛，以防损坏。

提示

当测电笔的金属笔尖已接触带电导体时，切不可用手或身体的其他部位再去接触笔尖。

§1—2　安全标志

安全标志是指在有触电危险的场所或容易产生误判断、误操作的地方，以及存在不安全因素的工作现场设置的文字或图形标志。

一、安全色及含义

我国国家标准《安全色》（GB 2893—2008）中规定采用红、蓝、黄、绿四种颜色为安全色，其具体含义及用途见表 1—2。

表 1—2　安全色的含义及用途

颜色	含义	用途举例
红色	禁止 停止	禁止标志；停止信号，如机器、车辆上的紧急停止手柄或按钮；禁止人们触动的部位；红色也可表示防火
蓝色	指令	指令标志；如必须佩戴个人防护用具；道路上指引车辆和行人行驶方向的指令
黄色	警告 注意	警告标志；警戒标志，如厂内危险机器和坑池边周围的警戒线，行车道中线；机械上齿轮箱内部；安全帽
绿色	提示 安全状态 通行	提示标志；车间内的安全通道，行人和车辆通行标志；消防设备和其他安全防护设备的位置

注：蓝色只有与几何图形同时使用时才表示指令。

二、导体色标

裸母线或电缆芯线的相序或极性标志见表 1—3。

表 1—3　导体色标

类别	导体名称	旧标准	新标准
交流电路	L1	黄	黄
	L2	绿	绿
	L3	红	红
	N	黑	淡蓝
直流电路	正极	红	棕
	负极	蓝	蓝
安全用接地线 PE		黑	绿/黄双色线

注：按照国家标准和国际标准，绿/黄双色线只能用做保护接地或保护接零线。但在日本及欧盟一些国家采用单一绿色线作为保护接地（零）线，使用这些产品时，应特别注意。

三、安全标志的构成及分类

安全标志是用以表达特定安全信息的标志，由图形符号、安全色、几何形状（边框）或文字构成。我国的安全标志分为禁止标志、警告标志、指令标志、提示标志四类，还有辅助标志。

表1—4～表1—8所列的安全标志摘自《电气安全标志》（GB/T 29481—2013），该标准适用于工作场所及可能引起与电气安全相关问题的所有地域和地段。

1. 禁止标志

禁止标志的含义是禁止人们的不安全行动。

禁止标志的几何图形是带斜杠的圆环，其中圆环与斜杠相连，用红色；图形符号用黑色；背景和衬边用白色。常见的禁止标志见表1—4。

表1—4 禁止标志

图形标志	含义	图形标志	含义
	禁止合闸 线路有人工作		禁止启动
	禁止烟火		禁止攀登
	禁止跨越		禁止用水灭火
	禁止通行		禁止靠近

2. 警告标志

警告标志的含义是提醒人们对周围环境引起注意，以避免可能发生的危险。警告标志的几何图形是正三角形，三角形边框和图形符号用黑色；背景用黄色；衬边用黄色或白色。常见的警告标志见表1—5。

表 1—5　　警告标志

图形标志	含义	图形标志	含义
	注意安全		当心触电
	当心电离辐射		当心微波
	当心电缆		当心自动启动
	当心弧光		当心磁场
	当心火灾		当心烫伤
	当心坠落		当心落物

3. 指令标志

指令标志的含义是强制人们必须做出某种动作或采取防范措施。指令标志的几何图形是圆形，背景用蓝色；图形符号和衬边用白色。常见的指令标志见表 1—6。

表 1—6　　指令标志

图形标志	含义	图形标志	含义
	必须接地		接机壳
	必须戴安全帽		必须系安全带
	必须戴防护眼镜		必须戴防护手套
	必须穿防护鞋		必须拔出插头

4. 提示标志

提示标志的含义是向人们提供某种信息（如标明安全设施或场所等）。提示标志的几何图形是方形，背景用绿色；图形符号和衬边用白色。常见的提示标志见表 1—7。

表 1—7　　提示标志

图形标志	含义	图形标志	含义
3N～	带中性线的三相交流电		适合带电操作
	方向指示（可与其他标志同时使用）	EXIT 出口	出口

5. 辅助标志

当使用文字对安全标志上的图形符号进行补充或说明时，将文字放在辅助标志中。辅助标志的几何图形为矩形，背景色采用白色或与所补充说明的安全标志颜色一致，文字采用黑色或白色。电工作业中常见的辅助安全标志牌规格式样见表 1—8。

表 1—8　　常用安全标志牌

序号	类型	图示实例	尺寸（mm×mm）	式样说明
1	禁止类	禁止合闸 有人工作	200×100 或 80×50	白底红字
		配电重地 闲人莫入		红底白字
2	允许类	在此 工作	250×250	绿底，中间有直径 210 mm 的白圆圈，圈内写黑字
3	警告类	止步 高压危险！	250×200	白底红边，黑字，有红色箭头

§1—3　触电急救与电气消防

一、触电的基本知识

电能的广泛应用，给人类生产和生活带来了极大的方便，但是如果使用不当，就会危及人身安全和设备安全。因此，学习安全用电知识，认真执行各项安全技术规程是十分重要的。

触电是指人体因直接触及电源或高电压经过空气等导电介质传递电流通过人体时，导致局部受伤甚至死亡的现象。

电流对人体的伤害分为**电击**和**电伤**两类。电击是电流通过人体内部，对人体内脏及神经系统造成的破坏；电伤是电流通过人体外部造成的局部伤害，如电弧烧伤、熔化的金属渗入皮肤等。触电过程中，电击和电伤往往会同时作用于触电者。

电流通过头部、脊髓、心脏这些重要器官都是最危险的，人手和脚触电的可能性最大，电流流经从手到手、从手到脚、从脚到脚这三种路径对人都很危险，其中尤以从**左手经前胸到脚、从一侧手到另一侧脚最危险，**因为这时电流可能通过的重要器官最多。此外，触电者由于手、脚痉挛，无法摆脱电源，还可能导致电流通过全身，或发生坠落、摔伤等二次事故。

二、触电的主要类型

触电的主要类型有单相触电、两相触电和跨步电压触电等，见表 1—9。

表 1—9　　触电的主要类型

触电类型	图示	说明
单相触电		人体触及一根带电导线或漏电的电气设备外壳，此时人体承受的是电源的相电压，在低压供电系统中为 220 V
两相触电		人体的两个部位（如手或脚等）分别触及两相导线，作用于人体的是电源的线电压，在低压供电系统中为 380 V
跨步电压触电		在高压电网接地点或防雷接地点及高压火线断落或绝缘损坏处，有电流流入地下时，在接地点周围土壤中产生电压降。当人走进这一区域时，两脚之间形成跨步电压，其大小取决于线路电压、人距离电流入地点的远近以及人两脚之间的跨步距离

三、触电急救

1. 使触电者脱离电源的方法

触电急救的第一步是使触电者迅速脱离电源，注意应保护好自己和触电者，即防止自身触电及防止触电者摔伤等二次事故的发生。使触电者脱离电源的方法见表 1—10。

表 1—10　使触电者脱离电源的方法

触电类型	处理方法	实施方法	图　示
低压电源触电	拉	附近有电源开关或插座时，应按照就近原则立即拉下开关或拔掉电源插头	拉下开关　拔掉插头
	切	若一时找不到断开电源的开关时，应迅速用绝缘完好的钢丝钳或断线钳剪断电线，以断开电源	剪断连接的电线
	挑	对于由导线绝缘损坏造成的触电，急救人员可用绝缘工具、干燥的木棒等将电线挑开	用干燥木棒挑开电线
高压电源触电		发现有人在高压设备上触电时，救护者应戴上绝缘手套、穿上绝缘靴后拉开刀开关	戴上绝缘手套、穿上绝缘靴后拉开刀开关

提示

切不可直接接触触电者身体，以防救护者触电。如必须接触触电者身体，救护者应使自身处于绝缘的位置，然后使用绝缘工具或穿戴绝缘护具接触触电者。

2. 简单诊断

在触电者脱离电源后，救护者应马上将触电者移至通风、干燥的地方，并立刻进行简单的救护及诊断，根据诊断情况采取相应的抢救措施。常见的诊断方法见表1—11。

表1—11　就地诊断的常用方法

方　法	图　示
将脱离电源的触电者迅速移至通风、干燥处，使其仰卧，松开其衣领和裤带	
观察触电者的瞳孔是否放大。当人处于假死状态时，人体大脑细胞严重缺氧，处于死亡边缘，瞳孔自行放大	瞳孔正常　瞳孔放大
观察触电者有无呼吸存在，摸一摸颈部的颈动脉有无搏动	
用耳朵贴近触电者的口鼻与心房处，听其有无呼吸和心跳	

3. 对症救护

（1）口对口人工呼吸法急救。通过就地诊断发现触电者**呼吸停止，但有心跳**，这时应采取口对口人工呼吸法立即进行抢救，其步骤和方法见表1—12。

表1—12　口对口人工呼吸法的实施步骤

步骤	实施方法	图　示
1	使触电者身体仰卧，松开其衣领和裤带，使其头偏向一侧，清除触电者口腔中的异物	清除口腔阻塞物

续表

步骤	实施方法	图　示
2	急救者在触电者一侧，一只手放在触电者前额，使其头部后仰；另一只手食指和中指放在触电者下颌骨处，抬起其下颌，使其气道畅通	
3	用一只手捏紧触电者的鼻子，另一只手托在触电者颈后，将其颈部上抬，深吸一口气，用嘴贴紧触电者的嘴，大口吹气	
4	吹气 2 s 后，离开触电者的嘴，松开捏紧鼻子的手，让空气从触电者肺部排出换气，如此反复。每隔 5 s 吹气一次，必须坚持连续操作，不可中断，直到触电者能自行呼吸	

（2）胸外心脏挤压法急救。通过就地诊断发现触电者**心跳停止，但呼吸尚存**，这时应采取胸外心脏挤压法立即进行抢救，其步骤和方法见表 1—13。

表 1—13　胸外心脏挤压法的实施步骤

步骤	实施方法	图　示
1	使触电者仰卧在硬板或硬质地面上，颈部枕垫软物使头部稍后仰，松开其衣领和裤带，急救者跪跨在触电者腰部	
2	急救者将右手掌根部按于触电者最下一根肋骨和胸骨结合处的向上二指处，中指指尖对准其颈部凹陷的下缘，左手掌复压在右手背上	
3	急救者掌根用力下压 5～6 cm，然后放松。按压与放松动作要有节奏，按压与放松时间比例为 1∶1，以 100～120 次/min 为宜，必须坚持连续操作，不可中断，直至触电者苏醒为止	

（3）人工心肺复苏法急救。通过就地诊断发现触电者**丧失意识，心跳和呼吸停止**，这时应采取人工心肺复苏法立即进行抢救，其方法和实施见表 1—14。

表 1—14　　人工心肺复苏法的方法和实施

急救方法	操作实施	图　示
一人急救	当只有一个急救者给病人进行人工心肺复苏法时，应是每做 30 次胸外心脏按压，交替进行两次人工呼吸	
两人急救	当有两个急救者给病人进行人工心肺复苏法时，首先两个人应呈对称位置，以便于互相交换。此时，一个人做胸外心脏按压；另一个人做人工呼吸。每按压心脏 30 次，进行两次人工呼吸	

练一练

利用触电急救模拟人进行人工呼吸和胸外心脏挤压练习。

四、电气火灾扑救常识

电气火灾是指电能通过电气设备或线路转化成热能并成为火源所引发的火灾。由于电气火灾往往带电燃烧，所以蔓延迅速。如果扑救不当，可能会引起触电事故，扩大火灾范围，加重损失。电气火灾的扑救方法主要分断电灭火和带电灭火两类。

1. 断电灭火

（1）有配电室的单位可以先断开主断路器；无配电室的单位应先断开负载断路器，然后拉开隔离开关。由于开关设备受烟熏水淋后绝缘强度降低，在拉闸时应使用适当的绝缘工具操作。

（2）当线路带有负载时，应穿好绝缘靴，戴好绝缘手套，使用绝缘胶柄钳等绝缘工具将电线剪断。不同相的电线应分别在不同部位剪断，以防止造成线路短路。

2. 带电灭火

发生电气火灾后，有时因特殊原因，无法立即断电，只能带电灭火。带电灭火时应注意以下几点：

（1）使用适当的灭火器和不导电的灭火剂，如二氧化碳和干粉灭火器等。**不允许使用泡沫灭火器带电灭火**，因为其灭火剂具有一定的导电性，对电气设备的绝缘强度有影响。

干粉灭火器的使用方法是：拔出保险栓，右手按下压把，左手握着喷管，在距离火焰两米的地方将喷口对准火源根部扫射，如图 1—7 所示。

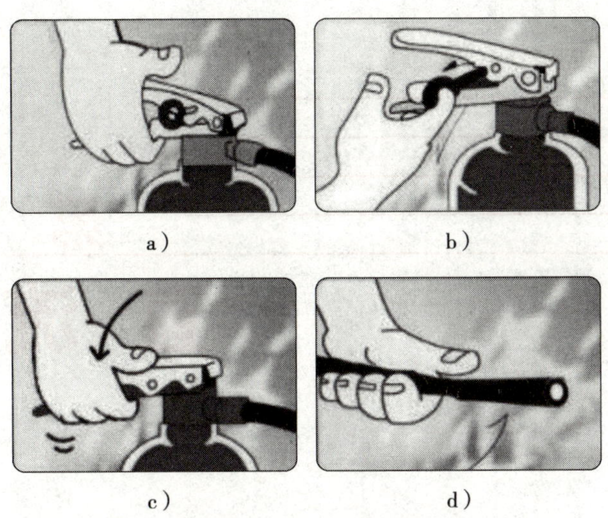

图 1—7　干粉灭火器的使用

a）提起灭火器　b）拔出保险销　c）压下手柄　d）喷嘴对准火焰根部扫射

（2）如遇带电导线断落地面，应划出警戒线，防止误入。扑救人员需要进入灭火时，必须穿好绝缘靴。

（3）在带电灭火过程中，以及在火灾扑灭后设备仍然带电时，任何人不得接近带电设备。

第 2 章 直流电路

§2—1 电路及基本物理量

一、电路的组成及作用

电流流通的路径称为电路。由直流电源供电的电路称为直流电路。如图 2—1a 所示，通过开关用导线将干电池和小灯泡连接起来，就组成了一个最简单的电路。图 2—1b 是用电气符号描述该电路的电路原理图。对电路的描述有时也可采用方框图，如图 2—2 所示。方框图主要用于说明一个复杂电路系统中各部分电路的功能及相互之间的关系，不描述细节。

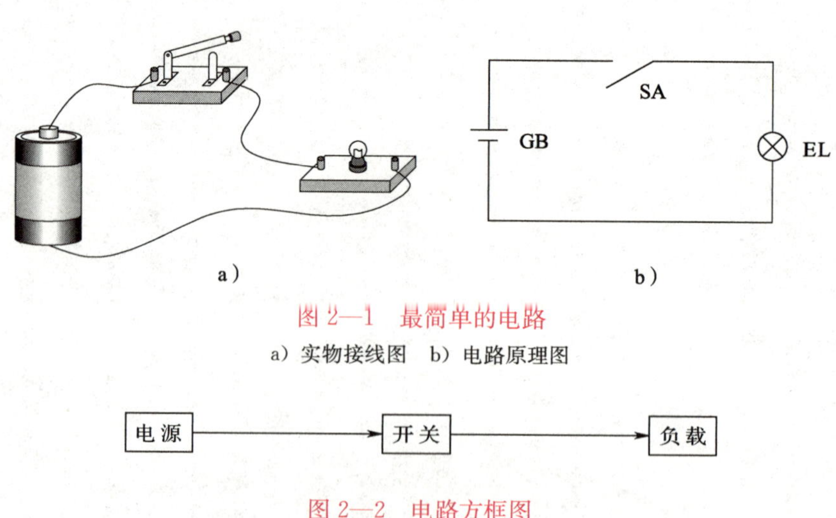

图 2—1 最简单的电路

a）实物接线图 b）电路原理图

电源 → 开关 → 负载

图 2—2 电路方框图

电路一般由以下四部分组成：

电源 为电路提供电能的设备，如干电池、蓄电池、发电机等。

负载　又称为用电器，其作用是将电能转变为其他形式的能，如电灯、扬声器、电动机等。

导线　起连接电路和输送电能的作用。

控制装置　主要作用是控制电路的通断，如开关、继电器等。

有些电路中还装有**保护装置**，以保证电路的安全运行，如熔断器、热继电器等。

电路通常有三种状态：

通路　电路构成闭合回路，有电流流过。

开路　电路断开，电路中无电流通过。开路也称**断路**。

短路　短路是电源未经负载而直接由导线构成闭合回路。这时电源输出电流将比允许的通路工作电流大很多倍，电源会因短路而损耗大量的能量。一般不允许短路。

知识链接

绘制电路图必须采用国家颁布的电气图用图形符号和文字符号，可查阅相关标准，如GB/T 4728、GB/T 20939 等。部分常用图形符号及文字符号见表 2—1。

表 2—1　电气图用图形符号及文字符号

名称	外形	图形符号	文字符号	名称	外形	图形符号	文字符号
二极管			VD	电流表		Ⓐ	PA
电容器			C	滑动变阻器			RP
电感器			L	熔断器			FU
三相异步电动机		M 3~	M	电压表		Ⓥ	PV
电池			GB	灯泡			EL
开关			SA	电阻			R

二、电流

1. 电流的形成

电荷的定向移动形成**电流**。电流用字母 I 表示。在金属导体中，实质上能定向移动的电荷是带负电的自由电子；在导电液体（如蓄电池电解液）中，能定向移动的电荷是正、负离子（图 2—3）。

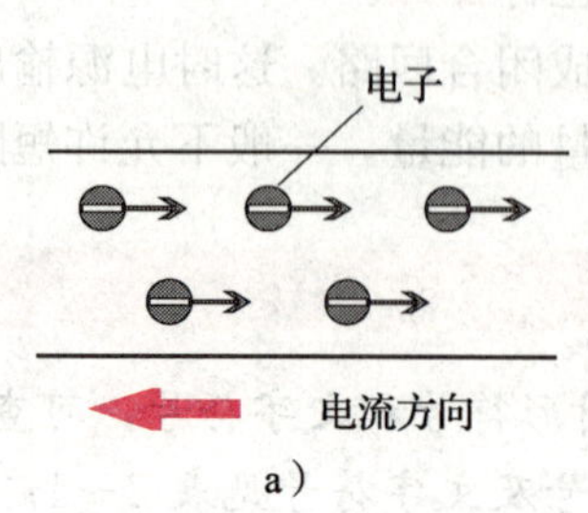

a）

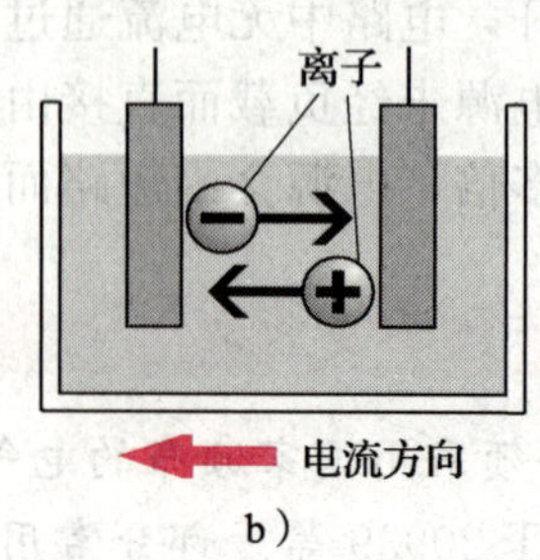

b）

图 2—3　电流的形成

a）金属中的电流　b）电解液中的电流

2. 电流的大小

电流的大小是指单位时间内通过导体横截面的电量，即

$$I=\frac{Q}{t}$$

电流的单位是安培，简称安，用 A 表示。电量的单位是库仑，简称库，用 C 表示。如果在 1 s 内通过导体横截面的电量为 1 C，则导体中的电流就是 1 A。常用的电流单位还有毫安（mA）、微安（μA）等。

$$1\ \text{mA}=10^{-3}\ \text{A}\qquad 1\ \mu\text{A}=10^{-3}\ \text{mA}=10^{-6}\ \text{A}$$

电路中的电流大小可用电流表进行测量（图 2—4）。

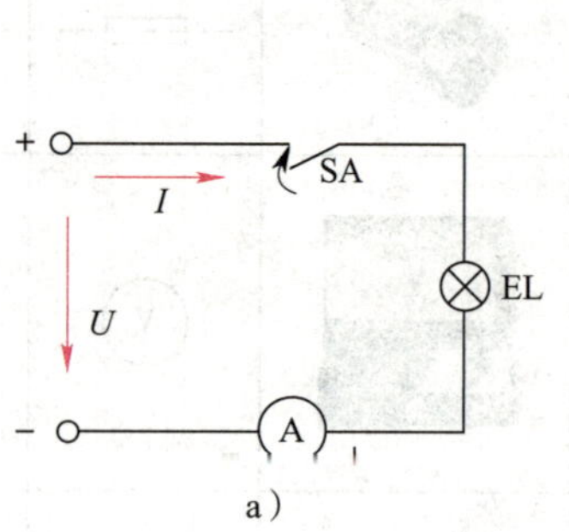

a）

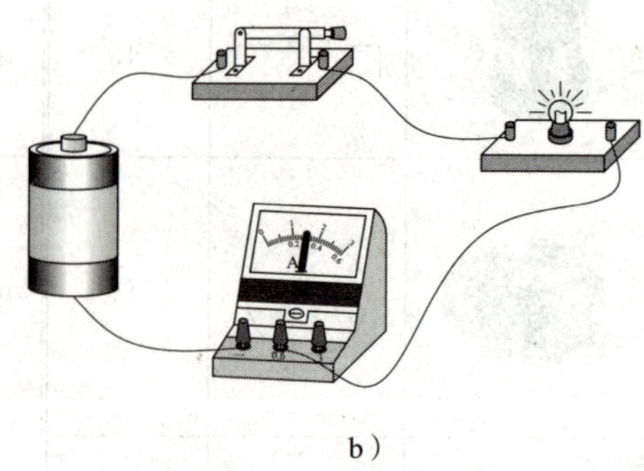
b）

图 2—4　直流电流的测量

a）原理图　b）实物图

测量时应注意以下几点：

（1）对交、直流电流应分别使用交流电流表和直流电流表测量，也可采用万用表的交流电流挡和直流电流挡进行测量。图 2—5 所示为几种常用的直流电流表。

（2）电流表应串接到被测量的电路中。

（3）直流电流表表壳接线柱上标明的“＋”“－”记号，应和电路的极性相一致，不能接错，否则指针要反转，既影响正常测量，也容易损坏电流表。

（4）每个电流表都有一定的测量范围，称为电流表的**量程**。当使用指针式电流表测量电流时，一般被测电流的数值在电流表量程的一半以上，读数较为准确。因此，在测量之前应先估计被测电流大小，以便选择适当量程的电流表。若无法估计，可先用电流表的最大量程挡测量，当指针偏转不到 1/3 刻度时，再改用较小挡去测量，直到测得正确数值为止。

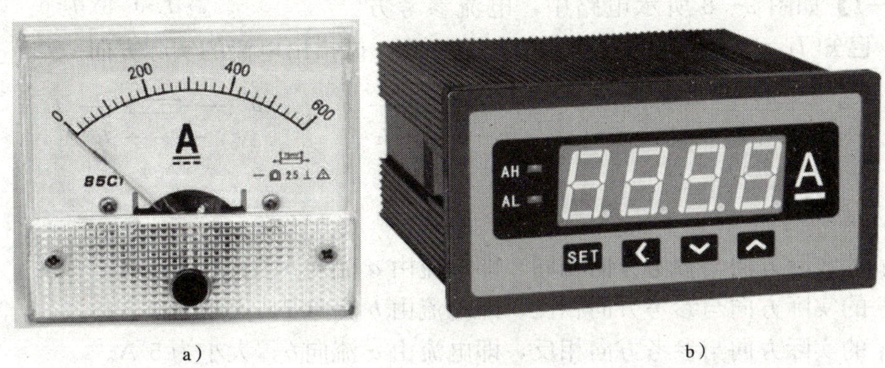

a）　　　　b）

图 2—5　直流电流表

a）指针式　b）数字式

为了在接入电流表后对电路的原有工作状况影响较小，**电流表的内阻应尽量小。**

3. 电流的方向

习惯上把正电荷移动的方向规定为电流的方向，因此，电流的方向实际上与自由电子和负离子移动的方向相反。若电流的方向不随时间的变化而变化，则称其为**直流电**，简称**直流**，用符号 DC 表示。其中，电流大小和方向都不随时间变化的称为**稳恒直流电**（图 2—6a）。电流大小随时间作周期性变化，但方向不变的称为**脉动直流电**（图 2—6b）。大小和方向都随时间作相应变化的，称为**交流电**（图 2—6c），简称**交流**，用符号 AC 表示。干电池、蓄电池提供的是直流电，动力、照明电路一般用交流电。

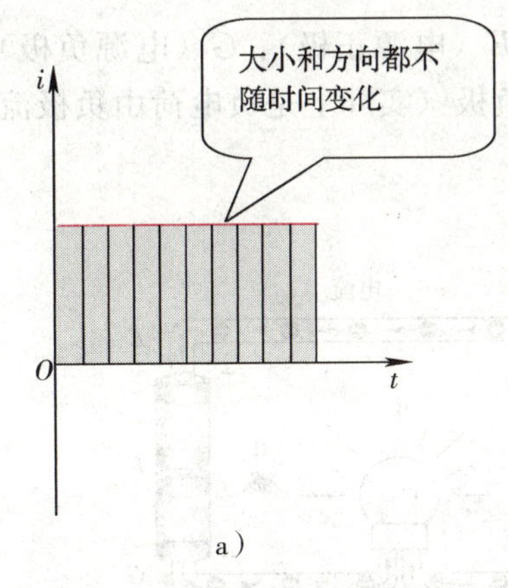

a）

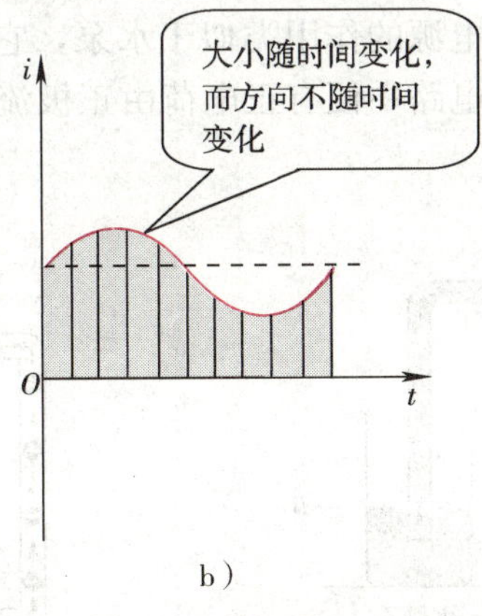

b）

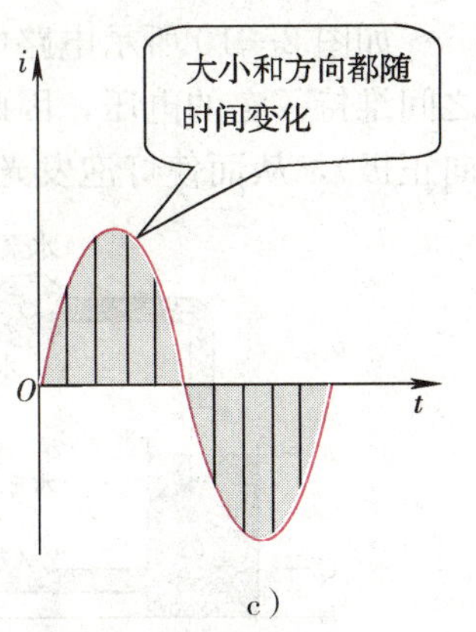

c）

图 2—6　直流和交流

a）稳恒直流电　b）脉动直流电　c）交流电

在分析和计算较为复杂的直流电路时，经常会遇到某一电流的实际方向难以确定的情况，这时可先任意假定电流的**参考方向**，然后根据电流的参考方向列方程求解。当解出电流为正值时，电流的实际方向和参考方向一致（图 2—7a）；解出电流为负值时，电流的实际方向和参考方向相反（图 2—7b）。

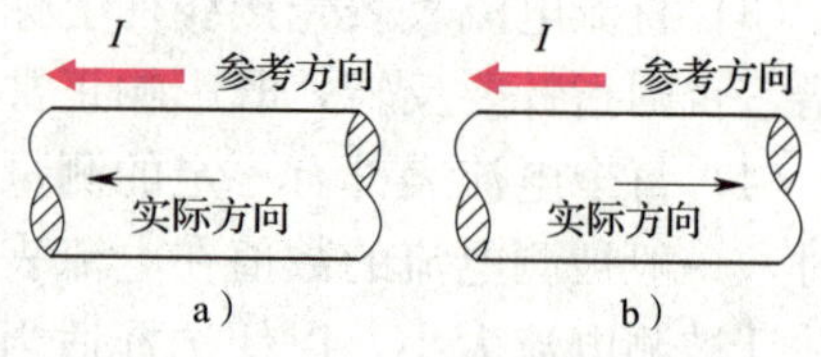

图 2—7　电流的正负
a）$I>0$　b）$I<0$

【例 2—1】 如图 2—8 所示电路中，电流参考方向已选定，已知 $I_1=1$ A，$I_2=-3$ A，$I_3=-5$ A，试指出电流的实际方向。

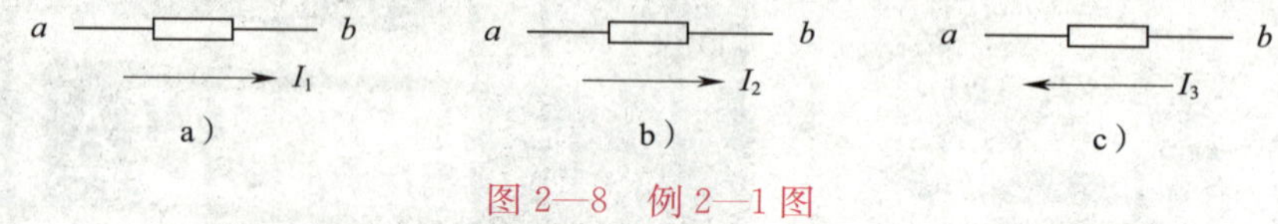

图 2—8　例 2—1 图

解： I_1 的实际方向与参考方向相同，即电流由 a 流向 b，大小为 1 A；
I_2 的实际方向与参考方向相反，即电流由 b 流向 a，大小为 3 A；
I_3 的实际方向与参考方向相反，即电流由 a 流向 b，大小为 5 A。

三、电压、电位和电动势

1. 电压

在电荷的周围存在一种称为电场的特殊物质，电荷之间通过电场发生相互作用。在金属导体中虽然有许多自由电子，但只有在外加电场的作用下，这些自由电子才能做有规则的定向移动而形成电流。电场力将单位正电荷从 a 点移到 b 点所做的功，称为 a、b 两点间的**电压**，用 U_{ab} 表示。电压的单位为伏特，简称伏，用 V 表示。

电压与电流的关系和水压与水流的关系有相似之处。

如图 2—9 所示装置中，由于用水泵不断将水槽乙中的水抽送到水槽甲中（水泵对水做功），使 A 处比 B 处水位高，即 A、B 之间形成了水压，水管中的水便由 A 处向 B 处流动，从而推动水车旋转。

如图 2—10 所示电路中，电源的作用类似于水泵，它使 E（电源正极）、G（电源负极）之间维持一定的电压，因此，电路中便有正电荷由正极流向负极（实际上是负电荷由负极流向正极），从而使灯泡发光。

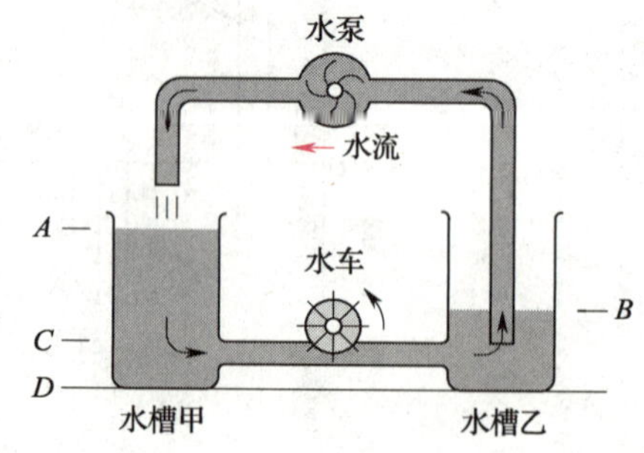

图 2—9　水压与水流

图 2—10　电压与电流

电压的实际方向即正电荷在电场中的受力方向。在计算较复杂电路时，常常对电压的实际方向难以判断，因此也要先设定电压的参考方向。原则上电压的参考方向可任意选取，但如果已知电流参考方向，则电压参考方向最好选择与电流参考方向一致，称为**关联参考方向**。当电压的实际方向与参考方向一致时，电压为正值；反之，为负值。

电压的参考方向有三种表示方法，如图 2—11 所示。

【例 2—2】 已知图 2—11a 中，$U_{ab}=5\ \text{V}$；图 2—11b 中，$U_{ab}=-2\ \text{V}$；图 2—11c 中，$U_{ab}=-4\ \text{V}$。试指出电压的实际方向。

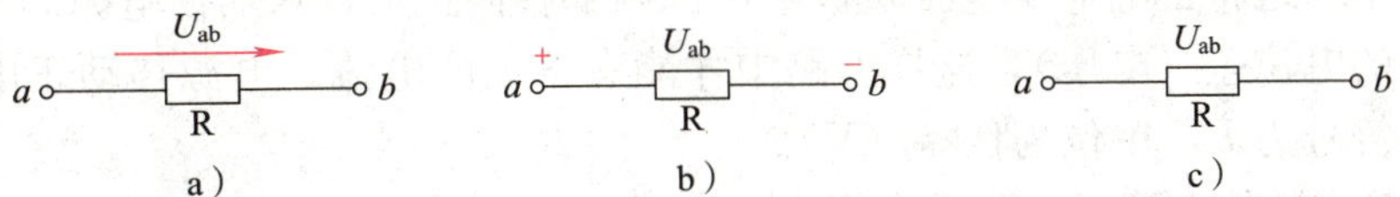

图 2—11　电压参考方向的表示方法

a）箭头表示：参考方向由 a 指向 b　b）极性符号表示：参考方向由正指向负　c）双下标表示：参考方向由 a 指向 b

解： 图 2—11a 中，$U_{ab}=5\ \text{V}>0$，说明电压的实际方向与参考方向相同，即由 a 指向 b；

图 2—11b 中，$U_{ab}=-2\ \text{V}<0$，说明电压的实际方向与参考方向相反，即由 b 指向 a；

图 2—11c 中，$U_{ab}=-4\ \text{V}<0$，说明电压的实际方向与参考方向相反，即由 b 指向 a。

知识链接

加在人体上一定时间内不致造成伤害的电压称为**安全电压**。通常规定**交流 36 V** 以下及**直流 48 V** 以下为安全电压，要求在有较多触电危险的场合全部使用安全电压。例如，机床照明灯、小型手持电动工具、普通移动式照明灯具使用 36 V 电压；在潮湿、高温、有导电尘埃的环境中使用 12 V 电压等。

提示

安全电压仅仅是为了一旦人员触电时，能将通过人体的电流限制在较小范围，绝不意味着人可长时间接触这样的电压，那仍是危险的。

2. 电位

如果在电路中选定一个**参考点**（零电位点），则电路中某一点与参考点之间的电压即为该点的**电位**。电位的单位也是伏特（V）。电位通常用 V 或 φ 表示，为简便起见，本书仍用 U 表示电位，如 a、b 点的电位可分别记为 U_a、U_b。电路中任意两点之间的电压就等于这两点之间的电位之差，即 $U_{ab}=U_a-U_b$，故**电压又称电位差**。

原则上电位的参考点可以任意选择，但为了便于分析计算，在电力电路中常以大地作为参考点，电路符号为“⏚”；在电子电路中常以多条支路汇集的公共点或金属底板、机壳等作为参考点，电路符号为“⊥”或“⊥”。高于参考点的电位取正，低于参考点的电位取负。例如，在图 2—10 中，若以 G 为参考点，则 G 点的电位为 0 V，F 点的电位为

1.5 V；若以 E 为参考点，则 F 点的电位为 -1.5 V，G 点的电位为 -3 V。但不管参考点如何选择，每只电池正、负极之间的电位差都是 1.5 V，这是不会改变的。这就如同图 2—9 中，不管是选 C 为参考点，还是选 D 为参考点，A、B 之间的水位差是不会随参考点的改变而改变的。

3. 电动势

图 2—9 中，水泵的作用是不断地把水从水槽乙抽送到水槽甲，从而使 A、B 之间始终保持一定的水位差，这样水管中才能有持续的水流。图 2—10 中，电源的作用和水泵相似，它通过电源力不断地将正电荷从电源负极经电源内部移向正极，从而使电源的正、负极之间始终保持一定的电位差（电压），这样电路中才能有持续的电流。电源移动正电荷的能力用**电动势**表示，符号为 E，单位为伏特（V）。

电源电动势在数值上等于电源没有接入电路时两极间的电压。电动势的方向规定为在电源内部由负极指向正极（图 2—12）。

对于一个电源来说，既有电动势，又有**端电压**。电动势只存在于电源内部；而**端电压**则是电源两端的电压，其方向由正极指向负极。电路接通时，电源的端电压总是低于电源内部的电动势。当电源开路时，电源的端电压与电源的电动势相等。

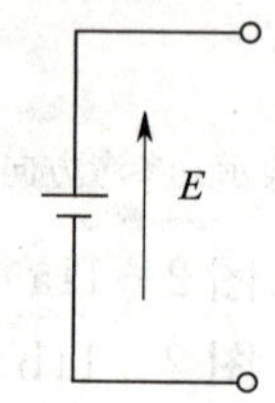

图 2—12　电动势的方向

提示

1. 电路中某点的电位与参考点的选择有关，但两点间的电位差与参考点的选择无关。
2. 电压和电动势的单位都是 V，较易混淆，应特别注意它们之间的区别：电压表征电场力做功的能力，电动势表征电源力做功的能力。

4. 电压的测量

（1）对交、直流电压应分别采用交流电压表和直流电压表测量，也可采用万用表的交流电压挡和直流电压挡进行测量。用直流电压表测量电压的接线如图 2—13 所示。图 2—14 所示为几种常用的直流电压表。

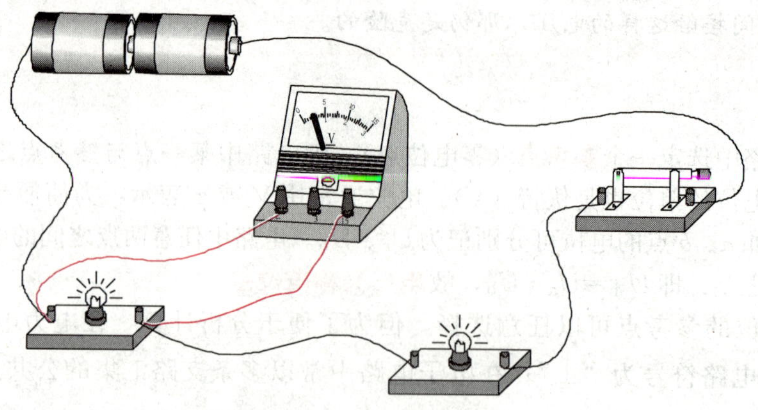
图 2—13　电压表的接法

a）

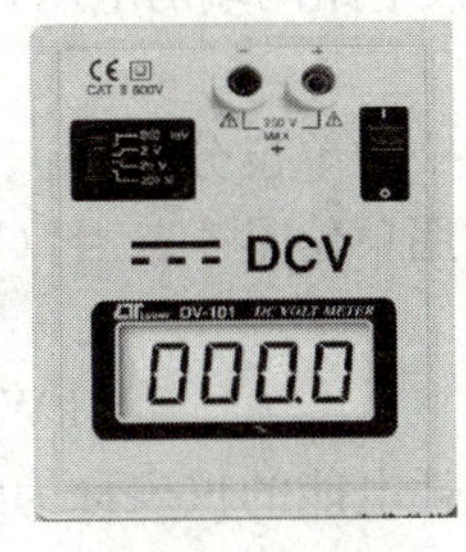

b）

图 2—14　直流电压表
a）指针式　b）数字式

（2）电压表必须并联在被测电路的两端。

（3）直流电压表表壳接线柱上标明的“+”“−”记号，应和被测两点的电位相一致，即“+”端接高电位，“−”端接低电位，不能接错，否则指针要反转，并会损坏电压表。

（4）合理选择电压表的量程，其方法和电流表相同。

为了在接入电压表后对电路的原有工作状况影响较小，**电压表的内阻应尽量大**，使通过电压表的电流相对于原电路正常工作电流小到可以忽略不计。

四、电功和电功率

1. 电功

搬运工将重物举到高处，这是人力做功，消耗的是体能；使用电动葫芦同样也能把重物吊到高处，这是电流做功，消耗的是电能（图 2—15）。

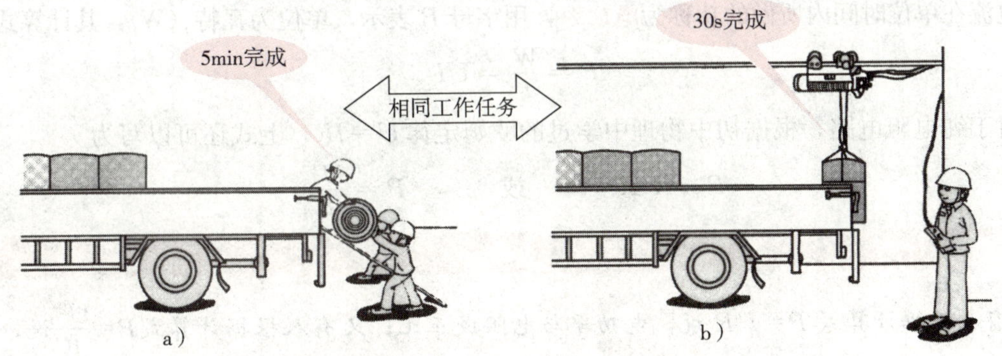

a）　b）

图 2—15　人力做功和电流做功
a）搬运工举物消耗的是体能　b）电动葫芦举物消耗的是电能

电流做功的过程，实质上就是将电能转化为其他形式的能的过程。例如，电流通过电动机做功，电能转化为机械能；电流通过电炉做功，电能转化为热能；电流通过灯泡做功，电能转化为光能和热能；电流通过电解槽做功，电能转化为化学能等。有多少电能转换为其他形式的能，电流就做了多少功。

电流所做的功，称为**电功**，用字母 W 表示，单位为焦耳（J）。研究表明，电流在一段电

路上所做的功等于这段电路两端的电压 U、电路中的电流 I 和通电时间 t 三者的乘积，即

$$W = UIt$$

式中 W、U、I、t 的单位分别为 J、V、A、s。

电能的另一个常用单位是**千瓦时**（kW・h），即通常所说的 1 **度**电，它和焦耳的换算关系为

$$1\ \text{kW} \cdot \text{h} = 3.6 \times 10^6\ \text{J}$$

用来测量电路消耗电能的仪表称为电能表，如图 2—16 所示。

a）

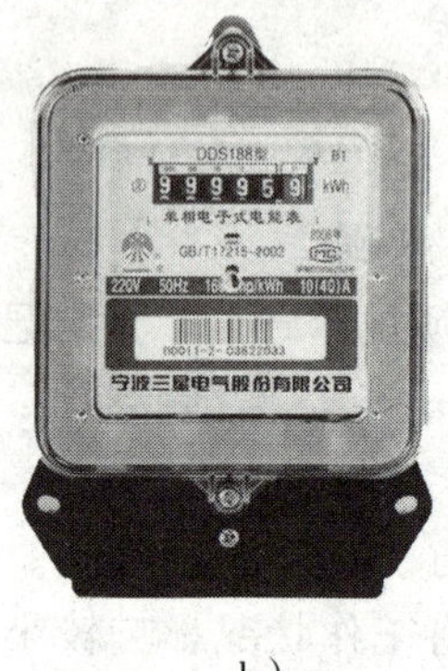

b）

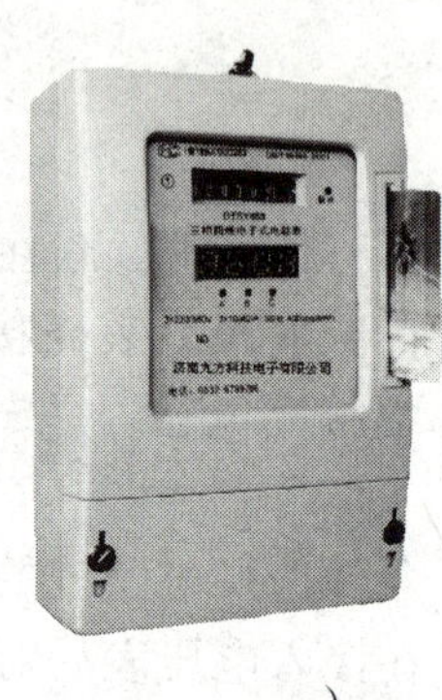

c）

图 2—16　电能表

a）机械式　b）电子式　c）预付费式

2. 电功率

在相同的时间内，电流通过不同的用电器所做的功，一般并不相同。例如，电流通过电力牵引机车的电动机所做的功，显然要比通过微风电扇的电动机所做的功要大得多。为了表征电流做功的快慢程度，引入了电功率这一物理量。

电流在单位时间内所做的功称为**电功率**，用字母 P 表示，单位为瓦特（W），其计算式为

$$P = \frac{W}{t} = UI$$

对于纯电阻电路，根据初中物理中学过的欧姆定律 $U=IR$，上式还可以写为

$$P = I^2R \qquad 或 \qquad P = \frac{U^2}{R}$$

想一想

有人根据计算式 $P=I^2R$ 说，电功率与电阻成正比，又有人根据计算式 $P=\frac{U^2}{R}$ 说，电功率与电阻成反比。他们的说法对吗？为什么？

3. 电流的热效应

电烙铁通电后会发热，电水壶通电后可以将水烧开。电流通过导体时使导体发热的现象称为**电流的热效应**。也就是说，电流的热效应就是电能转换成热能的效应。电流与它流过导体时所产生的热量之间的关系可用下式表示

$$Q = I^2Rt$$

Q 的单位是焦耳（J），这种热也称**焦耳热**。

如果是纯电阻电路，那么电流所做的功与产生的热量相等，即电能全部转换为电路的热能；如果不是纯电阻电路，例如，电路中有电动机、电解槽等负载时，电能除部分转化为热能外，还有一部分要转换为机械能、化学能等。

练一练

观察所在教室，有荧光灯______盏，每盏功率为____W；有电风扇______台，每台功率为________W；有其他用电器______台，总功率为____W。按每天平均用电 6 h 计算，则每天消耗的电能为________J，每天用电____度（kW·h）。

想一想

点亮的 40 W 灯泡，用手靠近，感到很热；而正在运转的几千瓦电动机，手摸外壳，却并不感到很热，这是为什么？

知识链接

在人们的生产和生活中有许多利用电热的设备（图 2—17），如电暖器、电热供水器、工业电炉等。焊接时利用电弧加热可以产生非常高的温度。此外，还可以选用低熔点的铅锡合金等制成熔断器的熔丝，以保护电路和设备。

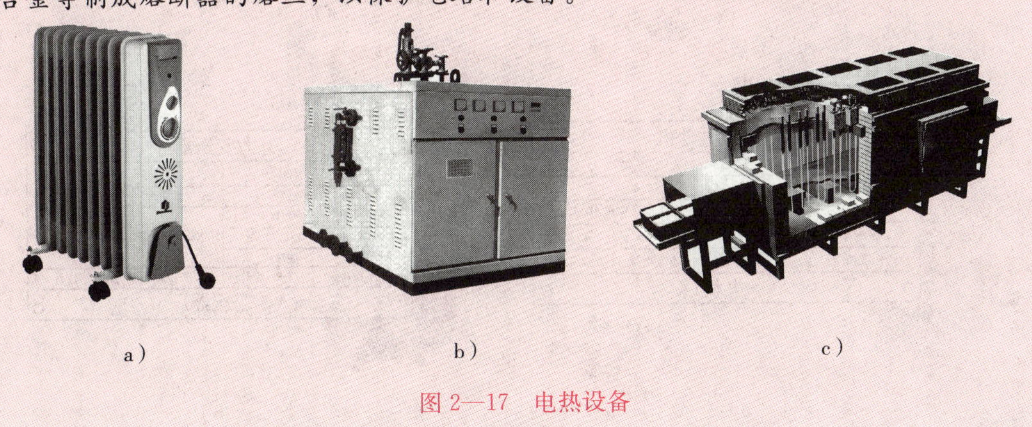

a)　　b)　　c)

图 2—17　电热设备

a）电暖器　b）电热供水器　c）工业电炉

4. 负载的额定值

电流的热效应也有不利的一面，如电动机在运行中发热，不仅消耗电能，而且会加速绝缘材料的老化，严重时甚至会发生事故。因此，在电气设备中应采取防护措施，以避免由电流的热效应所造成的危害。例如，许多大功率电子元件都装有散热器，有的电气设备还装有风扇，机壳上装有散热孔，这些都是为了加快散热（图 2—18）。

电气设备安全工作时所允许的最大电流、最大电压和最大功率分别称为它们的**额定电流**、**额定电压**和**额定功率**。一般元器件和设备的额定值都标在其明显位置，如灯泡上标有的

“220 V/40 W”、电阻上标有“100 Ω/2 W”等。电动机的额定值通常标在其外壳的铭牌上，故其额定值也称为**铭牌数据**（图 2—19）。

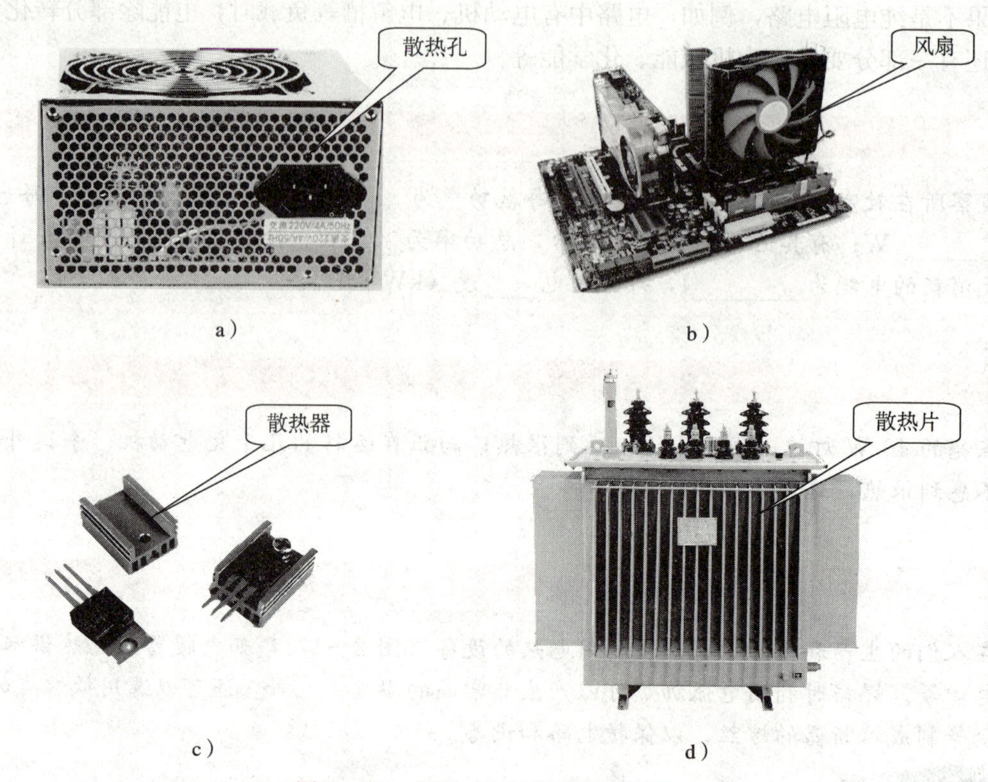

a）　b）　c）　d）

图 2—18　电子、电气设备的散热装置

三相异步电动机

型号：Y112M-4		编号	
4.0 kW		8.8 A	
380 V	1440 r/min	LW 82dB	
接法 Δ	防护等级 IP44	50 Hz	45 kg
标准编号	工作制 SI	B级绝缘	2000年8月

＊＊电机厂

a）

电力变压器

型号 57—500/10		编号	
额定功率	500 kV · A	额定电压/V	额定电流/A
额定频率	50 Hz	10000±5%/400	28.9/721.7
连接组	Y·yz/0		
冷却方式	油冷		
使用条件	户外	生产日期	2008年11月

＊＊变压器厂

b）

图 2—19　电气设备的铭牌

电气设备在额定功率下的工作状态称为**额定工作状态**，也称**满载**；低于额定功率的工作状态称为**轻载**；高于额定功率的工作状态称为**过载**或**超载**。由于过载很容易烧坏用电器，所以一般不允许出现过载。

【例 2—3】 额定值为 100 Ω/1 W 的电阻，两端允许加的最大直流电压为多少？允许流过的最大直流电流又是多少？

解： 根据式 $P=\frac{U^2}{R}$ 可得电阻两端允许加的最大直流电压为

$$U=\sqrt{PR}=\sqrt{1\times100}=10\ (\mathrm{V})$$

电阻允许流过的最大直流电流为

$$I=\frac{P}{U}=\frac{1}{10}=0.1\ (\mathrm{A})$$

§2—2　电阻及其连接

一、电阻率与电阻定律

导体、半导体、绝缘体的区别是它们具有不同的电阻率。电阻率用 ρ 表示，单位是 Ω·m。电阻率的大小反映了各种材料导电性能的好坏，电阻率越小导电性能越好。电阻率小，电流容易通过的物体称为导体；电阻率大，电流几乎不能通过的物体称为绝缘体；导电能力介于导体和绝缘体之间的物体称为半导体。在一定条件下，某些材料的电阻会变为零，称为超导体。

从图 2—20 中可以看出，纯金属的电阻率小，导电性能好，所以连接电路的导线一般用电阻率小的铝或铜来制作，必要时还在导线上镀上金或银。合金的电阻率较大，常用来作为制作电阻器、电炉电阻丝的材料。而为了保证安全，电线的外皮、一些电工工具的手柄和外壳等都要用橡胶、塑料等绝缘材料制成。

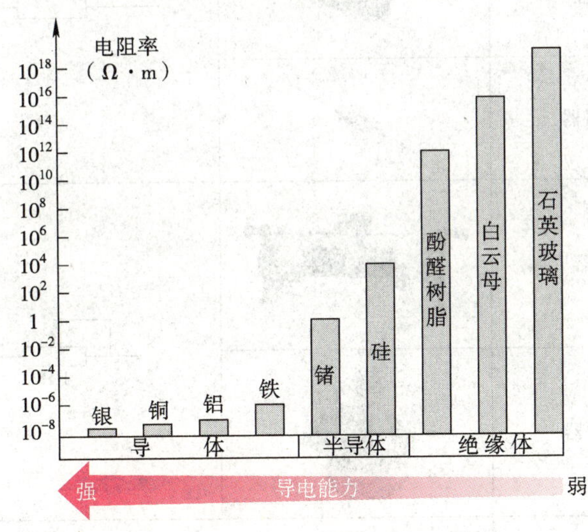

金属导体的电阻率一般为

$1\times10^{-8}\sim1\times10^{-6}$ Ω·m

绝缘体的电阻率一般为

$1\times10^{8}\sim1\times10^{18}$ Ω·m

半导体的电阻率一般为

$1\times10^{-5}\sim1\times10^{6}$ Ω·m

图 2—20　导体、半导体和绝缘体

导体在通过电流的同时也对电流起着阻碍作用，这种对电流的阻碍作用称为电阻。电阻常用 R 表示。

电阻的单位为欧姆，简称欧，用 Ω 表示，比较大的单位还有千欧（kΩ）、兆欧（MΩ）。它们之间的换算关系为

$$1\ \text{M}\Omega = 10^3\ \text{k}\Omega$$
$$1\ \text{k}\Omega = 10^3\ \Omega$$

导体的电阻是导体本身的一种性质，它的大小取决于导体的电阻率、长度和横截面积，可采用**电阻定律**进行计算

$$R = \rho \frac{l}{S}$$

式中电阻率 ρ 的单位为 $\Omega \cdot \text{m}$；长度 l、横截面积 S 的单位分别为 m、m^2。

各种材料的电阻率都随温度的变化而变化。一般来说，金属的电阻率随温度升高而增大；电解液、半导体和绝缘体的电阻率则随温度升高而减小；而有些合金，如锰铜合金和镍铜合金的电阻几乎不受温度变化的影响，常用来制作标准电阻。

二、常用电阻器

在各种电路中，经常要用到具备一定阻值的元件，称为**电阻器**，电阻器简称电阻。常用电阻器的外形和符号见表 2—2。

表 2—2　　常用电阻器的外形和符号

类型	名称	外形	电路符号
固定电阻器	碳膜电阻器		R
	线绕电阻器		
	金属膜电阻器		
可变电阻器	滑动变阻器		RP
	带开关电位器		
	微调电位器		RP

三、电阻的串联和并联

1. 电阻的串联

把两个或两个以上的电阻依次相连，组成一段无分支电路，称为**电阻的串联**。图 2—21 所示为两只灯泡串联组成的电路。

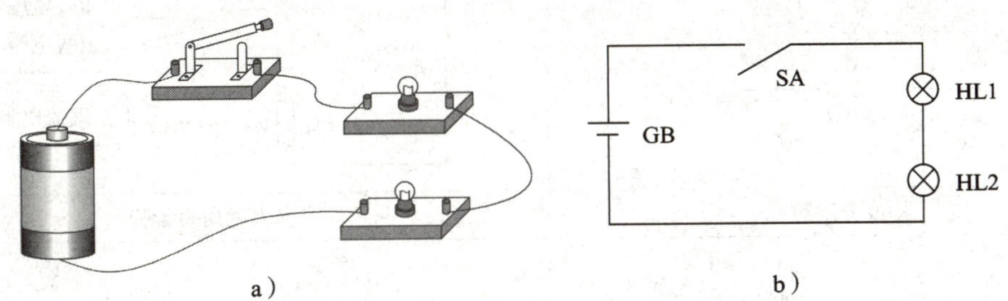

图 2—21　两只灯泡的串联电路

a）实物图　b）电路图

将灯泡用电阻表示，可得图 2—22a，图 2—22b 为其等效电路。

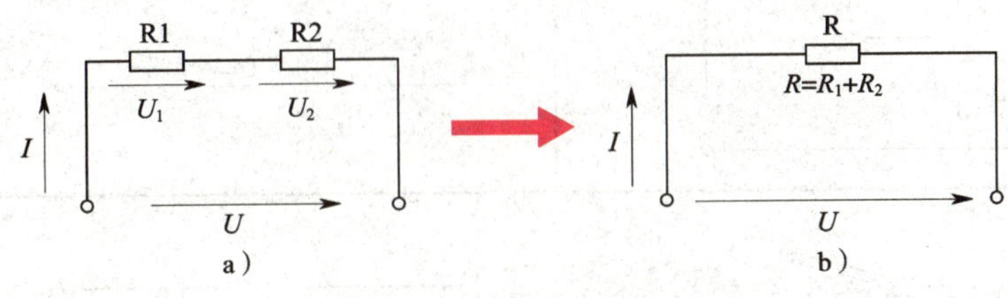

图 2—22　电阻串联电路

a）两个电阻的串联电路　b）等效电路

电阻串联电路具有以下特点：

(1) $I=I_1=I_2$，即流过每个电阻的电流都相等。

(2) $U = U_1 + U_2$，即电路两端的总电压等于各电阻两端的分电压之和。

(3) $R = R_1 + R_2$，即电路的等效电阻（总电阻）等于各串联电阻之和。

(4) $\frac{U_1}{R_1}=\frac{U_2}{R_2}$，即电路中各个电阻两端的电压与它的阻值成正比。

以上表明，在电阻串联电路中，阻值越大的电阻分配到的电压越大；反之分配到的电压越小。

分压公式：$U_1=U\frac{R_1}{R_1+R_2}$，$U_2=U\frac{R_2}{R_1+R_2}$

电阻串联电路的应用见表 2—3。

2. 电阻的并联

把两个或两个以上电阻并列地连接起来，由同一电压供电，称为**电阻的并联**。

图 2—23 所示为两只灯泡组成的并联电路。

将灯泡用电阻表示，可得图 2—24a，图 2—24b 为其等效电路。

表 2—3　电阻串联电路的应用

获得较大阻值的电阻	限制和调节电路中电流
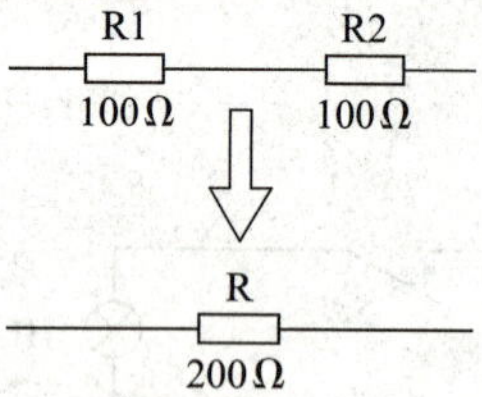 R1 100Ω　R2 100Ω R 200Ω	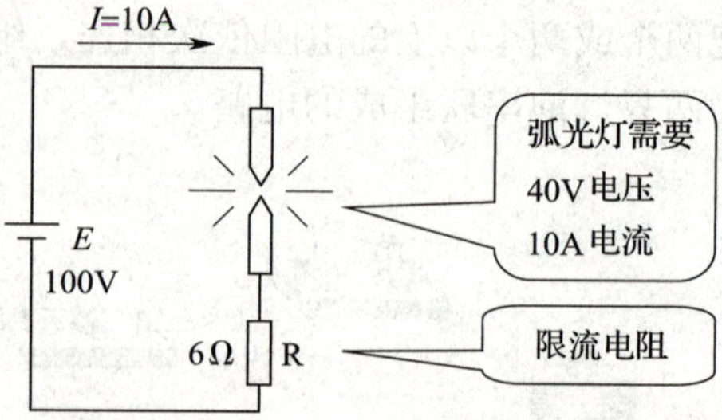 I=10A E 100V 弧光灯需要 40V 电压 10A 电流 6Ω R　限流电阻
构成分压器	**扩大电压表量程**
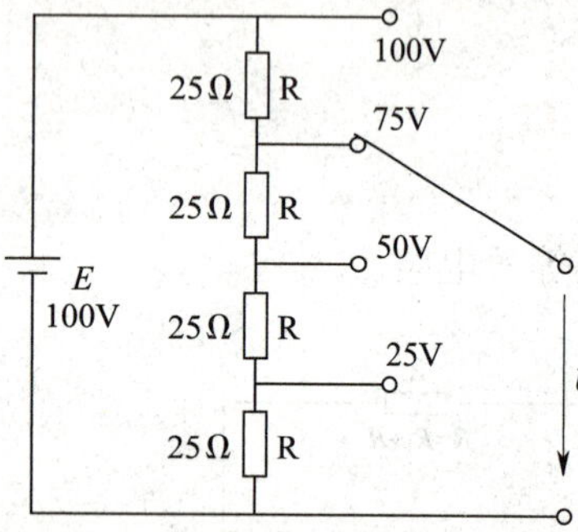 E 100V 25Ω R　25Ω R　25Ω R　25Ω R 100V　75V　50V　25V U	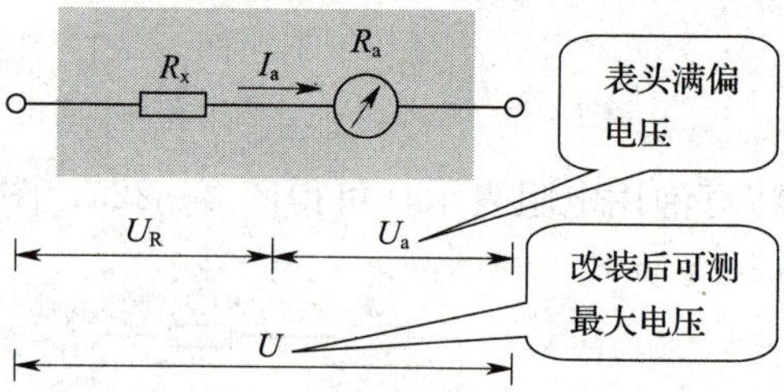 R_x　I_a　R_a U_R　U_a　U 表头满偏电压 改装后可测最大电压

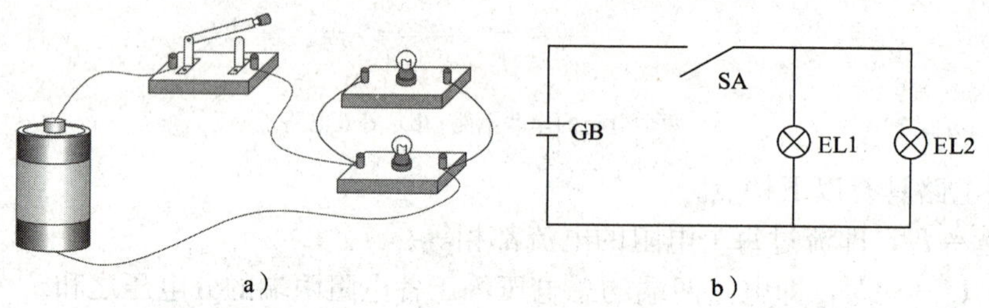

图 2—23　两只灯泡的并联电路

a）实物图　b）电路图

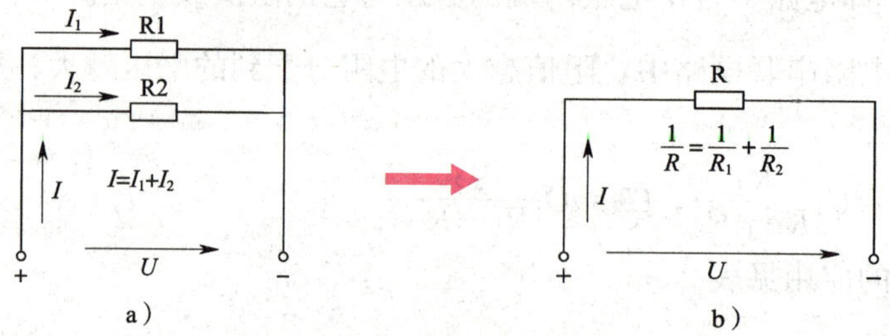

图 2—24　电阻并联电路及其等效电路

a）两个电阻的并联电路　b）等效电路

电阻并联电路具有以下特点：

（1）$U=U_1=U_2$，即电路中各电阻两端的电压相等，且等于电路两端的电压。

（2）$I=I_1+I_2$，即电路的总电流等于流过各电阻的电流之和。

（3）$\frac{1}{R}=\frac{1}{R_1}+\frac{1}{R_2}$，即电路的等效电阻（总电阻）的倒数等于各并联电阻的倒数之和。

（4）$I_1R_1=I_2R_2$，即电路中通过各支路的电流与支路的阻值成反比。

以上表明，阻值越大的电阻所分配到的电流越小，反之分配到的电流越大。

提示

在计算和使用中应注意，电阻并联的分流公式为 $I_1=I\frac{R_2}{R_1+R_2}$，$I_2=I\frac{R_1}{R_1+R_2}$，而不是 $I_1=I\frac{R_1}{R_1+R_2}$，$I_2=I\frac{R_2}{R_1+R_2}$。

在实际应用中，凡是额定工作电压相同的负载都采用并联的工作方式（图 2—25），这样每个负载都是一个可独立控制的回路，任一负载的正常启动或关断都不影响其他负载的使用。利用电阻的并联可以获得较小阻值的电阻，还可以构成分流器，扩大电流表的量程。

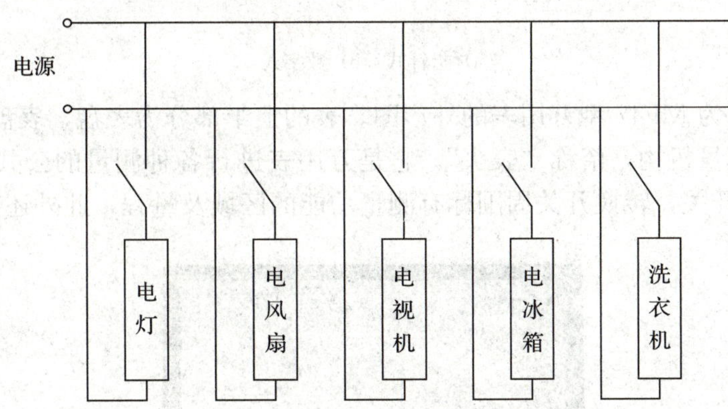

图 2—25　家庭用电器的连接方式是并联

实验与实训 1
练习使用万用表

一、实验目的

1. 掌握使用万用表测量直流电压的方法。
2. 掌握使用万用表测量电阻的方法。

二、实验器材

直流稳压电源 1 台，万用表 1 块，开关 2 只，小灯泡 3 只，普通电阻器若干，热敏电阻器 1 只，连接导线若干。

三、相关知识

万用表是一种多用途、多量程的电工测量仪表。常用的万用表有指针式和数字式两大类，如图 2—26 所示。数字式万用表读数直观，而指针式万用表能方便快速地观察近似值或被测数值的变化情况。

a）

b）

图 2—26　万用表

a）指针式　b）数字式

图 2—27 所示为 MF47 型万用表的外形图。表的上半部分为表盘，表盘上刻有 8 条刻度线。表盘内装有测量机构，俗称“表头”，它是万用表进行各种测量的公共部分。下半部分有挡位/量程转换开关，转换开关周围标有测量功能的区域及量程，此外还有表笔插孔等。

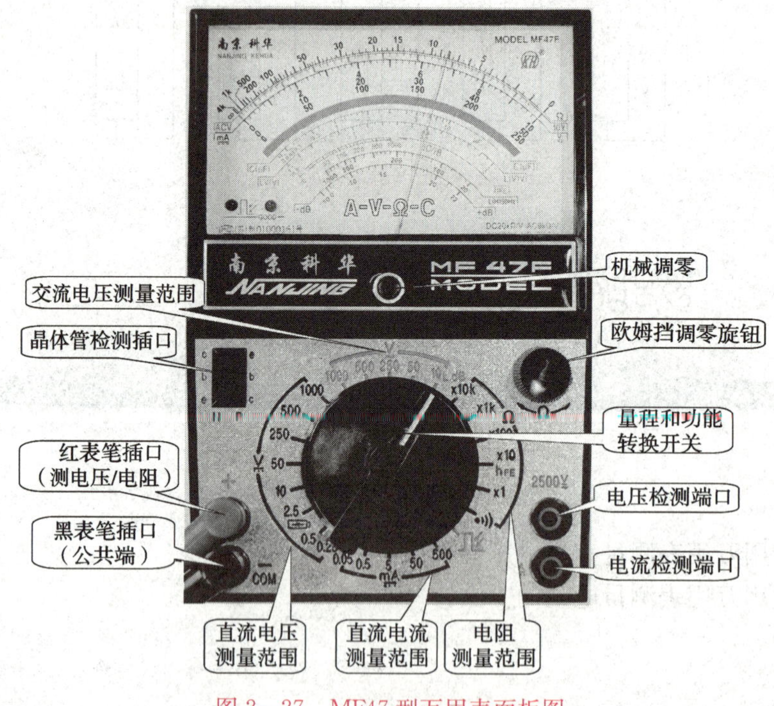

图 2—27　MF47 型万用表面板图

使用万用表应注意以下几点：

1. 使用前必须仔细阅读使用说明书，了解转换开关的功能。

2. 对于指针式万用表，必须先调准指针的机械零点（图 2—28a）。

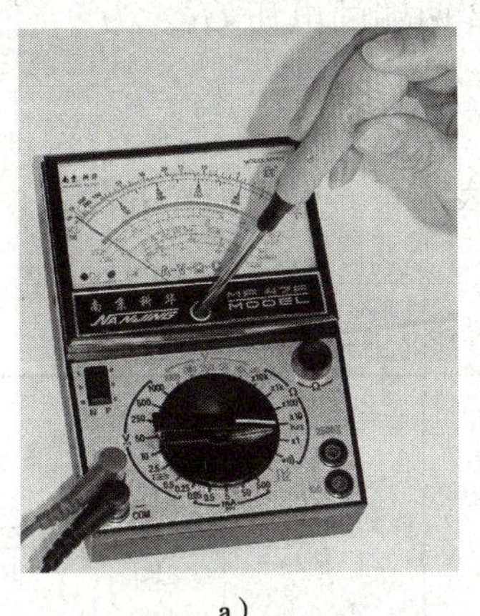

a）

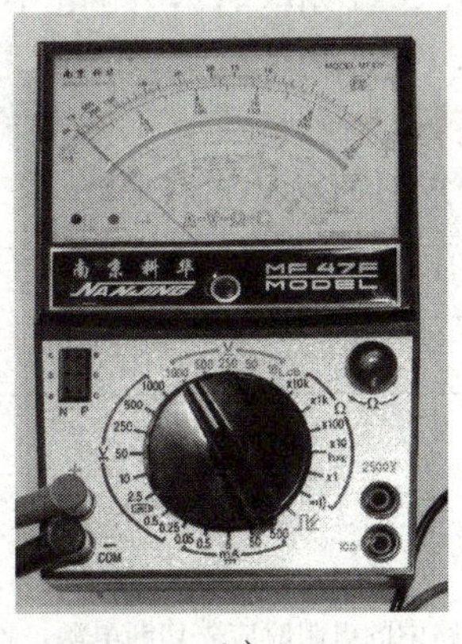

b）

图 2—28　万用表的使用注意事项

a）调准机械零点　b）转换开关置于交流电压最高挡

3. 使用万用表测量时，必须正确选择参数挡和量程挡，同时应注意两支测量表笔的正、负极性。

选择电流或电压量程时，最好使指针处在刻度尺 2/3 以上的位置；选择电阻量程时，最好使指针处在刻度尺的中间位置。

4. 不可带电测量电阻，测电流、电压时禁止带电切换开关。

5. 测量结束后，应将转换开关置于空挡或交流电压最高挡，以防下次测量时由于疏忽而损坏万用表（图 2—28b）。

四、实验步骤

1. 测量直流电压

（1）测量直流电源电压。将直流稳压可调电源（图 2—29）分别调至 2 V、6 V、24 V，选择万用表适当量程进行测量，注意**红表笔接电源正端，黑表笔接电源负端。**

（2）测量直流电路中的直流电压

1）按图 2—30 所示连接实验电路，断开开关 SA1 和 SA2。

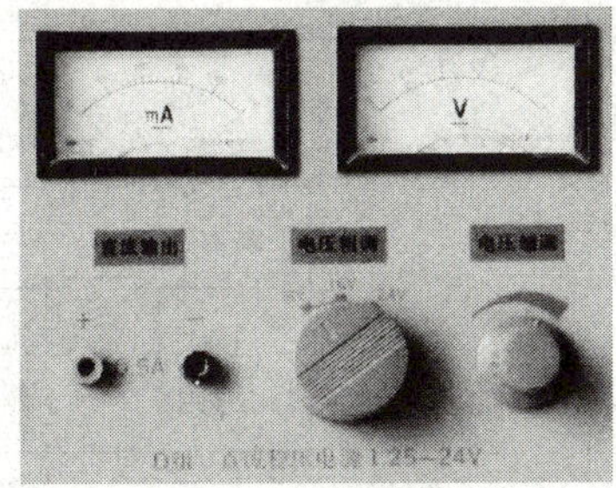

图 2—29　直流稳压可调电源

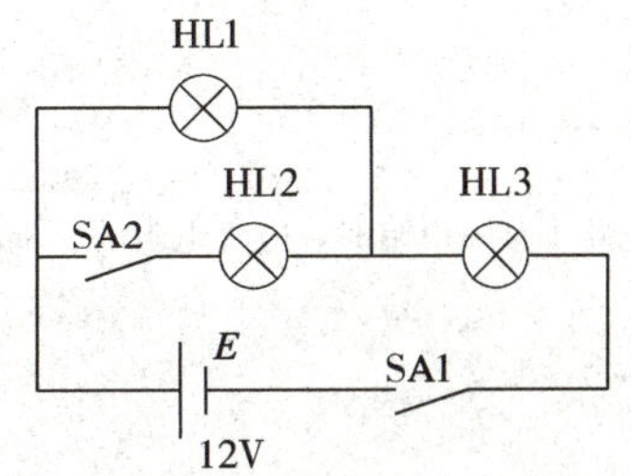

图 2—30　测量直流电压

2）将万用表转换开关置于直流电压挡，选择适当的量程。测量电源两端的电压 U_1，为________V。

3）闭合开关 SA1，测量电源两端的电压 U_1'，为________V。

4）闭合开关 SA1 和 SA2，测量小灯泡 HL2 两端的电压 U_2，为________V；小灯泡 HL3 两端的电压 U_3，为________V。

2. 用万用表测量电阻

取阻值较大及阻值较小的电阻数只，用万用表测量其电阻值，并与其标称值进行比较。用万用表测量电阻的方法及注意事项见表 2—4。

表 2—4　　用万用表测量电阻的方法及注意事项

（1）准备测量电路中的电阻时应先切断电源，不能带电测量	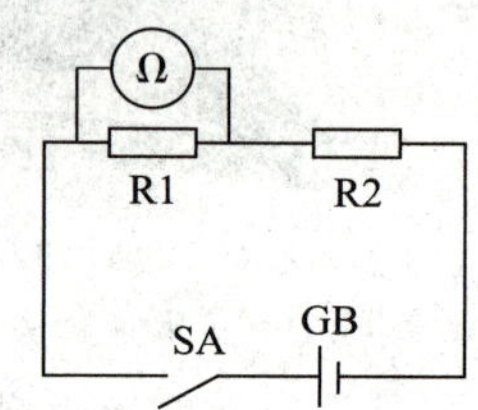
（2）估计被测电阻的大小，选择适当的倍率挡，然后调零，即将两支表笔相接触，旋动欧姆调零电位器，使指针指在零位	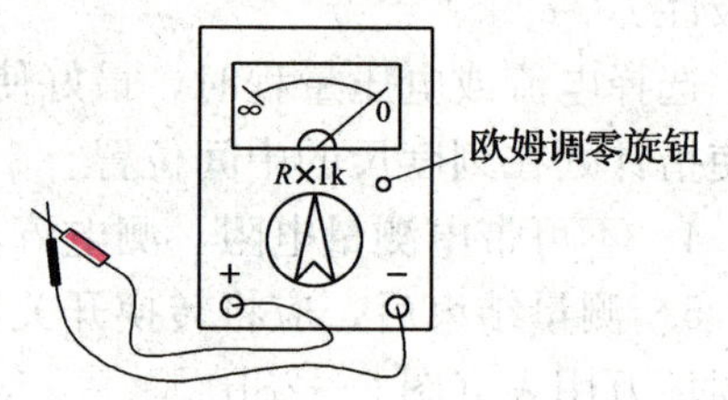
（3）测量时双手不可碰到电阻引脚及表笔金属部分，以免接入人体电阻，引起测量误差	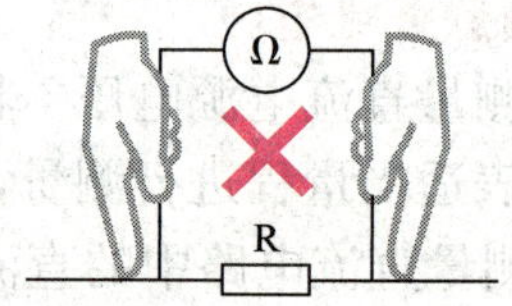
（4）测量电路中某一电阻时，应将电阻的一端断开，以免接入其他电阻	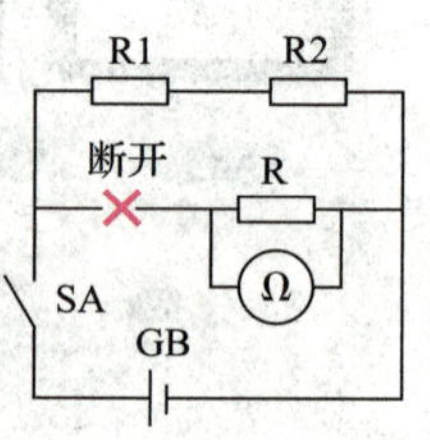

§2—3　电路的基本性质

一、全电路欧姆定律

全电路是指含有电源的闭合电路，如图 2—31 所示，包括用电器和导线等；电源内部的电路称为**内电路**，如发电机的线圈，电池内的溶液等。电源内部的电阻称为**内电阻**，简称**内阻**。电源外部的电路称**外电路**，外电路中的电阻称为**外电阻**。

全电路欧姆定律的内容是：**闭合电路中的电流与电源的电动势成正比，与电路的总电阻（内电路电阻与外电路电阻之和）成反比**，公式为

$$I=\frac{E}{R+r}$$

图 2—31　简单的全电路

由上式可得

$$E=IR+Ir=U_{外}+U_{内}$$

式中 $U_{内}$ 为内电路的电压降，$U_{外}$ 为外电路的电压降，也是电源两端的电压。这样，全电路欧姆定律又可表述为：电源电动势等于 $U_{外}$ 和 $U_{内}$ 之和。图 2—32 中折线上各点表示电路中各处对应的电位。

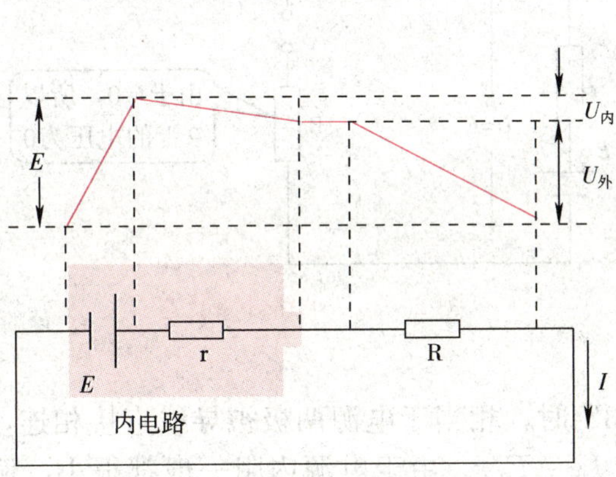

图 2—32　电源电动势 $E=U_{内}+U_{外}$

二、电路的三种状态

应用全电路欧姆定律，可以分析图 2—33 所示电路在三种不同状态下，电源端电压与输出电流之间的关系。

1. 有载

开关 SA 接到位置“1”时，电路处于通路状态，或称有载状态（图 2—34），电路中电流为

$$I=\frac{E}{R+r}$$

端电压与输出电流的关系为

$$U_{外}=E-U_{内}=E-Ir$$

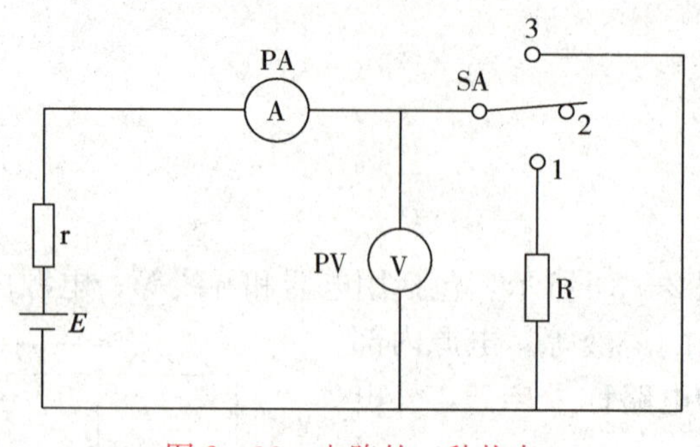

图 2—33　电路的三种状态

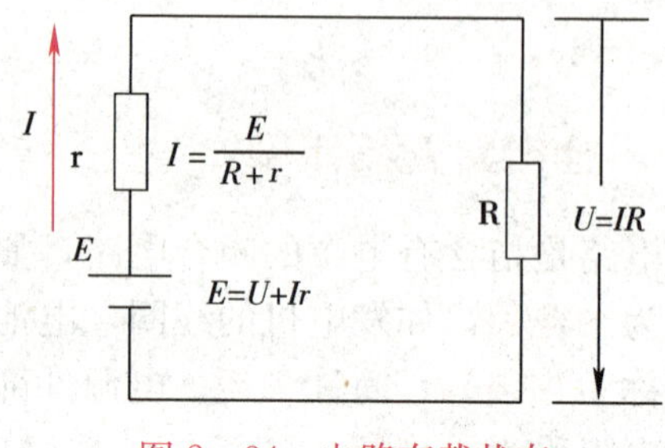

图 2—34　电路有载状态

可见，当电源电动势 E 和内阻 r 一定时，端电压 U 随输出电流 I 的增大而减小。在有载状态时通常把通过大电流的负载称为**大负载**，把通过小电流的负载称为**小负载**。也就是说，当电源的内阻一定时，电路接大负载时，端电压下降较多；电路接小负载时，端电压下降较少。

2. 开路（断路）

开关 SA 接到位置“2”时，电路处于开路状态（图 2—35），相当于负载电阻 R→∞或电路中某处连接导线断开。此时电路中电流为零，内阻压降也为零，$U_{外}=E-Ir=E$，即电源的开路电压等于电源的电动势。

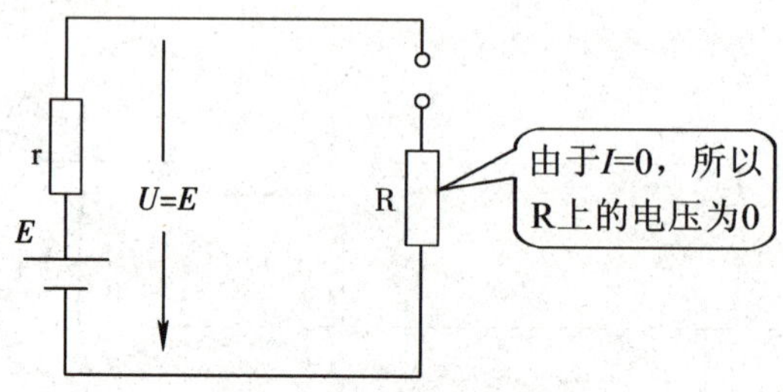

图 2—35　电路开路状态

3. 短路

开关 SA 接到位置“3”时，相当于电源两极被导线直接相连，电路处于短路状态（图 2—36）。电路中短路电流 $I_{短}=E/r$。由于电源内阻一般都很小，例如，蓄电池的内阻只有 0.005～0.1 Ω，新干电池的内阻通常也不到 1 Ω，所以短路电流极大。此时电源对外输出电压 $U=E-I_{短}\,r=0$。

电源短路是严重的故障状态，必须尽量避免发生。但有时在调试和维修电气设备的过程中，会有意将电路中电源以外的某一部分电路短路，这是为了让与调试过程无关的部分暂时不通电流，或是为了便于发现故障而采用的一种特殊方法，这种方法也只有在确保电路安全的情况下才能采用。

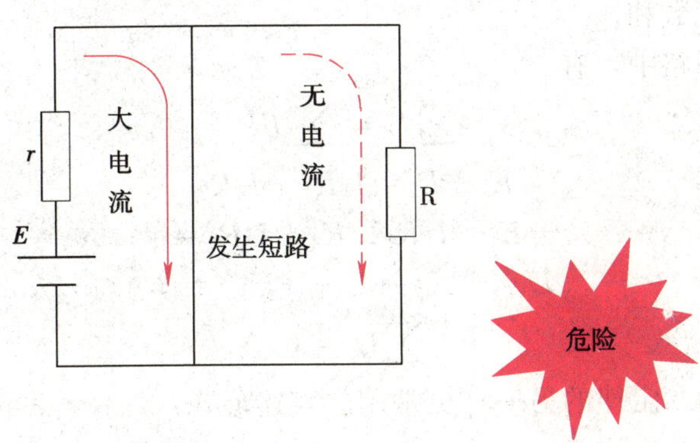

图 2—36　电路短路状态

三、基尔霍夫定律

不能用电阻串、并联化简求解的电路称为**复杂电路**，分析复杂电路要应用基尔霍夫定律。在复杂电路中常用的术语有：

支路　电路中的每一个分支称为一条支路。其中含有电源的支路称为**有源支路**，不含电源的支路称为**无源支路**。

节点　3 条或 3 条以上支路所汇成的交点称为节点。

回路和网孔　电路中任一闭合路径都称为回路。一个回路可能只含一条支路，也可能包含几条支路。其中，最简单的不含有支路的回路又称独立回路或网孔。

1. 基尔霍夫第一定律

对于前面图 2—24a 所示的电阻并联电路，根据并联电路的特性，有 $I=I_1+I_2$。换做另外一种方式来描述，这一特性就是，对于图中左侧的分支点（称为节点）来说，流入该点的电流 I 与流出该点的电流 I_1、I_2之和相等。实际上，这是一条电路中的普遍规律，称为**基尔霍夫第一定律**（或**节点电流定律**）。该定律指出：在任一瞬间，流进某一节点的电流之和恒等于流出该节点的电流之和，即$\sum I_{进}=\sum I_{出}$。

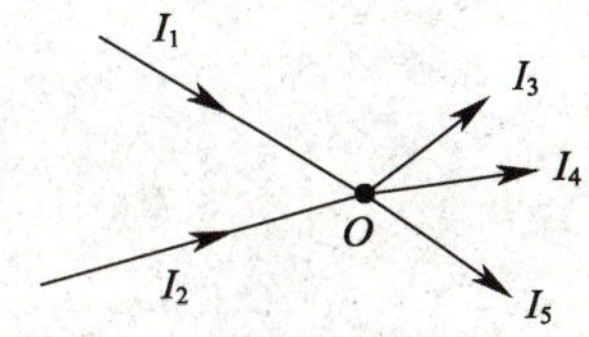

图 2—37　基尔霍夫第一定律

如图 2—37 所示，对于节点 O 有

$$I_1+I_2=I_3+I_4+I_5$$

上式可改写成

$$I_1+I_2-I_3-I_4-I_5=0$$

因此得到

$$\sum I=0$$

即对任一节点来说：**流入（或流出）该节点电流的代数和恒等于零。**

2. 基尔霍夫第二定律

对于图 2—38 所示的电阻串联电路，根据串联电路的特性，有 $E=U_1+U_2$。

换做另外一种方式来描述，这一特性就是，在图中这个闭合路径（称为回路）中，电动势等于电阻上电压降 U_1 和 U_2之和。实际上，这是一条电路中的普遍规律，称为**基尔霍夫第二定律**（或**回路电压定律**），它指出，在任一回路循环方向上，回路中的电动势的代数和恒等于电阻上电压降的代数和。

如图 2—39 所示回路中，有

$$\sum E = \sum IR$$

即
$$E_1 + E_2 = I_1R_1 + I_2R_2$$

将公式变形可得
$$-E_1 + I_1R_1 - E_2 + I_2R_2 = 0$$

即
$$U_{AB} + U_{BC} + U_{CD} + U_{DA} = 0$$

$$\sum U = 0$$

这就是基尔霍夫第二定律的另一种更常用的表述形式：**在任一回路中，各段电路电压降的代数和恒等于零。**

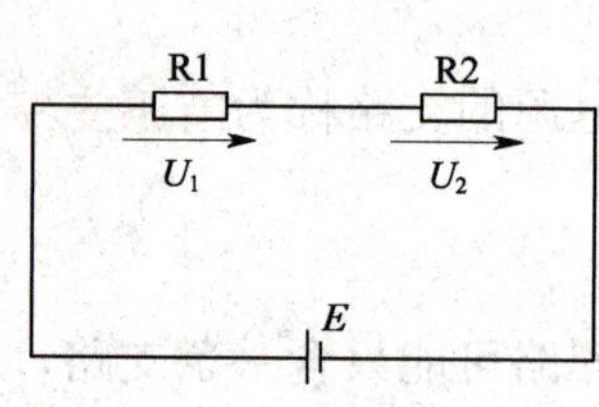

图 2—38　电阻串联电路

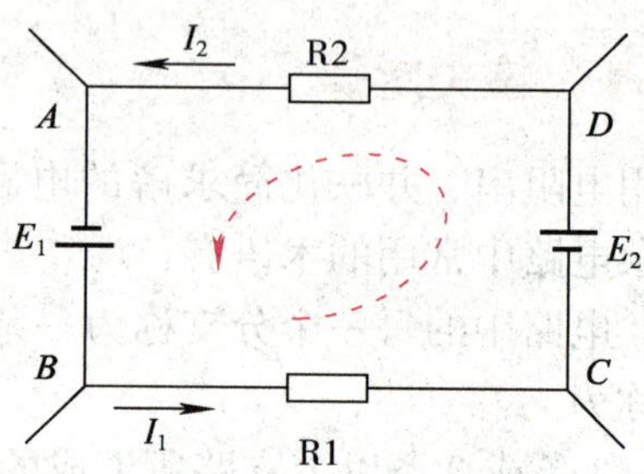

图 2—39　基尔霍夫第二定律

第3章 磁场与电磁感应

§3—1 磁　场

从古老的指南针，到今天广为应用的磁卡、磁带、磁头、扬声器、电磁炉、电磁铁、电动机、变压器等，还有那无须车轮便可飞速行驶的磁悬浮列车，磁和电一样，与人们的生产和生活紧密相连，让世界变得绚丽多彩（图 3—1）。

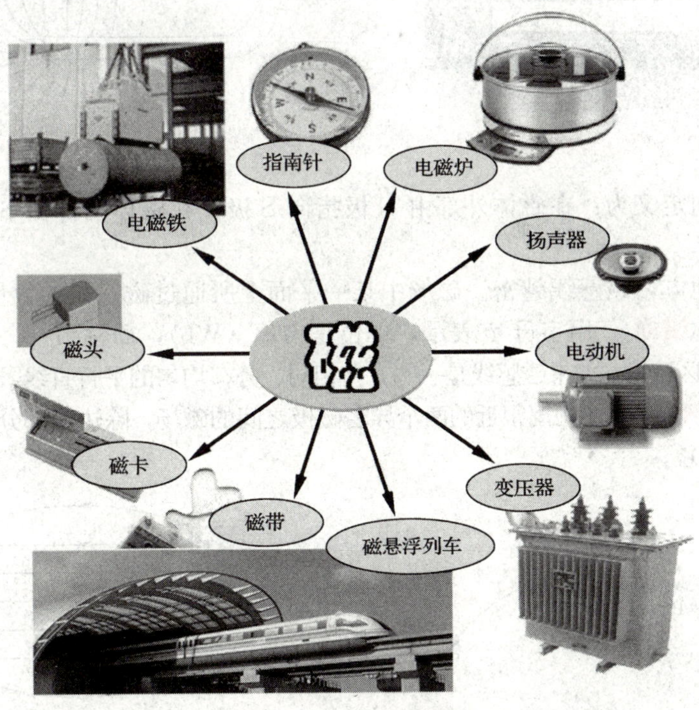

图 3—1　磁的应用

一、电流的磁场

1. 磁场与磁感线

当两个磁极靠近时，它们之间会产生相互作用的力：**同名磁极相互排斥，异名磁极相互吸引**。

两个磁极互不接触，却存在相互作用的力，这是为什么呢？原来，在磁体周围的空间中存在着一种特殊的物质——**磁场**，磁极之间的作用力就是通过磁场进行传递的。

为了形象地说明磁场的存在，下面来做一个小实验：

在玻璃板上均匀地撒上一层细铁屑，然后把一块蹄形磁体放在玻璃板下面。轻敲玻璃板，铁屑转动静止后，便有序地排列起来（图 3—2）。观察铁屑的分布情况，可以看出，在磁极附近，铁屑最为密集，表明磁场最强。

再在玻璃板上不同位置放一些小磁针，观察小磁针 N 极的指向，可发现小磁针的指向有一定规律，这些小磁针的指向表示该点的磁场方向。实际上，当我们把蹄形磁铁放在玻璃板下时，一粒粒铁屑也就被磁化成一个个“小磁针”了，进而便在磁场的作用下形成有序的排列。根据铁屑的分布和磁场中各点的小磁针 N 极的指向，我们可以画出一些曲线来描述磁场。这样的曲线称为**磁感线**（图 3—3）。在这些曲线上，每一点的切线方向就是该点的磁场方向，也就是放在该点的小磁针 N 极所指的方向（图 3—4）。

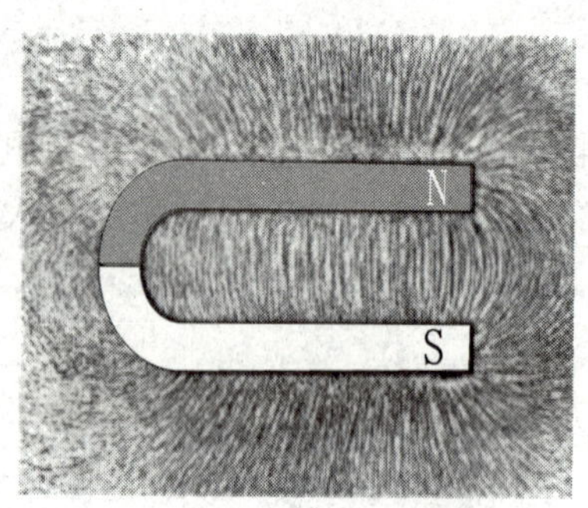

图 3—2　用铁屑模拟磁场分布

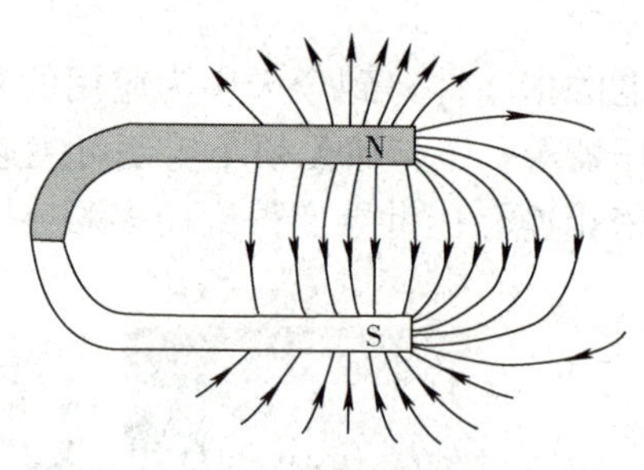

图 3—3　蹄形磁铁的磁感线

磁感线的方向定义为：在磁体外部由 N 极指向 S 极，在磁体内部由 S 极指向 N 极。磁感线是闭合曲线。

磁场越强的地方，磁感线越密。磁场中某一平面上所通过磁感线的数量可以用**磁通量**来描述，磁通量简称**磁通**，用字母 Φ 表示，单位是韦伯（Wb），简称韦。

在磁场的某一区域里，如果磁感线是一些方向相同、分布均匀的平行直线，则这一区域磁场强度均匀分布，称为**匀强磁场**。距离很近的两个异名磁极之间的磁场，除边缘部分外，就可以认为是匀强磁场（图 3—5）。

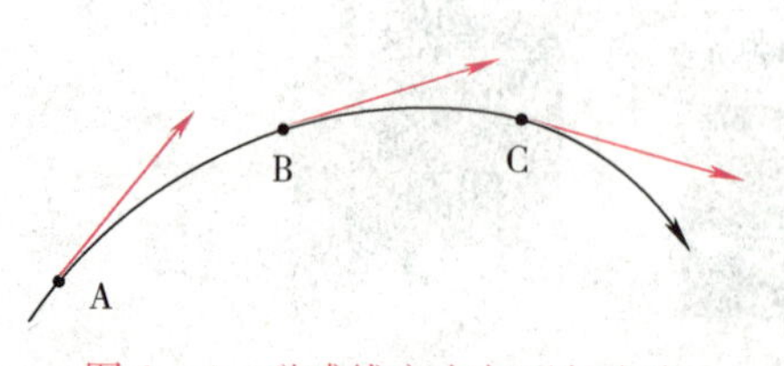

图 3—4　磁感线方向与磁场方向

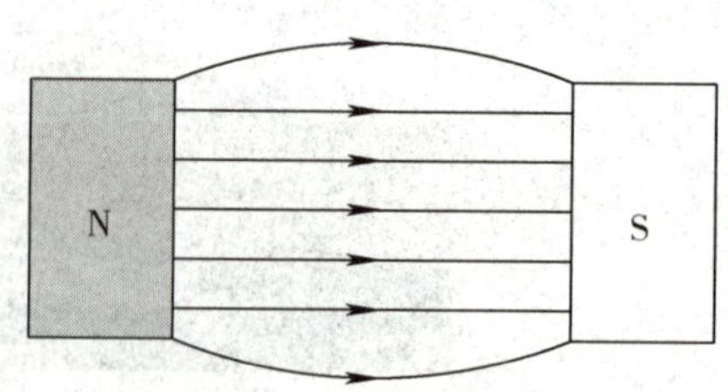

图 3—5　匀强磁场

2. 电流的磁场

把一个小磁针放置在通电直导线下方，并使两者平行。当接近导线时，小磁针偏转。改变直导线中的电流方向，小磁针的偏转方向也随之改变（图 3—6）。这说明，导线周围存在磁场，其方向与电流方向有关。

在铁钉上绕上漆包线，通上电流后，铁钉就能吸住小铁钉了（图 3—7），绕上漆包线的铁钉实际就是一个有铁芯的螺线管。

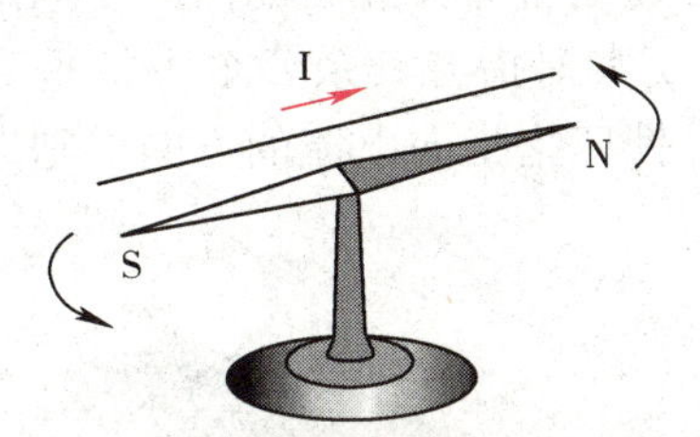

图 3—6　把小磁针放在通电导线下方，小磁针转动

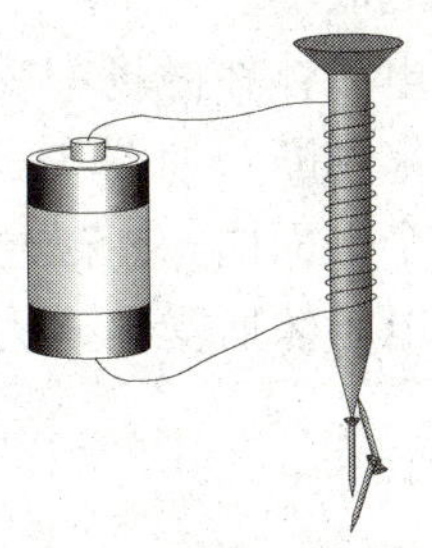

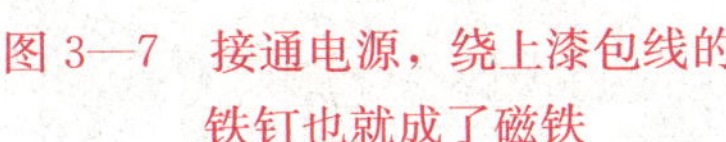

图 3—7　接通电源，绕上漆包线的铁钉也就成了磁铁

通电螺线管表现出来的磁性与条形磁体相似，一端相当于 N 极，另一端相当于 S 极，改变电流方向，它的两极就对调。其外部的磁感线也是从 N 极出，S 极入；内部的磁感线跟螺线管的轴线平行，方向由 S 极指向 N 极，并和外部的磁感线连接，形成闭合曲线。

电流产生的磁场的方向可用**右手螺旋定则（也称安培定则）**来判断，见表 3—1。

表 3—1　　**右手螺旋定则**

通电长直导线	通电螺线管
用右手握住导线，让伸直的大拇指所指的方向与电流的方向一致，则弯曲的四指所指的方向就是磁感线的环绕方向	用右手握住通电螺线管，让弯曲的四指所指的方向与电流的方向一致，则大拇指所指的方向就是螺线管内部磁感线的方向，也就是通电螺线管的磁场 N 极的方向
I	N　S　I
I	N　S　I

二、磁场对电流的作用

1. 磁场对通电直导体的作用

如图 3—8 所示，在蹄形磁体两极所形成的匀强磁场中悬挂一段直导线，让导线方向与磁场方向保持垂直，导线通电后，可以看到导线因受力而发生运动。

当交换磁极位置改变了磁场方向，或改接电源极性改变了导线中的电流方向后，导体的受力方向都随之改变。

通常把通电导体在磁场中受到的力称为**电磁力**。通电直导体在磁场内所受电磁力的方向可用**左手定则**来判断。如图 3—9 所示，平伸左手，使大拇指与其余四个手指垂直，并且都跟手掌在同一个平面内，让磁感线垂直穿入掌心，并使四指指向电流的方向，则大拇指所指的方向就是通电导体所受电磁力的方向。

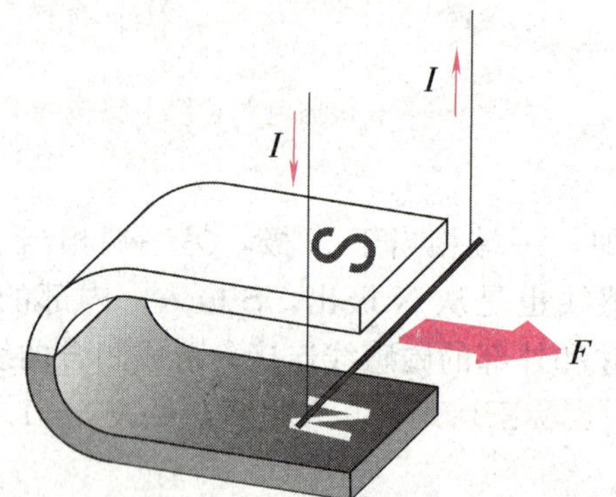

图 3—8　通电直导体在磁场中受到的电磁力

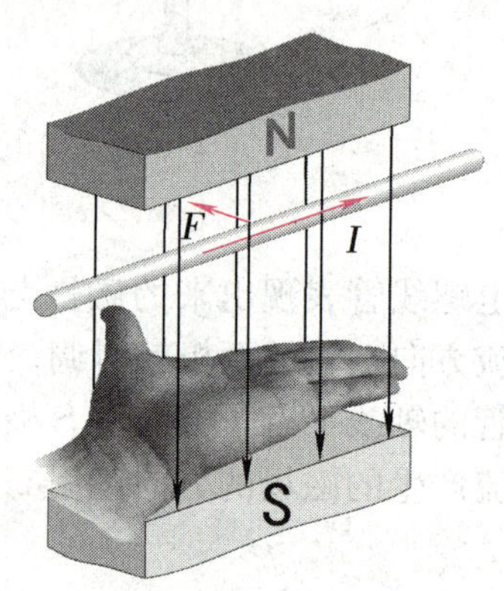

图 3—9　左手定则

2. 磁场对通电线圈的作用

磁场对通电矩形线圈的作用是电动机旋转的基本原理。

如图 3—10 所示，在均匀磁场中放入一个线圈，当给线圈通入电流时，它就会在电磁力的作用下旋转起来。

线圈的旋转方向可用左手定则判断。当线圈平面与磁感线平行时，线圈在 N 极一侧的有效部分所受电磁力向下，在 S 极一侧的部分所受电磁力向上，线圈按顺时针方向转动，这时线圈所产生的转矩最大。当线圈平面与磁感线垂直时，电磁转矩为零，但线圈由于惯性仍继续转动。通过换向器的作用，与电源负极相连的电刷 A 始终与转到 N 极一侧的导线相连，电流方向恒为由 A 流出线圈；与电源正极相连的电刷 B 始终与转到 S 极一侧的导线相连，电流方向恒为由 B 流入线圈。因此，线圈始终能按顺时针方向连续旋转。

由于这种电动机的电源是直流电源，所以称为直流电动机。此外，许多利用永久磁铁来使通电线圈偏转的磁电式仪表，也都是利用这一原理制成的（图 3—11）。

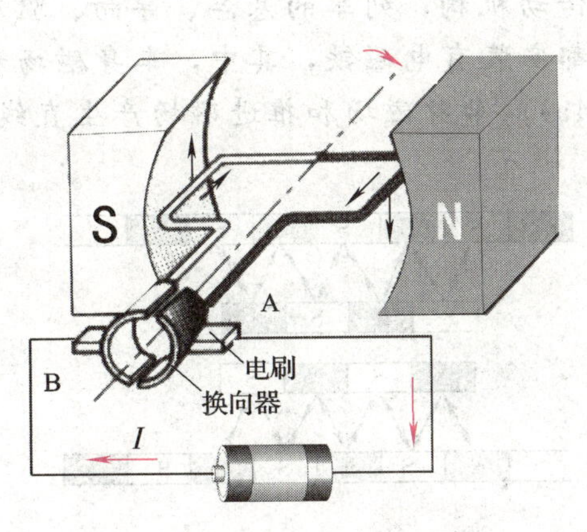

图 3—10 直流电动机原理

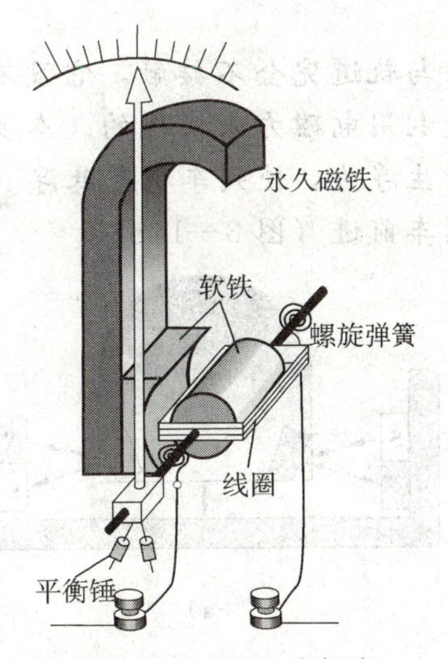

图 3—11 磁电式仪表

练一练

图 3—10 中，当线圈平面与磁感线垂直时，电磁转矩为零，你能说出其中的原因吗？

图 3—12 所示为磁电式仪表原理图，当测量直流电压或电流时线圈受到电磁力作用而带动指针偏转。试判断图中指针的偏转方向。

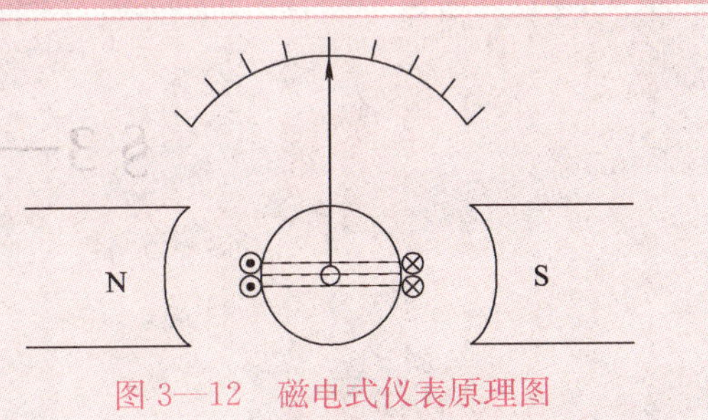

图 3—12 磁电式仪表原理图

工程应用

磁悬浮列车

磁悬浮列车（图 3—13）的最基本原理就是磁极的同名相斥和异名相吸原理。列车运

图 3—13 磁悬浮列车

行时与轨道完全不接触，它没有轮子和传动机构，列车的悬浮、导向、驱动和制动都是利用电磁力来实现的。车身和路面都安装有电磁铁，其中，车身磁场和路面磁场产生浮力，使列车稳定悬浮（图 3—14a）；车身磁场和推进磁场产生直线作用力，使列车前进（图 3—14b）。

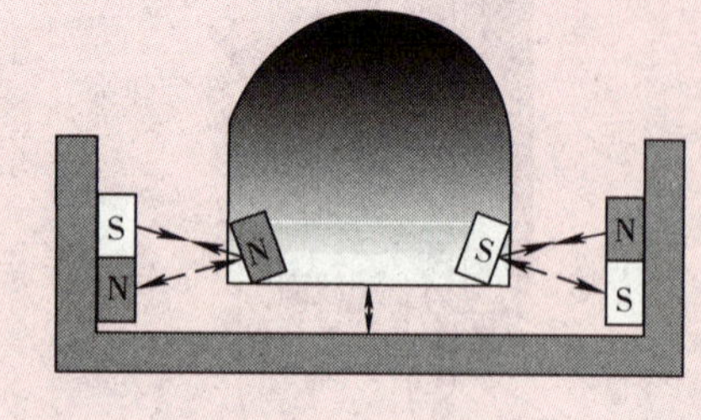

a）

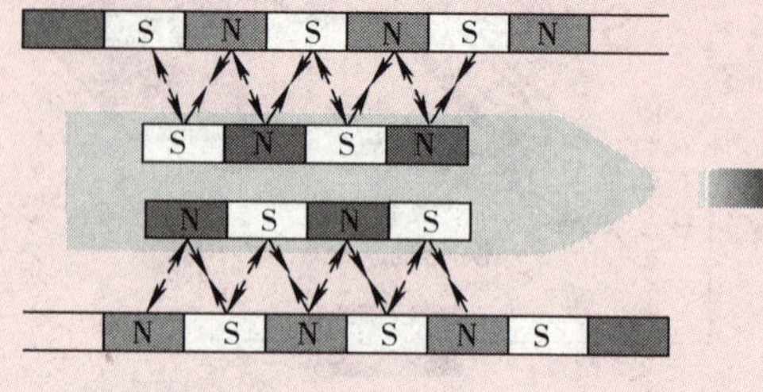

b）

图 3—14　磁悬浮列车的工作原理

a）磁悬浮原理　b）磁推进原理

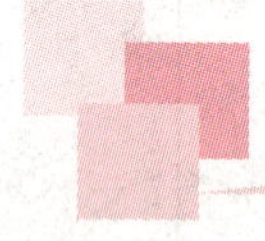

§3—2　电磁感应

一、电磁感应现象

如图 3—15 所示，空心线圈的两端与检流计相接成闭合回路。将一条形磁铁在线圈中进行插入和拔出的动作。

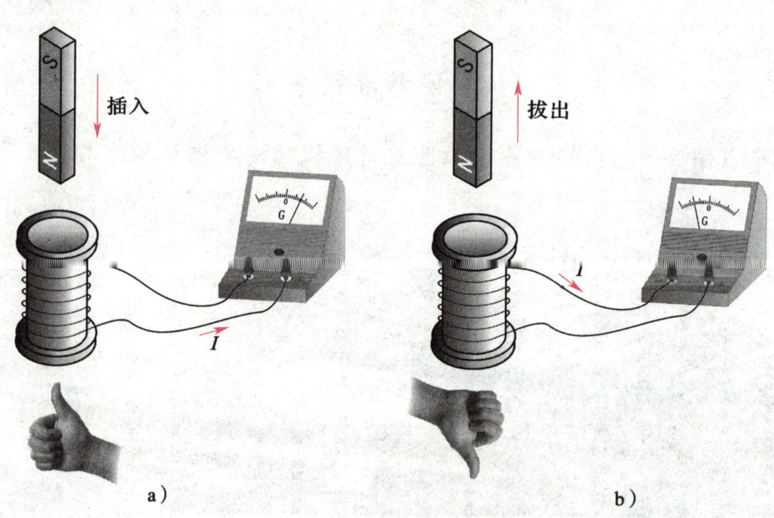

a）　b）

图 3—15　电磁感应实验

a）磁铁插入线圈　b）磁铁拔出线圈

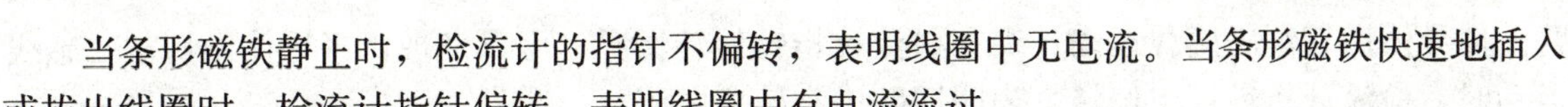

当条形磁铁静止时，检流计的指针不偏转，表明线圈中无电流。当条形磁铁快速地插入或拔出线圈时，检流计指针偏转，表明线圈中有电流流过。

当条形磁铁以更快的速度插入或拔出线圈时，指针的偏转角度变大，表明线圈中的电流增大。

这种利用磁场产生电流的现象称为**电磁感应**现象，产生的电流称为**感应电流**，产生感应电流的电动势称为**感应电动势**。

从上面的实验可以看出，是否产生感应电流与磁通的变化有关，当穿过闭合电路的磁通发生变化时，闭合电路中就有感应电流。当磁铁插入线圈时，线圈中的磁通增加；当磁铁从线圈中拔出时，线圈中的磁通量减小。这两种情况下线圈中都有感应电流。

二、楞次定律和法拉第电磁感应定律

1. 楞次定律

感应电流产生的磁场总要阻碍引起感应电流的磁通的变化，这一规律称为**楞次定律**。例如，在图 3—15a 中，当把磁铁插入线圈时，线圈中的磁通将增加。根据楞次定律，感应电流的磁场应阻碍磁通的增加，则线圈感应电流磁场的方向应为上 N 下 S，再用右手螺旋定则可判断出感应电流的方向是由右端流进检流计。如果将磁铁放置在线圈中静止不动，由于线圈中的磁通量不发生变化，所以感应电流为零。

2. 法拉第电磁感应定律

在前面的实验中，磁铁插入线圈或拔出线圈的速度越快，指针偏转角度越大，反之则越小。而磁铁插入或拔出的速度，反映的是线圈中磁通变化的速度。即**线圈中感应电动势的大小与线圈中磁通的变化率成正比**。这就是**法拉第电磁感应定律**。

练一练

如图 3—16 所示，将一条形磁铁插入或拔出线圈，试标出电阻 R 上的电流方向，并以实验验证结果是否正确。

a)　b)　c)　d)

图 3—16　判断电流方向

三、直导体切割磁感线产生感应电动势

如图 3—17 所示，在均匀磁场中放置一段导体，其两端分别与检流计相接，形成一个回

路。使导体做切割磁感线运动，观察检流计指针偏转情况，可以发现，当导体做切割磁感线运动时，检流计指针发生偏转，表明回路中有感应电流。

感应电动势的方向可用**右手定则**判断。如图 3—18 所示，平伸右手，大拇指与其余四指垂直，让磁感线穿入掌心，大拇指指向导体运动方向，则其余四指所指的方向就是感应电动势的方向。

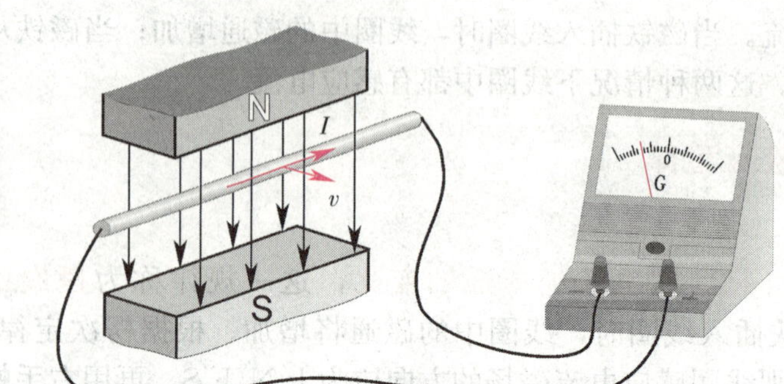

图 3—17　直导体切割磁感线产生感应电动势

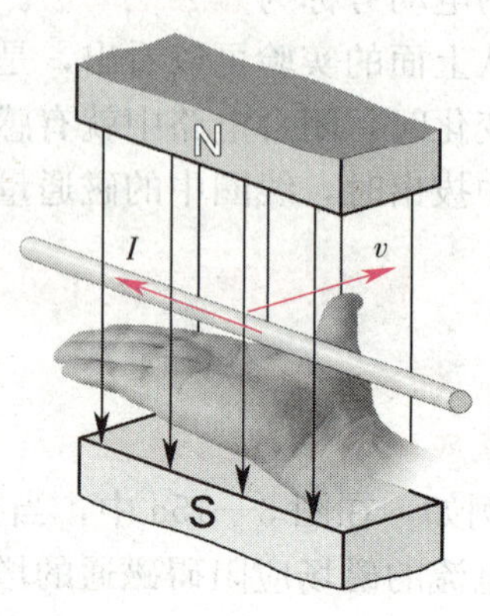

图 3—18　右手定则

发电机就是应用导体切割磁感线产生感应电动势的原理发电的（图 3—19a），在实际应用中，将导体做成线圈，使其在磁场中转动，从而得到连续的电流（图 3—19b）。

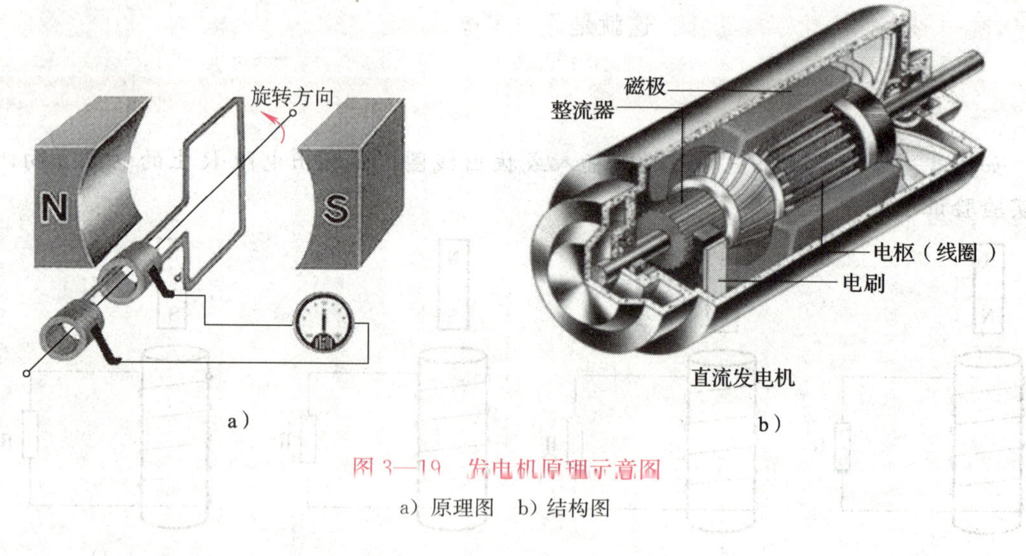

图 3—19　发电机原理示意图

a）原理图　b）结构图

四、自感和互感

1. 自感

图 3—20 所示是观察自感现象的实验电路。图中发光二极管只有在外加正向电压时，才有可能发光。

合上开关 SA，VD1 亮，VD2 不亮。再断开 SA，VD1 熄灭，VD2 闪亮。这是由于断开开

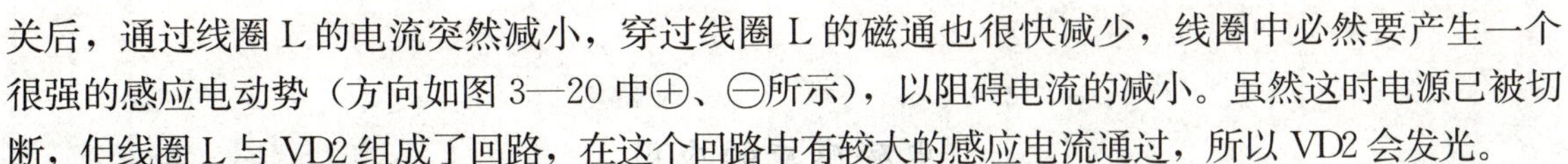

关后，通过线圈 L 的电流突然减小，穿过线圈 L 的磁通也很快减少，线圈中必然要产生一个很强的感应电动势（方向如图 3—20 中⊕、⊖所示），以阻碍电流的减小。虽然这时电源已被切断，但线圈 L 与 VD2 组成了回路，在这个回路中有较大的感应电流通过，所以 VD2 会发光。

这种由于流过线圈本身的电流发生变化而引起的电磁感应现象称为**自感现象**。所产生的感应电动势称为**自感电动势**。

当同一变化电流通入结构不同的线圈时，所产生的自感磁通量是不相同的。为了衡量不同线圈产生自感电动势的能力，引入**自感系数**这一物理量。自感系数用 L 表示，单位是亨利（H），较小的单位有毫亨（mH）和微亨（μH）。

自感现象在各种电气设备和无线电技术中都有广泛的应用，例如，荧光灯镇流器就是应用线圈自感现象工作的。自感现象也有不利的一面，例如，在自感系数很大的电路（如大型电动机的定子绕组）中，在切断电路的瞬间，由于电流在很短的时间内发生很大的变化，会产生很高的自感电动势，使开关闸刀和固定夹片之间的空气电离从而产生电弧。这会烧坏开关，甚至危及人身安全。因此，切断这一段电路，必须采用特制的安全开关。

2. 互感

图 3—21 所示是观察互感现象的实验电路。分别进行闭合开关、断开开关、闭合开关后改变 RP 的阻值三种操作后，观察检流计指针的偏转情况可以发现：在开关 SA 闭合或断开瞬间，以及闭合开关后改变 RP 的阻值时，检流计的指针都会发生偏转。这是因为当线圈 A 中的电流发生变化时，通过线圈的磁通也发生变化，该磁通的变化必然又影响线圈 B，使线圈 B 中产生感应电动势和感应电流。

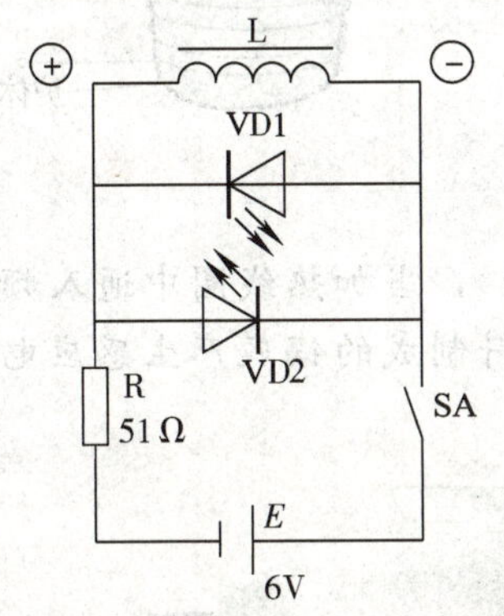

图 3—20　自感实验电路原理图

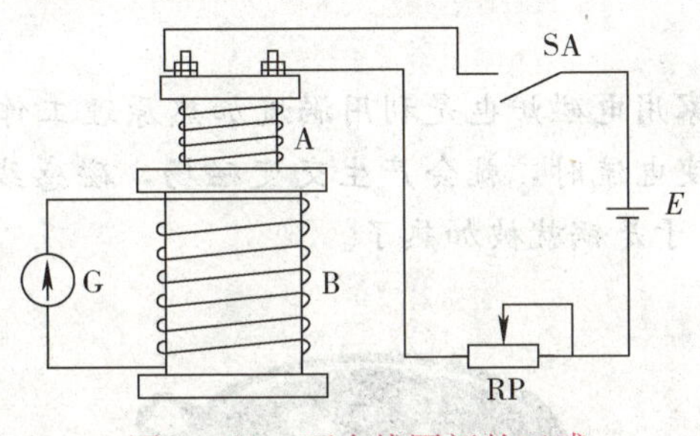

图 3—21　两个线圈间的互感

这种由一个线圈中的电流发生变化而在另一个线圈中产生电磁感应的现象称为**互感现象**，所产生的感应电动势称为**互感电动势**。为了衡量某一线圈电流变化对另一线圈产生互感电动势的能力，引入**互感系数**这一物理量，用 M 表示。互感系数单位和自感系数一样，也是亨利（H）。

线圈 B 中互感电动势的大小不仅与线圈 A 中电流变化率的大小有关，而且还与两个线圈的结构以及它们之间的相对位置有关。

利用互感线圈可以很方便地把能量由一个线圈传递到另一个线圈。变压器、电压互感器、电流互感器等都是利用互感现象制成的；收音机里的磁性天线也是利用互感现象把接收到的无线电信号由一个线圈传递到另一个线圈的。

工程应用

电磁感应的应用

1. 涡流

在具有铁芯的线圈中通入交流电时，就有交变的磁场穿过铁芯，在铁芯内部必然会形成感应电流。由于这种电流在铁芯中自成闭合回路，形如旋涡（图 3—22），故称**涡流**。

在工业生产中可以利用涡流产生高温使金属熔化，这种无接触加热的冶炼方法不仅效率高、速度快，而且可以避免金属在高温下氧化，利用涡流加热的设备称为高频感应炉（图 3—23），它的主要结构是一个与大功率的高频交流电源相接的线圈，被加热的金属就放在线圈中间的坩埚内，当线圈中通以强大的高频电流时，它产生的交变磁场能使坩埚内的金属中产生强大的涡流，发出大量的热，使金属熔化。

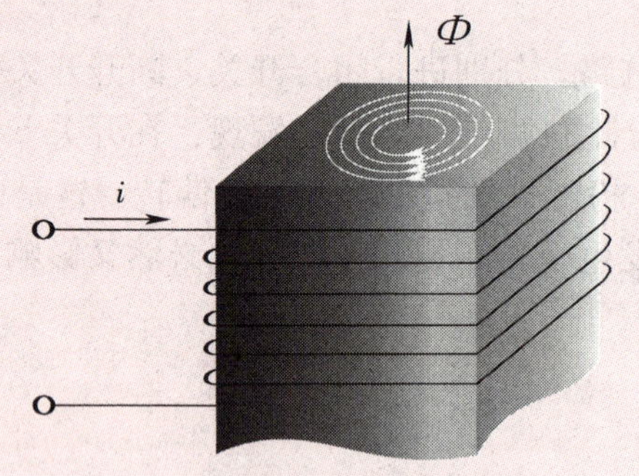

图 3—22　涡流（涡流方向系按 Φ 增加时画出）

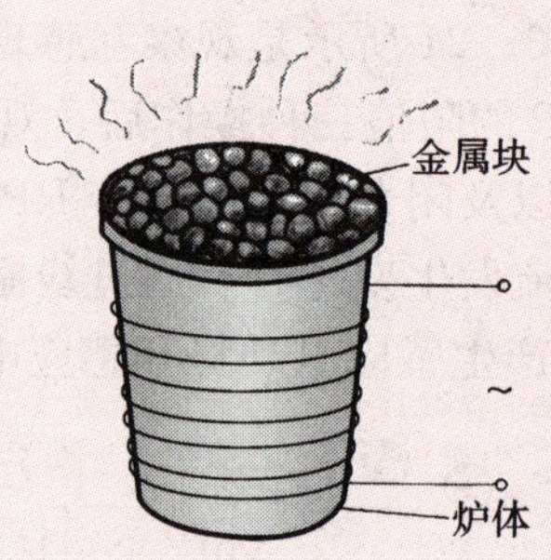

图 3—23　高频感应炉

家用电磁炉也是利用涡流加热原理工作的（图 3—24），当加热线圈中通入频率很高的交变电流时，就会产生交变磁场，磁感线穿过金属材料制成的锅底产生感应电流（涡流），于是锅就被加热了。

图 3—24　电磁炉的工作原理

a）实物图　b）原理图

涡流的热效应在电机和变压器等设备中是有害的，它会使铁芯发热，造成涡流损耗。此外，涡流还有去磁作用，会削弱原磁场。为了减小涡流损耗，变压器铁芯常由多层组成（图 3—25），并用薄层绝缘材料将各层隔开。这样涡流就被限制在狭窄的薄片之内，回路的电阻很大，涡流大为减弱，从而使涡流损失大大降低。铁芯采用硅钢片，可以进一步减少涡流损失。硅钢片的涡流损失只有普通钢片的 1/5～1/4。

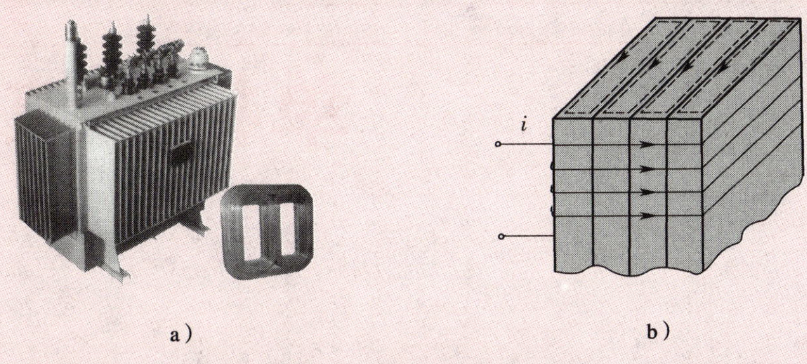

图 3—25　变压器铁芯中的涡流

a）实物图　b）铁芯中的涡流示意图

2. 汽车点火电路

汽车点火电路就是利用互感现象实现的。汽车点火开关通、断瞬间，一次线圈电流突然变化，磁通也突然变化，由于互感作用，使二次线圈产生 15 kV 以上瞬时高压，再由高压分配器送到火花塞（图3—26），完成点火。

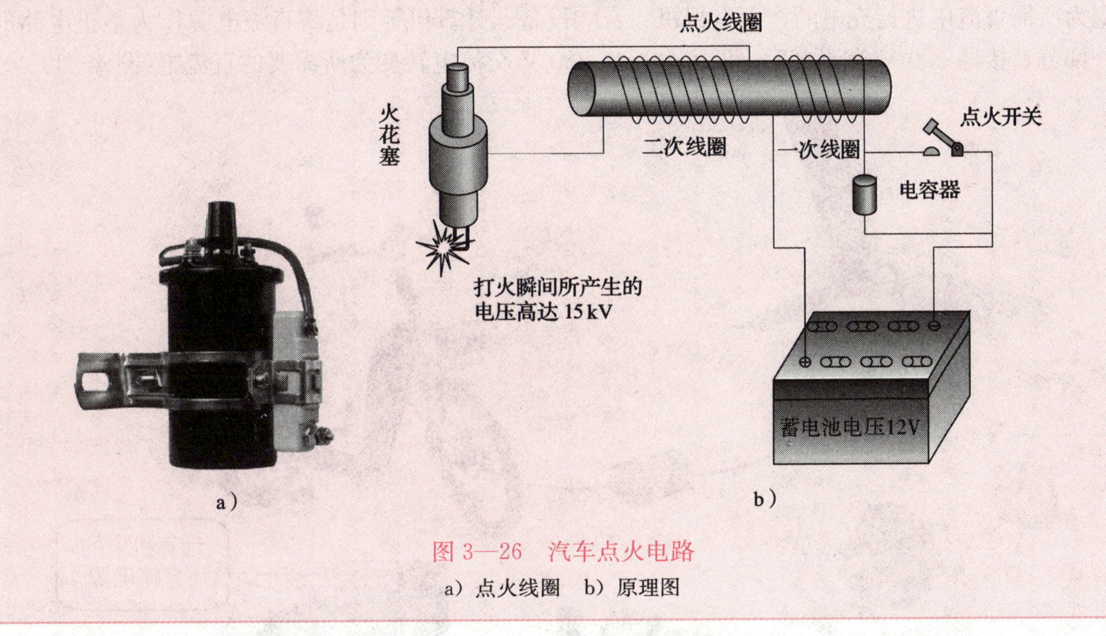

图 3—26　汽车点火电路

a）点火线圈　b）原理图

第4章 单相交流电路

§4—1 交流电的基本概念

大多数家用电器如电风扇、洗衣机、空调器等都是以 220 V 交流电为电源的；还有一些电器（如手机、电动自行车）虽然要由直流电源供电，但它们的充电器也都是将 220 V 交流电转变为所需直流电进行充电的；而电视机、音响设备、计算机等则是将直流电源作为整机电路的一部分，接通 220 V 交流电后，便可自行将 220 V 交流电转变为所需要的直流电(图 4—1)。

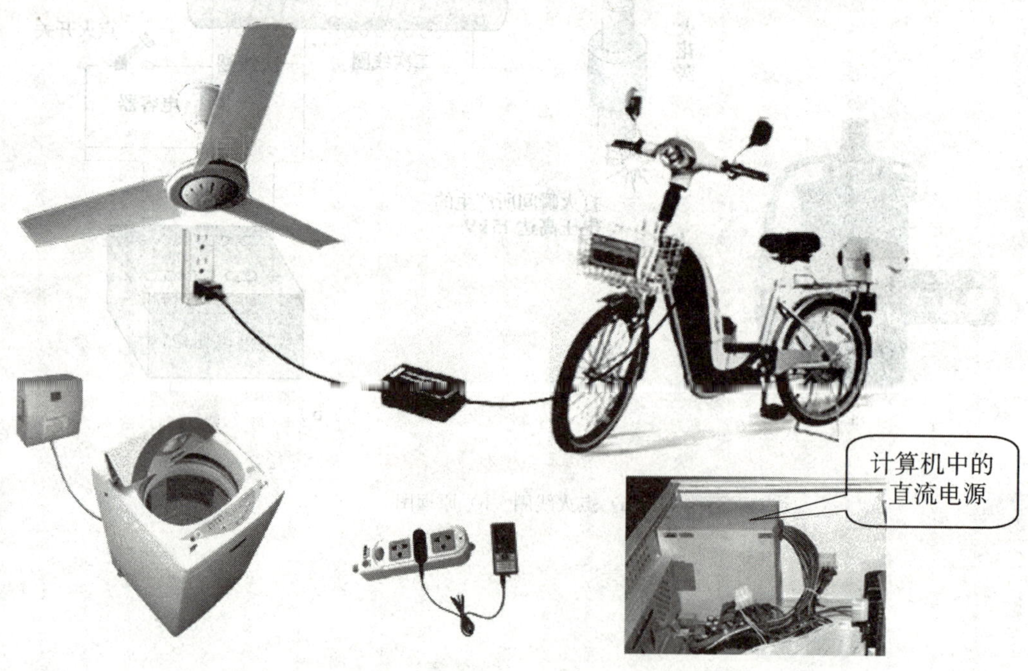

图 4—1 交流电的应用

一、交流电的产生

家用电器所使用的 220 V 交流电源，电压或电流的大小和方向按正弦规律变化，所以称为**正弦交流电**。实际应用的交流电不仅限于正弦交流电，如计算机的方波电流、示波器的锯齿波电流等，它们都是**非正弦交流电**。如果没有特别说明，本章所讲的交流电都是指正弦交流电。

图 4—2a 所示是一种简单的手摇交流发电机模型，图 4—2b 所示为其原理示意图。当线圈在磁场中转动时，由于导线切割磁感线，线圈中便产生感应电动势。

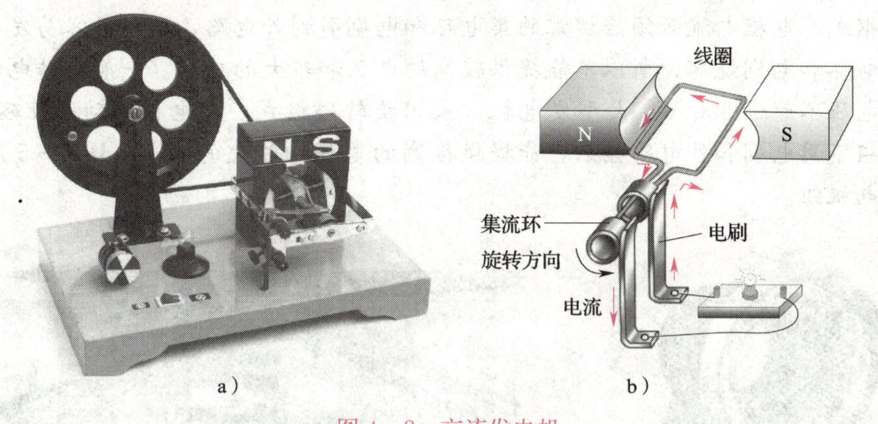

图 4—2　交流发电机

a）交流发电机模型　b）交流发电机原理示意图

当线圈匀速转动时，线圈中产生的感应电动势按正弦规律变化，称为正弦交流电，其波形如图 4—3 所示。

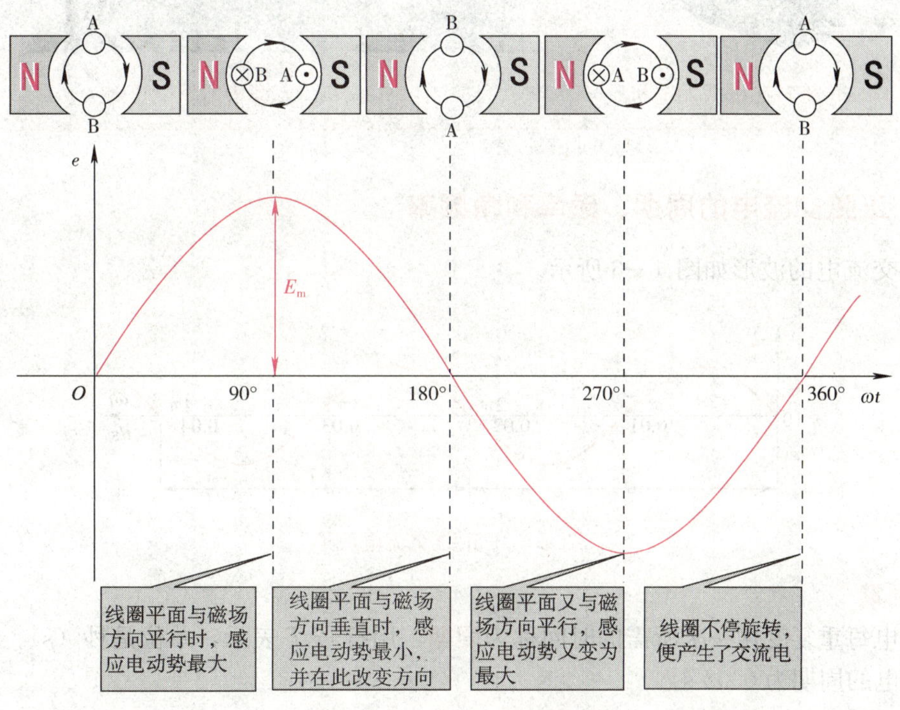

图 4—3　正弦交流电的产生

感应电动势的表达式为 $e = E_m \sin\omega t$。

式中，E_m 为感应电动势最大值，ω 为线圈旋转的角频率。

工程应用

实际应用的发电机

实际应用的发电机构造比较复杂（图 4—4），线圈匝数很多，而且嵌在硅钢片制成的铁芯上，称为电枢；磁极一般也不只是由一对电磁铁构成的。由于电枢电流较大，如果采用旋转电枢式，电枢电流必须经裸露的集电环和电刷引到外电路，这样很容易发生火花放电，使集电环和电刷烧坏，所以不能提供较高的电压和较大的功率。一般旋转电枢式发电机提供的电压不超过 500 V。大型发电机常采用旋转磁极式，即电枢不动而让磁极旋转。其定子绕组不用电刷和外电路接触，能提供很高的电压和较大的功率。图 4—5 所示为大型水力发电机组。

图 4—4　旋转磁极式发电机

图 4—5　大型水力发电机组

二、正弦交流电的周期、频率和角频率

正弦交流电的波形如图 4—6 所示。

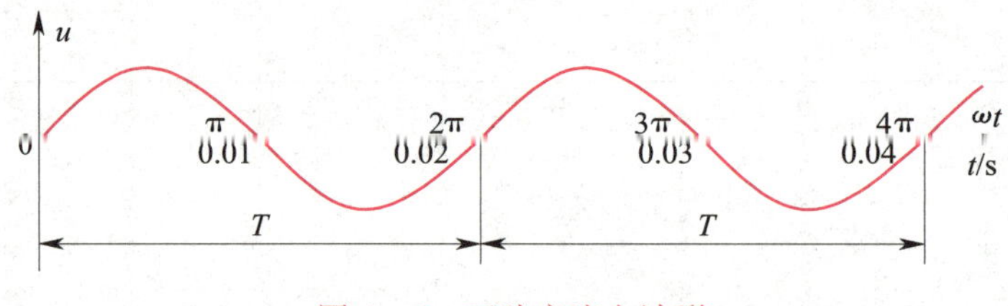

图 4—6　正弦交流电波形

1. 周期

交流电每重复变化一次所需的时间称为**周期**，用符号 T 表示，单位是秒（s）。如图 4—6 所示交流电的周期为 0.02 s。

2. 频率

交流电在 1 s 内重复变化的次数称为**频率**，用符号 f 表示，单位是赫兹（Hz）。根据定义可知，周期和频率互为倒数，即

$$f=\frac{1}{T}\text{ 或 }T=\frac{1}{f}$$

我国动力和照明用电的标准频率为 50 Hz（习惯上称为**工频**）。少数国家采用60 Hz的频率。

3. 角频率

交流电每秒变化的角度（电角度）称为**角频率**，用符号 ω 表示。因为正弦交流电变化一周可用 2π 弧度（或 360°）来计量，所以角频率为

$$\omega=\frac{2\pi}{T}=2\pi f$$

角频率的单位是弧度/秒（rad/s），例如，50 Hz 所对应的角频率是 100π rad/s，即约 314 rad/s。

引入角频率 ω 后，相应正弦交流电波形的横坐标也就用 ωt 表示。

知识链接

工业生产现场常见的电流有直流和交流，交流又分为高频电流和工频电流。跟直流电、高频交流电相比，**50 Hz 的工频交流电流对人体的伤害最大。**

通过人体的工频交流电流达到 10 mA 就会使人感到麻痹或剧痛，难以摆脱电源，达到 **30 mA 以上且持续时间超过1 s，就可能危及人的生命**。触电时通过人体的电流取决于作用于人体的电压和人体的电阻。一般干燥皮肤的电阻约为 2 kΩ，但如果皮肤潮湿或有损伤，电阻会急剧下降，只有 800 Ω 左右。电流在人体内持续的时间越长，人体电阻越小，电流越大，造成的伤害也越大。

三、正弦交流电的最大值、有效值

1. 最大值

正弦交流电在一个周期所能达到的最大瞬时值称为正弦交流电的**最大值**（又称**峰值**、**幅值**）。最大值用大写字母加下标 m 表示，如 E_m、U_m、I_m。

2. 有效值

因为交流电的大小是随时间变化的，所以在研究交流电的功率时，采用瞬时值和最大值就不够方便，通常总是用有效值来表示。有效值是这样规定的：使交流电和直流电加在同样阻值的电阻上，如果在相同的时间内产生的热量相等，就把这一直流电的大小称为相应交流电的**有效值**（图 4—7）。有效值用大写字母表示，如 E、U、I。电工仪表测出的交流电数值及通常所说的交流电数值都是指有效值。

正弦交流电的有效值和最大值之间有如下关系：

$$\text{有效值}=\frac{1}{\sqrt{2}}\times\text{最大值}\approx 0.707\times\text{最大值}$$

图 4—7　交流电的有效值

a）直流电加热　b）交流电加热

四、正弦交流电的相位与相位差

1. 相位

正弦量在任意时刻的电角度称为**相位角**，也称**相位**或**相角**，用（$\omega t+\varphi_0$）表示，它反映了交流电变化的进程。式中 φ_0 为正弦量在 $t=0$ 时的相位，称为**初相位**，也称**初相角**或**初相**。

交流电的初相可以为正，也可以为负。若 $t=0$ 时正弦量的瞬时值为正，则初相为正（图 4—8a）；若 $t=0$ 时正弦量的瞬时值为负，则初相为负（图 4—8b）。

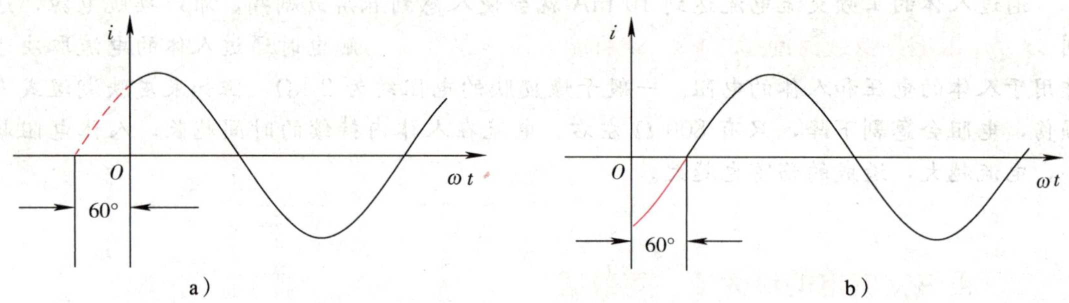

图 4—8　相位的正负

a）初相为正　b）初相为负

初相通常用不大于 180°的角来表示。

例如，$i=50\sin(\omega t+240°)$ A 应记为 $i=50\sin(\omega t-120°)$ A

2. 相位差

两个同频率正弦量的相位之差称为**相位差**，用符号 φ 表示，即

$$\varphi=(\omega t+\varphi_1)-(\omega t+\varphi_2)=\varphi_1-\varphi_2$$

两个同频率正弦量的相位差就等于它们的初相之差。如果一个正弦量比另一个正弦量提前达到零值或最大值，如图 4—9a 中 e_1 和 e_2，则称 e_1 **超前** e_2，或称 e_2 **滞后** e_1。若两个正弦量同时达到零值或最大值，即两者的初相位相等，则称它们同相位，简称**同相**（图 4—9b）；若一个正弦量达到正的最大值的同时，另一个正弦量达到负的最大值，即它们的初相位相差 180°，则称它们反相位，简称**反相**（图 4—9c）；若两个正弦量相位差 $\varphi=90°$，则称它们**正交**（图 4—9d）。

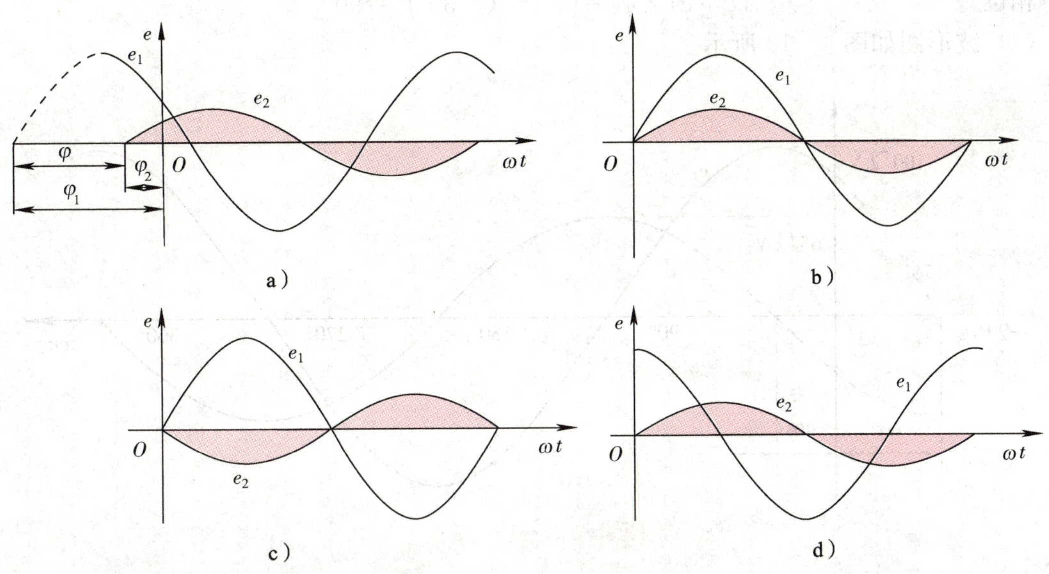

图 4—9　正弦交流电的相位关系

a）e_1 超前 e_2　b）e_1 与 e_2 同相　c）e_1 与 e_2 反相　d）e_1 与 e_2 正交

综上所述，最大值反映了正弦量的变化范围，角频率反映了正弦量的变化快慢，初相位反映了正弦量的起始状态。它们是表征正弦交流电的三个重要物理量。知道了这三个量就可以唯一确定一个正弦交流电，写出其瞬时值的表达式，因此常把最大值、角频率和初相位称为**正弦交流电的三要素。**

【例 4—1】 已知两正弦电动势分别是：$e_1=100\sqrt{2}\sin(100\pi t+60°)$ V，$e_2=65\sqrt{2}\sin(100\pi t-30°)$ V。求：

（1）各电动势的最大值和有效值；

（2）频率、周期；

（3）相位、初相位、相位差；

（4）波形图。

解：（1）最大值

$$E_{m1}=100\sqrt{2}\ (\text{V})$$

$$E_{m2}=65\sqrt{2}\ (\text{V})$$

有效值

$$E_1=\frac{100\sqrt{2}}{\sqrt{2}}=100\ (\text{V})$$

$$E_2=\frac{65\sqrt{2}}{\sqrt{2}}=65\ (\text{V})$$

（2）频率

$$f_1=f_2=\frac{\omega}{2\pi}=\frac{100\pi}{2\pi}=50\ (\text{Hz})$$

周期

$$T_1=T_2=\frac{1}{f}=\frac{1}{50}=0.02\ (\text{s})$$

（3）相位　$\alpha_1=(100\pi t+60°)$　　$\alpha_2=(100\pi t-30°)$

初相位　$\varphi_1=60°$　　$\varphi_2=-30°$

相位差 $\varphi=\varphi_1-\varphi_2=60°-(-30°)=90°$

（4）波形图如图 4—10 所示。

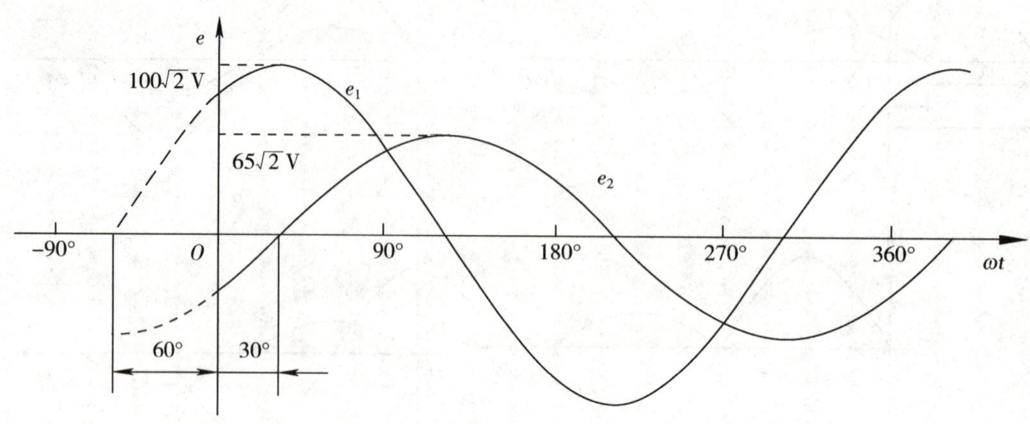

图 4—10 例 4—1 图

实验与实训 2 常用电子仪器的使用

一、实验目的

初步掌握交流毫伏表、信号发生器、示波器的使用。

二、实验器材

交流毫伏表（最大量程为 300 V，最小量程为 10 mV）1 台，函数信号发生器（输出 20 Hz～1 MHz 正弦电压）1 台，示波器 1 台，如图 4—11 所示。

三、实验步骤

1. 按图 4—12 所示连接线路。

2. 启动函数信号发生器和交流毫伏表，函数信号发生器选择正弦交流输出信号，衰减至 0 dB，幅值调为 1 V，频率调为 50 Hz，它的输出衰减开关分别置于 0 dB、20 dB、40 dB、60 dB 的位置上，交流毫伏表选择合适的挡位，测量函数信号发生器输出信号电压值，并将测量结果记入表 4—1。

3. 将示波器电源接通预热后，调节“辉度”“聚焦”“X 轴位移”“Y 轴位移”等旋钮，使荧光屏上出现扫描线。

4. 调节函数信号发生器，使其输出电压为 1 V、频率为 50 Hz、衰减为 0 dB，用示波器观察信号电压波形，调节“Y 轴衰减”“Y 轴增幅”旋钮，使荧光屏显示的电压波形的峰-峰值占 5 格左右。

a）

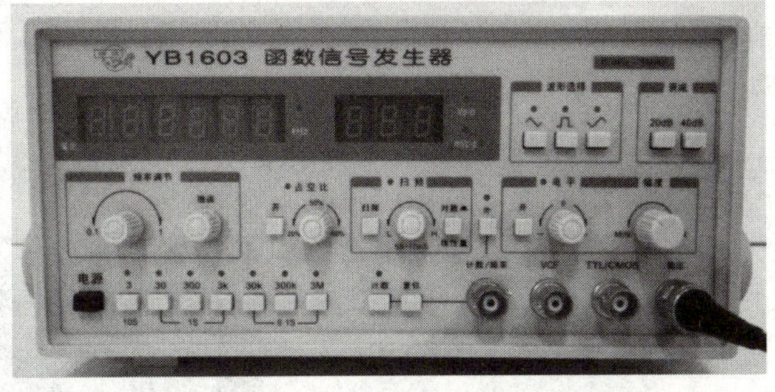

b）

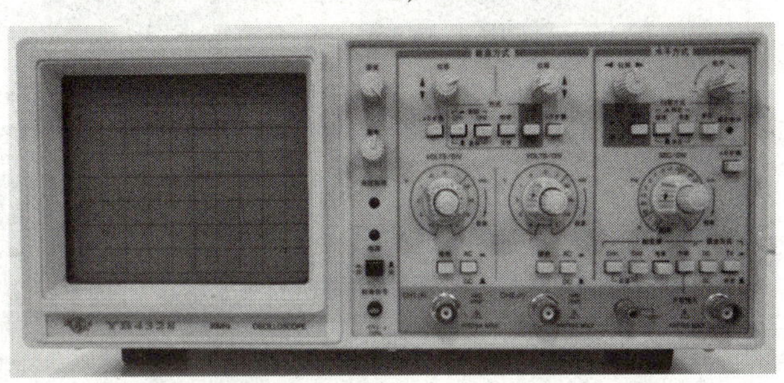

c）

图 4—11　实物图

a）交流毫伏表　b）函数信号发生器　c）示波器

表 4—1　　　　　　测量结果

输出衰减开关位置（dB）	0	20	40	60
输出电压变化范围				

5．调节“扫描范围”“扫描微调”旋钮，使荧光屏上显示出数个完整、稳定的正弦波。

6．由函数信号发生器输出如上所要求的信号，用示波器观察波形并测量其电压大小和周期。将各仪表的读数记入表 4—2。

交流毫伏表

函数信号发生器　　示波器

图 4—12　实验接线图

表 4—2　　　　　　测量结果

正弦信号		频率（Hz）	400	1 k	4 k	8 k
		有效值（V）	1	2	4	6
函数信号发生器	旋钮挡位	输出衰减（dB）	0	20	40	60
	输出信号	频率（Hz）				
		峰-峰值（V）				
示波器	*V*/div	挡级				
	读数	电压峰-峰值（V）				
	t/div	挡级				
	读数	信号频率（Hz）				

练一练

1. 将函数信号发生器的读数与交流毫伏表和示波器的测量值进行比较。

2. 在使用示波器观察正弦波电压时，如果在荧光屏上分别出现如图 4—13 所示的情况，是哪些旋钮位置不对？应如何调节？

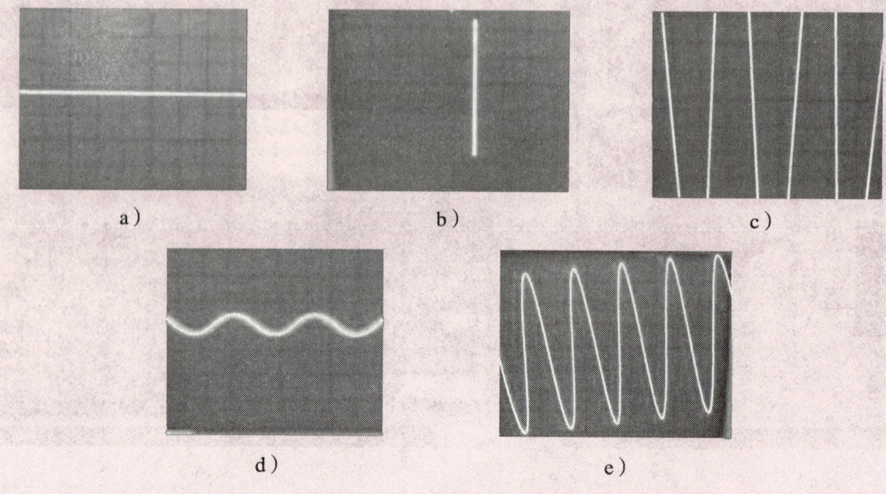

图 4—13　示波器显示波形

3. 双踪示波器显示波形如图 4—14 所示，峰值较大者为 e_1，另一个为 e_2，试根据波形图说出 e_1 与 e_2 的相位关系。

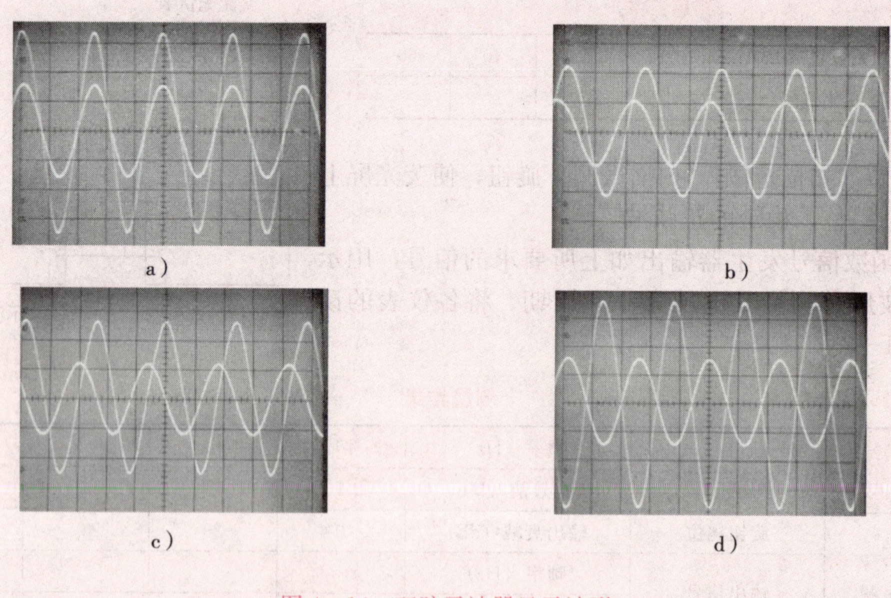

图 4—14　双踪示波器显示波形

§4—2　单一元件交流电路

一、纯电阻交流电路

交流电路中如果只有电阻元件，则称为纯电阻电路。白炽灯、卤钨灯、电炉（图 4—15）等都可近似地看成是纯电阻电路。在这些电路中，当外加电压一定时，影响电流大小的主要因素是电阻。

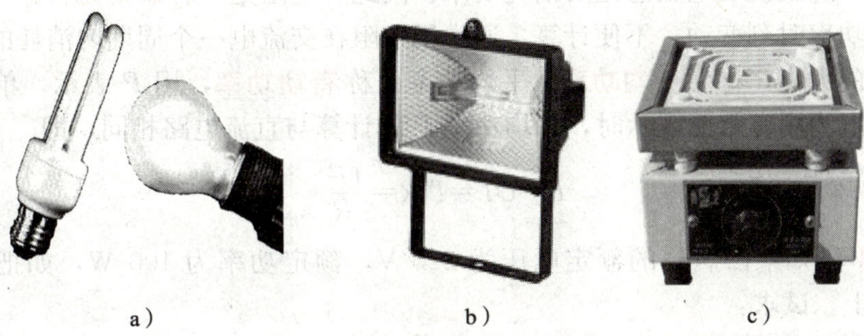

图 4—15　纯电阻电路应用实例

a）白炽灯　b）卤钨灯　c）电炉

1. 电流与电压的相位关系

纯电阻交流电路如图 4—16a 所示。

实验表明，在正弦电压作用下，电阻中通过的电流也是一个同频率的正弦交流电流，且与加在电阻两端的电压同相位。

图 4—16b 和图 4—16c 分别给出了电压和电流的波形图及功率曲线图。

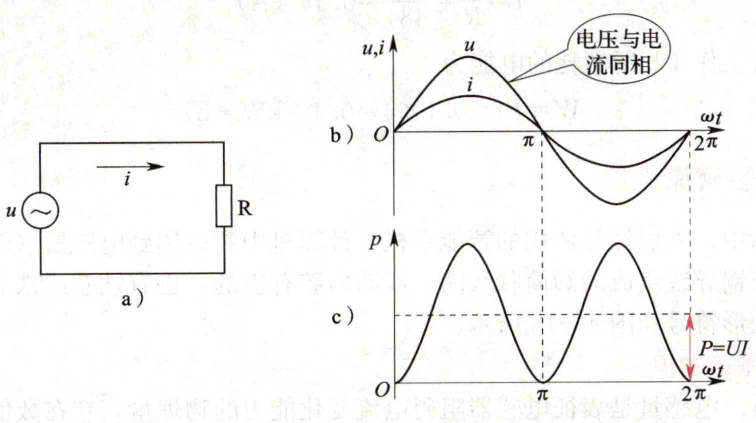

图 4—16　纯电阻电路

a）电路图　b）波形图　c）功率曲线图

2. 电流与电压的关系

在纯电阻电路中，电流与电压的瞬时值符合欧姆定律，即 $i=\frac{u}{R}=\frac{U_m \sin\omega t}{R}$，由于电流与电压同相，故有 $I_m=\frac{U_m}{R}$，又因为最大值为有效值的$\sqrt{2}$倍，故有 $I=\frac{U}{R}$，即瞬时值、最大值、有效值均符合欧姆定律。

3. 功率

在任一瞬间，电阻中电流瞬时值与同一瞬间电阻两端电压的瞬时值的乘积，称为电阻获取的**瞬时功率**，即

$$p=ui=\frac{U_m^2}{R}\sin^2\omega t$$

瞬时功率的曲线如图 4—16c 所示。由于电流和电压同相，所以 p 在任一瞬间的数值都大于或等于零，这就说明电阻总是要消耗功率，因此，电阻是一种**耗能元件**。

由于瞬时功率时刻变动，不便计算，通常用电阻在交流电一个周期内消耗的功率的平均值来表示功率的大小，称为**平均功率**。平均功率又称**有功功率**，用 P 表示，单位仍是瓦特（W）。电压、电流用有效值表示时，平均功率 P 的计算与直流电路相同，即

$$P=UI=I^2R=\frac{U^2}{R}$$

【例 4—2】 已知某白炽灯的额定电压为 220 V，额定功率为 100 W，如把它接到交流 220 V 的电源上。试求：

（1）白炽灯的工作电阻；

（2）通过白炽灯的电流；

（3）白炽灯工作 4 h 所消耗的电能。

解：（1）白炽灯的工作电阻为

$$R=\frac{U^2}{P}=\frac{220^2}{100}=484\ (\Omega)$$

（2）通过白炽灯的电流为

$$I=\frac{U}{R}=\frac{220}{484}=0.45\ (\text{A})$$

（3）白炽灯工作 4 h 所消耗的电能为

$$W=Pt=0.1\times4=0.4\ (\text{kW}\cdot\text{h})$$

二、纯电感交流电路

在日常生活中，人们经常使用的智能手机、计算机中都应用到电感器（图 4—17）。

电感器是由铜导线绕成的圆筒状线圈，线圈内腔有空的，也有铁芯或铁氧体芯的。常用电感器实物及图形符号如图 4—18 所示。

1. 电感的基础知识

（1）电感量。电感量是表征电感器阻碍电流变化能力的物理量，它在数值上等于当电流以 1 A/s 的变化速率通过电感器时，它能产生多少伏特的感应电动势。

图 4—17　智能手机中的贴片电感器

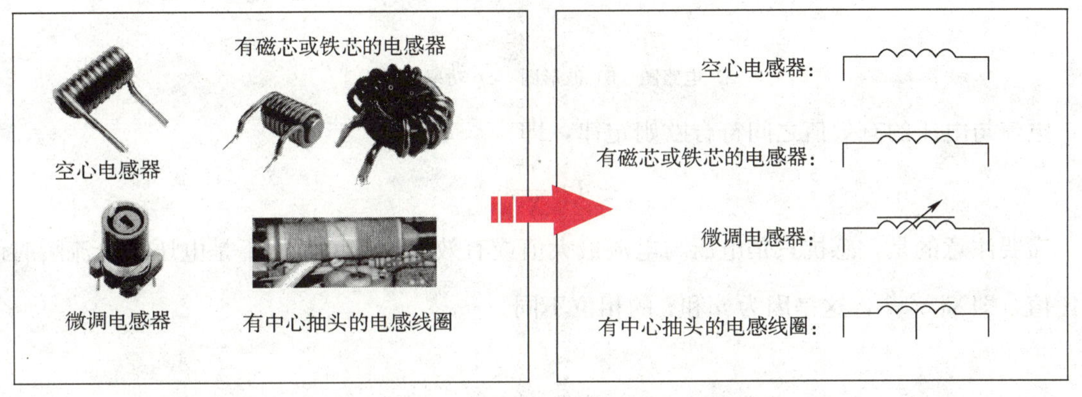

图 4—18　常用电感器实物及图形符号

电感量用符号 L 表示，单位是亨利，简称亨，用字母 H 表示。实际常取毫亨（mH）和微亨（μH）作为电感量的单位，换算关系如下

$$1\ \mathrm{H}=10^{3}\ \mathrm{mH}=10^{6}\ \mu\mathrm{H}$$

电感量更小的单位还有纳亨（nH）和皮亨（pH），$1\ \mathrm{H}=10^{9}\ \mathrm{nH}=10^{12}\ \mathrm{pH}$。

电感量也简称电感。

（2）感抗——电感对交流电的阻碍作用。将电感线圈接入交流电路中，由于交流电的大小和方向随时都在变化，电感线圈中便不停地产生自感电动势，自感电动势时刻起着阻碍电流变化的作用，通常把电感对交流电的阻碍作用称为**感抗**，用 X_L 表示。感抗的单位也是欧姆（Ω）。线圈自感系数越大，感抗越大；交流电频率越高，线圈感抗也越大。

感抗的计算式为

$$X_{\mathrm{L}}=2\pi fL=\omega L$$

电感的感抗与电流、频率的关系可以简单概括为：**通直流，阻交流，通低频，阻高频**。因此，电感也称为**低通元件**。

2. 电流与电压的关系

由电阻很小的电感线圈组成的交流电路，可以近似地看作是**纯电感电路**（图 4—19a）。

在纯电感电路中，电感两端的电压比电流超前 90°，即电流比电压滞后 90°。图 4—19b 和图 4—19c 分别给出了电压和电流的波形图及功率曲线图。

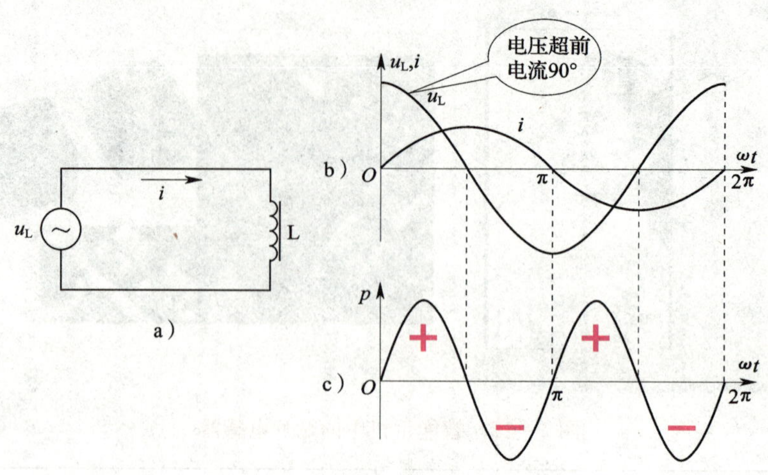

图 4—19　纯电感电路

a）电路图　b）波形图　c）功率曲线图

电流与电压的有效值之间符合欧姆定律，即

$$I = \frac{U}{X_L}$$

需要注意的是，感抗只是电压与电流最大值或有效值的比值，而不是电压与电流瞬时值的比值，即$X_L \neq \frac{u}{i}$，这是因为 u 和 i 的相位不同。

3. 功率

将图 4—19b 中 u 和 i 的波形的同一瞬间数值逐点相乘，便可得到如图 4—19c 所示的功率曲线。由图可见，瞬时功率在一个周期内有时为正值，有时为负值。瞬时功率为正值，说明电感从电源吸收能量储存起来；瞬时功率为负值，说明电感又将能量返还给电源。

纯电感电路在一个周期内吸收的能量与释放的能量相等，也就是说纯电感电路不消耗能量，它是一种**储能元件**。

不同的电感与电源转换能量的多少也不同，通常用瞬时功率的最大值来反映电感与电源之间转换能量的规模，称为**无功功率**，用 Q_L 表示，单位是乏（var）。其计算式为

$$Q_L = U_L I = I^2 X_L = \frac{U_L^2}{X_L}$$

提示

无功功率并不是"无用功率"，"无功"的实质是指能量进行了可逆转换，而并没有被元件消耗掉。实际上许多具有电感性质的电动机、变压器等设备都是利用无功功率而工作的。

电感元件有阻碍电流变化的作用，而自身又不消耗能量，所以在电工和电子技术中有广泛应用，如荧光灯的镇流器，直流电源中的滤波器，电动机启动、风扇调速、电焊机调节电

流的电抗器等。由于绕制线圈的导线总会有电阻，所以很难制成纯电感元件，只是在电阻很小时，可忽略不计，视为纯电感电路。

工程应用

电感元件的应用

1. 扼流圈

所谓扼流圈就是指对交流电流起阻碍作用的电感线圈。利用线圈感抗与频率成正比的关系，不同扼流圈可扼制不同频率的交流电流。用于整流滤波的称为滤波扼流圈，用于扼制音频电流的称为音频扼流圈，用于扼制高频电流的称为高频扼流圈等。

低频扼流圈（图 4—20a）线圈绕在闭合的铁芯上，匝数为几千甚至超过 1 万，自感系数为几十亨。即便交流频率较低，这种线圈产生的感抗也很大。

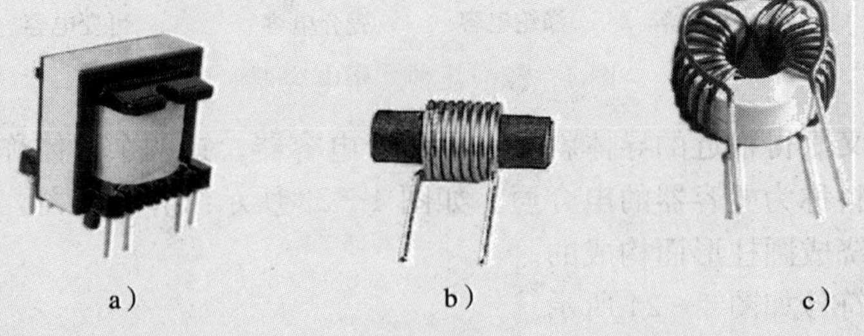

a）　　b）　　c）

图 4—20　扼流圈

a）低频扼流圈　b）高频扼流圈　c）共模扼流圈

高频扼流圈（图 4—20b）线圈有的绕在圆柱形铁氧体上，有的是空心的，匝数为几百或几十，自感系数为几毫亨，这种线圈对低频交流电的阻碍作用小，对高频交流电的阻碍作用大。

还有一种在闭合的铁氧体磁芯上对称绕制的共模扼流圈（图 4—20c），常用于抑制共模（大小相等，极性相同）干扰。

2. 电风扇调速电路

图 4—21 所示为采用串电抗器调速的电路，在电动机相线回路中串入具有抽头的电抗器，当转速开关处于不同的位置时，电抗器的电压降也不同，从而使电动机的端电压改变，实现有级调速。当调速开关接快速挡时，电动机的绕组直接与电源相连，阻抗最小，转速最大；调速开关接中、慢挡时，电动机串接不同的电抗器，从而使转速降低。

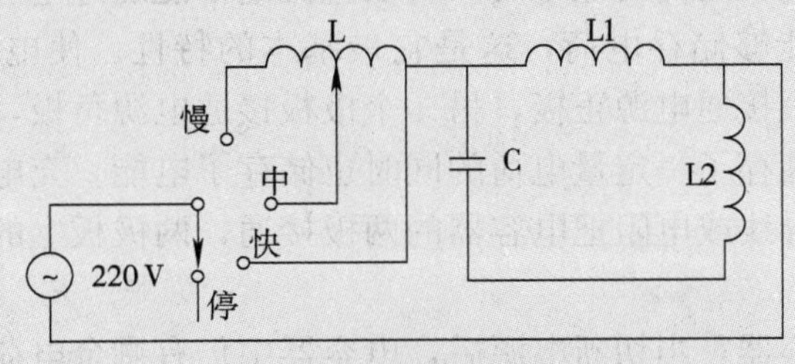

图 4—21　电风扇调速电路

三、纯电容交流电路

1. 电容器

电容器简称电容，是构成电路的基本元件之一，在电子产品和电气设备中有广泛的应用。几种常用电容器的外形如图 4—22 所示。

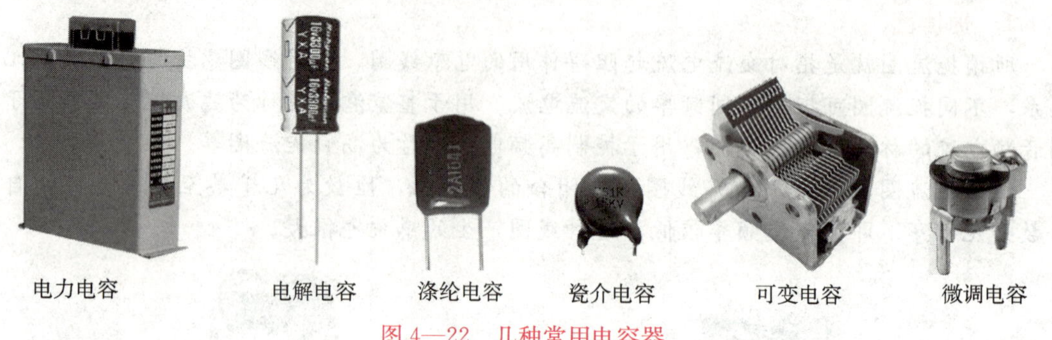

图 4—22　几种常用电容器

两个相互绝缘又靠得很近的导体就组成了一个电容器。这两个导体称为电容器的两个**极板**，中间的绝缘材料称为电容器的**电介质**。如图 4—23 所示纸介电容器，就是在两块铝箔之间插入纸介质，卷绕成圆柱形而构成的。

电容器的图形符号如图 4—24 所示。

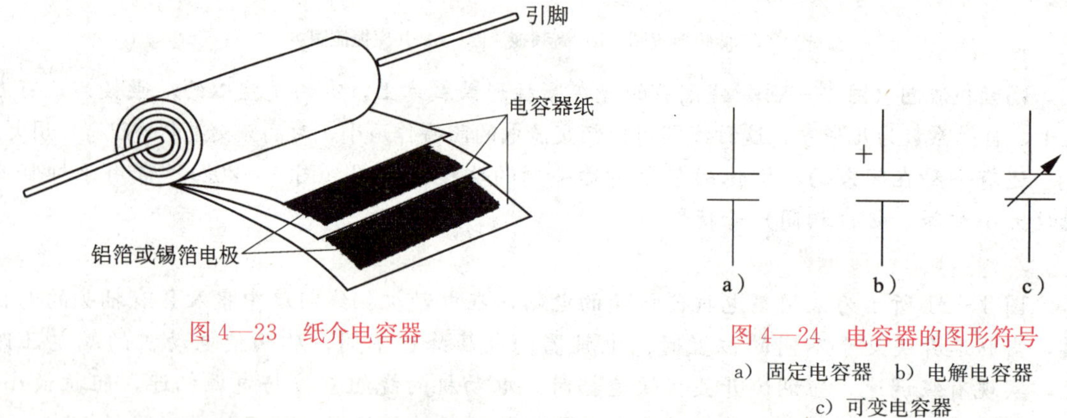

图 4—23　纸介电容器

图 4—24　电容器的图形符号
a）固定电容器　b）电解电容器
c）可变电容器

由于电容器的两个极板之间是绝缘的，所以直流电不能通过电容器，电容器的这一特性称为**隔直**。但是电容器能够储存电荷，这是它最基本的特性。使电容器带电的过程称为**充电**。把电容器的一个极板接通电源正极，另一个极板接通电源负极，两个极板就分别带上等量异种电荷。电容器在储存了一定量电荷的同时也储存了电能。充电后的电容器失去电荷的过程称为**放电**，用一根导线或电阻把电容器的两极接通，两极板上的电荷相互中和，电容器就不带电了。

在电路中使用的电容器，当切断电源后，电容器中仍有剩余电荷。因此，在检测电容器之前必须先将其放电，以免损坏测试设备，或对操作者造成电击。

2. 电容量

原来不带电的电容器接上直流电源后，它的两个极板就能储存电荷，而且所加的电压越

大，电容器所储存的电量就越多。对某一电容器来说，电量与电压的比值是一个常数，称为电容器的**电容量**（也简称**电容**），用来表征电容器储存电荷的能力，用符号 C 表示。它在数值上等于电容器在 1V 电压作用下所储存的电量，即

$$C=\frac{Q}{U}$$

电容的单位是法拉（F），简称法，常用较小的单位有微法（μF）、纳法（nF）和皮法（pF）。

$$1\text{F}=10^6\ \mu\text{F}=10^9\ \text{nF}=10^{12}\ \text{pF}$$

3. 容抗——电容对交流电的阻碍作用

当电容器外接交流电时，电源与电容器之间不断地充电和放电，电容器对交流电也会有阻碍作用，把电容对交流电的阻碍作用称为**容抗**，用 X_C 表示，容抗的单位也是欧姆（Ω）。

容抗的计算式为

$$X_C=\frac{1}{\omega C}=\frac{1}{2\pi fC}$$

电容的容抗与电流、频率的关系可以简单概括为：**隔直流，通交流，阻低频，通高频**。因此，电容也被称为**高通元件**。

4. 电流与电压的关系

把电容器接到交流电源上，如果电容器的电阻和分布电感可以忽略不计，可以把这种电路近似地看成是纯电容电路（图 4—25a）。

（1）在纯电容电路中，电压比电流滞后 90°，即电流比电压超前 90°。图 4—25b 和图 4—25c 分别给出了电压和电流的波形图及功率曲线图。

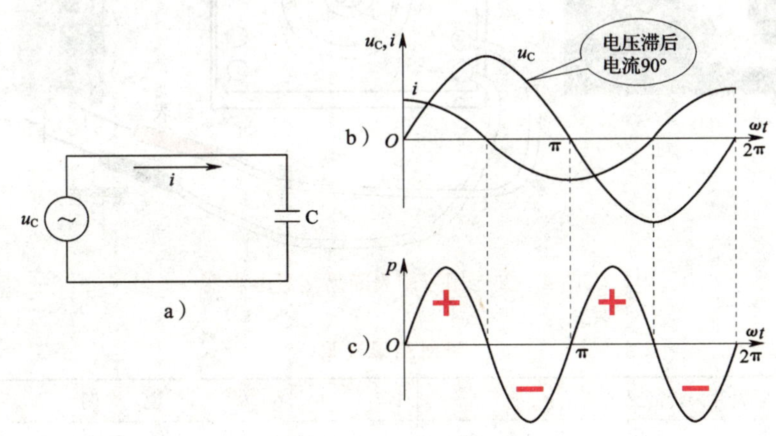

图 4—25　纯电容电路

a）电路图　b）波形图　c）功率曲线图

（2）电流与电压的有效值之间符合欧姆定律，即

$$I=\frac{U}{X_C}$$

5. 功率

由图 4—25c 所示功率曲线图可知，电容也是储能元件。瞬时功率为正值，说明电容从电源吸收能量转换为电场能储存起来；瞬时功率为负值，说明电容又将电场能转换为电能返

还给电源。

纯电容电路的平均功率为零。

纯电容电路的无功功率为

$$Q_C=UI=I^2X_C=\frac{U^2}{X_C}$$

6. 电容器的简易检测

电容器在电路中的故障发生率远高于电阻器，检测难度也较大。利用电容器充放电特性可以大致判断大容量电容器的质量好坏。

检测较大容量的有极性电容器（如电解电容器等）时，如图 4—26 所示，将万用表置于 $R\times1$ k 电阻挡，将黑表笔接电容器正极，红表笔接电容器负极；若是检测无极性电容器（如圆片电容器等）时，则两支表笔可以不分。具体的判断方法见表 4—3。

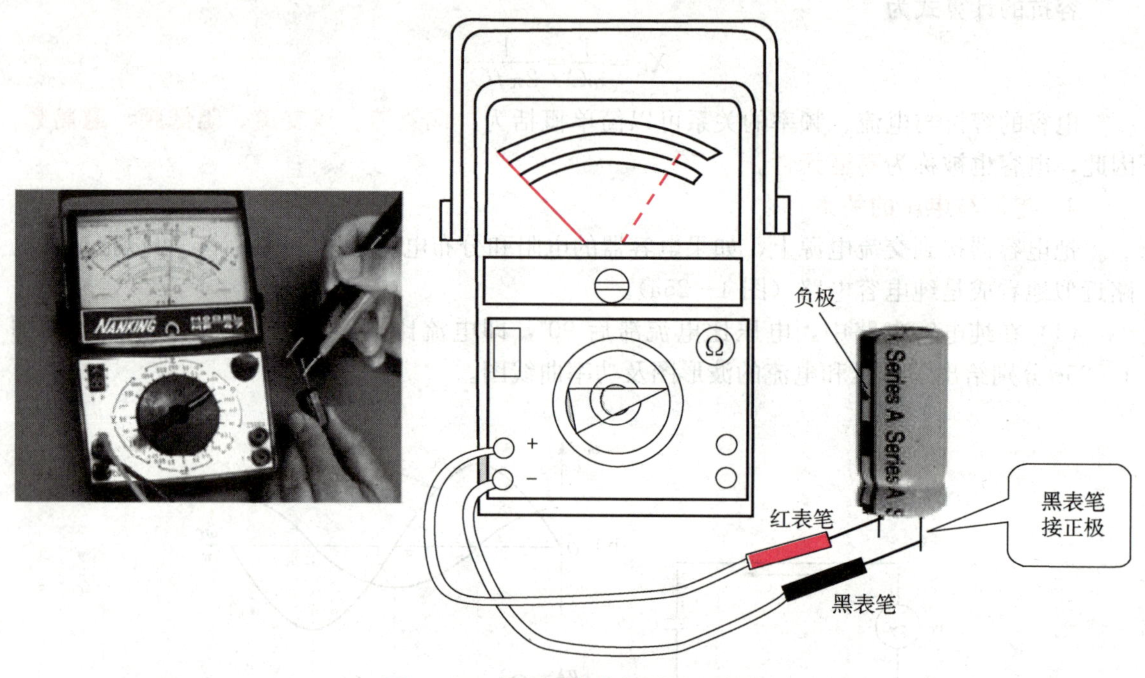

图 4—26　用万用表简易测量电容器

表 4—3　测量结果说明

表针偏转情况	说　明
∞ 0 R×1 k电阻挡	表针先向右偏转，然后向左回摆到底（阻值无穷大处），电容器正常
∞ 0 R×1 k电阻挡	表针向左回摆不到底，而是停在某一刻度上，则该阻值即为电容器的漏电阻值。此值越小，说明漏电越严重

续表

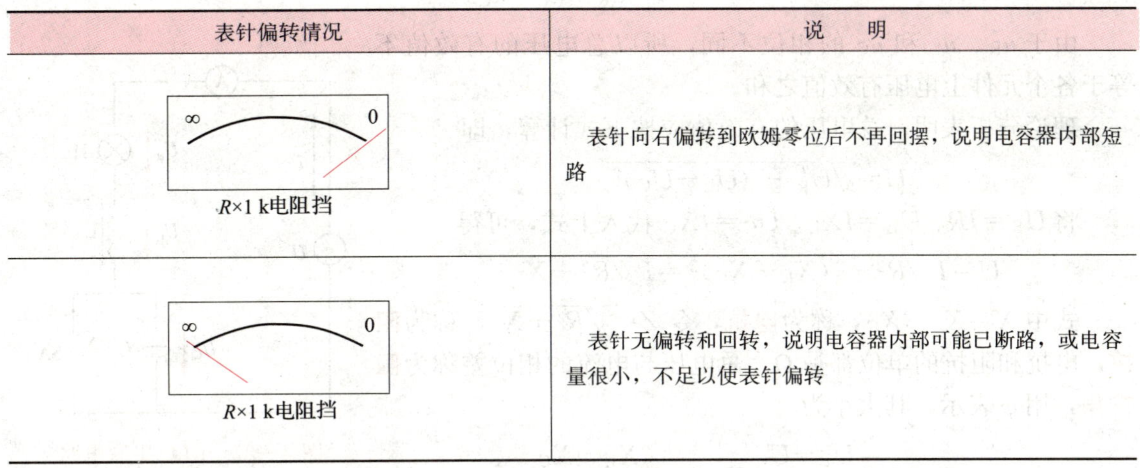

表针偏转情况	说　明
∞　0 $R\times1$ k电阻挡	表针向右偏转到欧姆零位后不再回摆，说明电容器内部短路
∞　0 $R\times1$ k电阻挡	表针无偏转和回转，说明电容器内部可能已断路，或电容量很小，不足以使表针偏转

练一练

参照上面介绍的方法，进行电容器的检测练习。

提示

1. 检测电容器时，手指不要接触到表笔和电容器引脚，以免人体电阻对检测结果造成影响。

2. 如果是在线检测大容量电容器，应在电路断电后，先用导线将被测电容器的两个引脚碰一下，释放掉可能存在的电荷。对于容量很大的电容器，则要用 100 Ω 左右的电阻来放电。

3. 由于小容量（小于 1 μF）电容器漏电阻很大，测量时应采用 $R\times10$ k 电阻挡，这样测量结果较为准确。

§4—3　RLC 串联电路

用白炽灯、镇流器及电容组成一个 RLC 串联电路，如图 4—27 所示。分别测量 R、L、C 两端电压 U_R、U_L、U_C，以及电源电压 U，由测量结果可知 $U_R+U_L+U_C\neq U$。

这是为什么呢？它们应符合什么关系？

一、电压与电流的关系

RLC 串联电路的总电压瞬时值等于多个元件上电压瞬时值之和，即

$$u=u_R+u_L+u_C$$

由于 u_R、u_L 和 u_C 的相位不同，所以总电压的有效值不等于各个元件上电压有效值之和。

理论分析表明，总电压的有效值应按下式计算，即

$$U=\sqrt{U_R^2+(U_L-U_C)^2}$$

将 $U_R=IR$、$U_L=IX_L$、$U_C=IX_C$ 代入上式，可得

$$U=I\sqrt{R^2+(X_L-X_C)^2}=I\sqrt{R^2+X^2}$$

式中 $X=X_L-X_C$，称为**电抗**，令 $Z=\sqrt{R^2+X^2}$，称为**阻抗**，电抗和阻抗的单位都是Ω。总电压与电流的相位差称为**阻抗角**，用 φ 表示，其大小为

$$\varphi=\arctan\frac{U_L-U_C}{U_R}=\arctan\frac{X_L-X_C}{R}$$

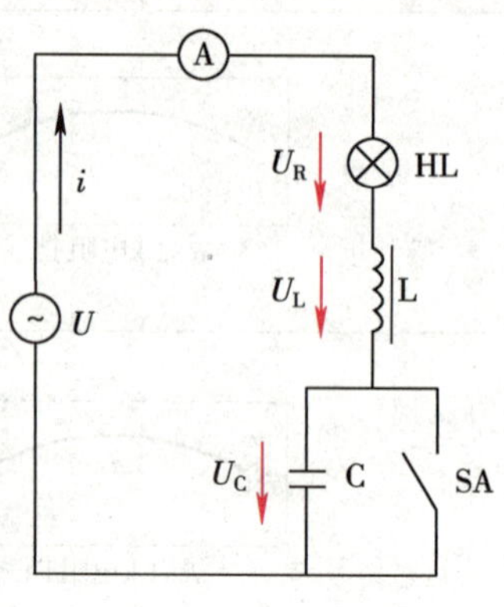

图 4—27　RLC 串联电路

二、电路的电感性、电容性和电阻性

图 4—27 所示 RLC 串联电路中，由于 R、L、C 参数以及电源频率 f 的不同，电路可能出现以下三种情况：

电感性电路　当 $X_L>X_C$ 时，则 $U_L>U_C$，阻抗角 $\varphi>0$，电路呈电感性，电压超前电流 φ 角。

电容性电路　当 $X_L<X_C$ 时，则 $U_L<U_C$，阻抗角 $\varphi<0$，电路呈电容性，电压滞后电流 φ 角。

电阻性电路　当 $X_L=X_C$ 时，则 $U_L=U_C$，阻抗角 $\varphi=0$，电路呈电阻性，且总阻抗最小，电压和电流同相。电感和电容的无功功率恰好相互补偿。电路的这种状态称为**串联谐振**。

三、功率

电压与电流有效值的乘积定义为**视在功率**，用 S 表示，单位为伏安（V·A）。视在功率并不代表电路中消耗的功率，它常用于表示电源设备的容量。负载消耗的功率要视实际运行中负载的性质和大小而定。视在功率 S 与有功功率 P 和无功功率 Q 的关系为

$$S=\sqrt{P^2+Q^2}\qquad P=S\cos\varphi\qquad Q=S\sin\varphi$$

式中 $\cos\varphi=\frac{P}{S}$，称为**功率因数**，它是高压供电线路的运行指标之一，表示电源功率被利用的程度。

为方便记忆，上面几个物理量之间的关系可用图 4—28 所示的三角形来表示。设 $U_x=U_L-U_C$，则 U 与 U_R、U_x 的大小关系恰好可用一个三角形来表示，斜边为 U，两个直角边分别为 U_R、U_x，U 与 U_R 的夹角即为阻抗角。将 U、U_R、U_x 分别除以电流 I，即可得到阻抗与电阻、电抗之间的三角形关系。而将电压三角形的各边乘以电流 I，便可得到视在功率、有功功率和无功功率之间的三角形关系。

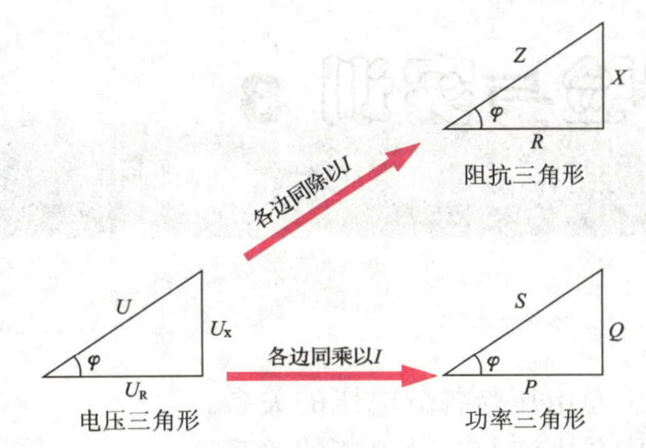

图 4—28　电压三角形、阻抗三角形和功率三角形

知识链接

企业所用交流设备多数为感性负载，如电动机、变压器、感应加热炉、电磁铁、带镇流器的荧光灯、高压汞灯、高压钠灯等，计算它们的有功功率可用下式

$$P=UI\cos\varphi$$

式中 $\cos\varphi$ 为功率因数，对于纯电阻负载，$\cos\varphi=1$；而对于感性负载，则有 $\cos\varphi<1$。

功率因数越低，该电源设备所发出的有功功率越小，电源设备利用率越低。当负载有功功率和电源电压一定时，功率因数越低，则线路上的功率损耗也越大。为了减少电能损耗，改善供电质量，就必须提高功率因数。

改善功率因数最常用的方法是在感性负载两端并接补偿电容。图 4—29 所示为低压开关柜中的电容器组。目前，大多采用智能无功功率自动补偿控制器（图 4—30），可根据无功功率的变化自动控制投入的电容器数量，以实现最佳补偿。

图 4—29　低压开关柜中的电容器组

图 4—30　智能无功功率自动补偿控制器

实验与实训 3 单相交流电路的测量

一、实验目的

1. 掌握串联交流电路中总电压与各分电压的关系。
2. 掌握并联交流电路中总电流与各分电流的关系。
3. 熟悉交流电压表、交流电流表的使用。

二、实验器材

白炽灯（220 V/25 W）2 只，镇流器（220 V/40 W）1 只，油浸纸介电容器（2 μF/600 V）1 只，交流电压表（0～500 V）（或万用表）1 块，交流电流表（0～1 A）3 块，导线，开关等。

三、实验步骤

1. 电阻串联电路（两只白炽灯串联）

按图 4—31 连接电路，检查无误后接通电源。电流表读数 I=________ A，测量电源电压为________ V，两只灯泡两端电压 U_1= ________ V，U_2=________ V。

2. RL 串联电路（白炽灯与镇流器串联）

按图 4—32 连接电路，检查无误后接通电源。电流表读数为________ A，测量电源电压为________ V，灯泡两端电压 U_R 为________ V，镇流器两端电压 U_L 为________ V。

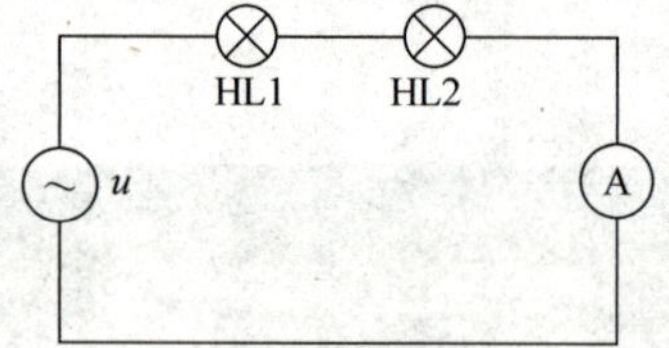

图 4—31　电阻串联电路

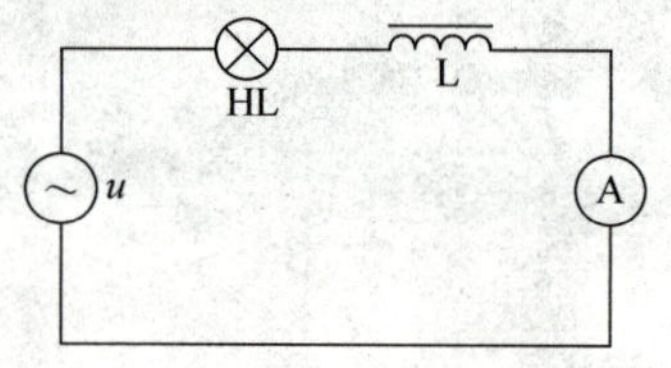

图 4—32　RL 串联电路

3. RLC 串联电路（白炽灯、镇流器和电容器串联）

按图 4—33 连接电路，检查无误后接通电源。电流表读数为________ A，测量灯泡两端电压 U_R 为________ V，镇流器两端电压 U_L 为________ V，电容器两端电压 U_C 为________ V。

4. RC 并联电路（白炽灯与电容器并联）

按图 4—34 连接电路，检查无误后接通电源。三只电流表的读数分别为：I=________ A，I_R=________ A，I_C=________ A。

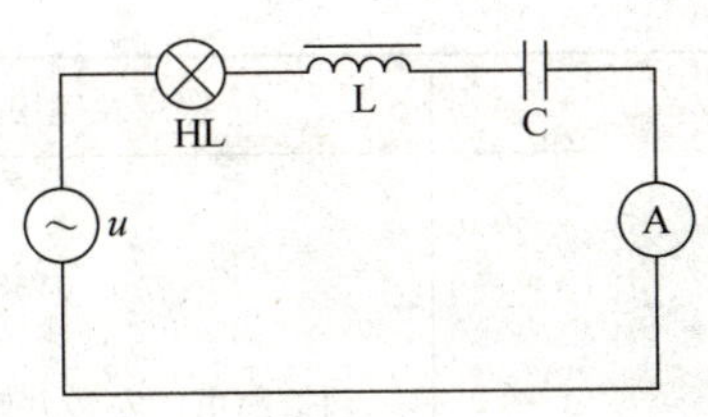

图 4—33　RLC 串联电路

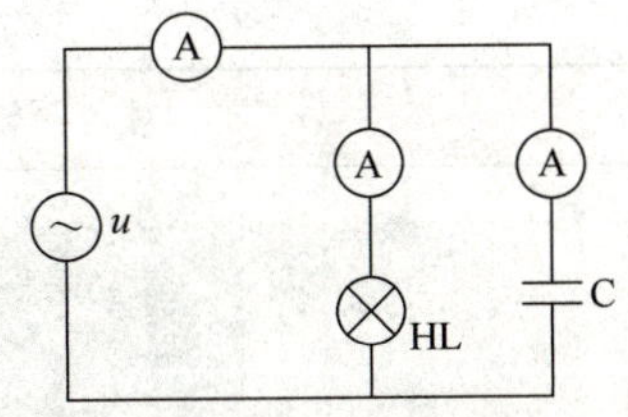

图 4—34　RC 并联电路

想一想

1. 在两只白炽灯串联的电路中，两灯泡的电压之和等于电路的总电压吗？为什么？

2. 在白炽灯与镇流器串联的电路中，$U_R + U_L$ 等于电路的总电压 U 吗？为什么？它们应该符合什么关系？

3. 在白炽灯、镇流器和电容器串联的电路中，$U_R + U_L + U_C$ 等于电路的总电压 U 吗？为什么？它们应该符合什么关系？

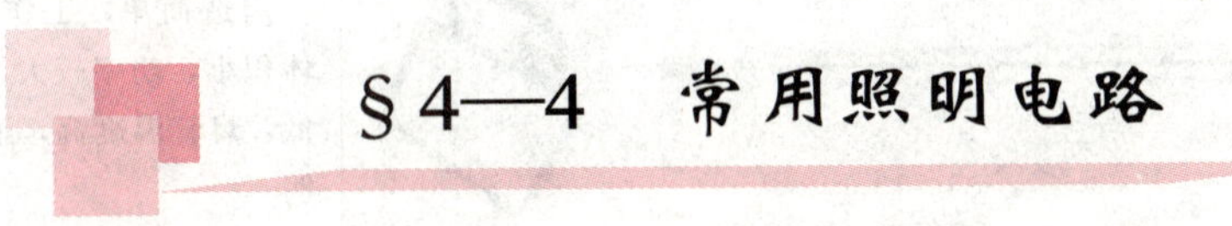

§4—4　常用照明电路

一、常用照明方式

1. 一般照明

不考虑特殊部位的要求，为整个被照场所而设置的照明即为一般照明，如走廊、教室、办公室等采用一般照明。

2. 局部照明

局限于某一工作部位的照明，如机床上的工作灯、写字台上的台灯等属于局部照明。

3. 混合照明

由一般照明和局部照明共同组成的照明称为混合照明。工厂里的车间，除了对车间大面积均匀布光外，还对生产机械做局部照明。

此外，还有事故照明、障碍物照明等特殊的照明方式。

二、常用照明灯具

使用最为广泛的照明灯具是白炽灯和荧光灯，此外还有卤钨灯、高压汞灯、高压钠灯等，目前，各种节能灯以及 LED 灯的使用已日益普及，见表 4—4。

表 4—4　　常用照明灯具

名称	实　物	特点及应用场合
白炽灯		构造简单，安装方便，显色性好，但发光效率低，使用寿命较短
荧光灯		发光效率高，使用寿命长，但结构复杂，功率因数低，有闪烁现象，低压时不易启动
卤钨灯		构造简单，工作可靠，光色好，体积小，功率较大，但发光效率较低，灯管温度高，适用于大范围照明
高压汞灯		功率较大，耐震，耐热，但显色性较差，启动时间长，工作不稳定，易自熄，适用于室外照明
高压钠灯		发光效率高，透雾性好，但显色性差，工作不稳定，易自熄，适用于公路、航道及机场照明
节能灯		发光效率高，节能效果明显

续表

名称	实　　物	特点及应用场合
LED灯		亮度高，耐震动，使用寿命长，可在低压下工作，适用于交通信号灯、汽车尾灯、建筑物轮廓照明及各种装饰照明

三、照明电路的相关元件

1. 开关

开关通常是指用手来操纵，使电路接通或断开的一种控制电器。图 4—35 所示是一种最简单的刀开关，其用于通断的部件做成闸刀形状，刀极数目有二极和三极两种，常接在照明、电热设备及功率小于5.5 kW 电动机的控制电路中，用于不频繁地接通和分断电路。同时，可与熔断器组合，用于短路保护。

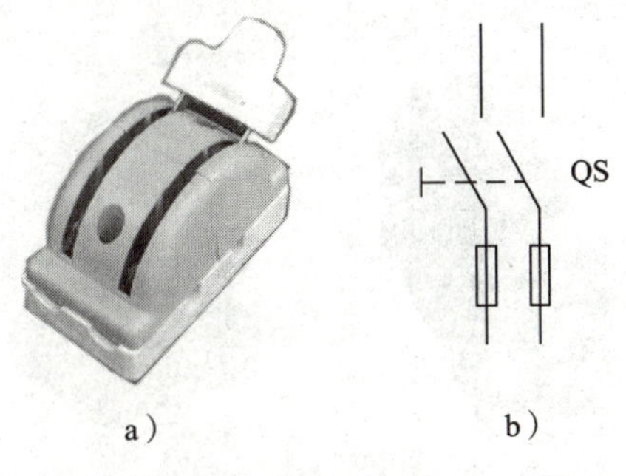

图 4—35　刀开关

a）外形　b）符号

图 4—36 所示是家庭照明电路中常用的单联开关、双联开关和触摸开关。

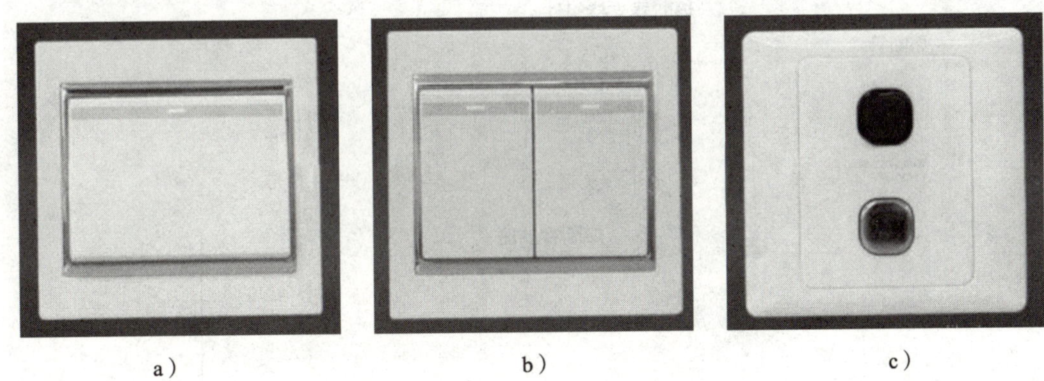

图 4—36　家庭照明电路常用开关

a）单联开关　b）双联开关　c）触摸开关

单联（也称“单开”或“单位”）开关是指在一个面板上只有一个开关，**双联开关**是指在一个面板上有两个开关。**单控开关**是指只对一条线路进行控制的开关，**双控开关**是指能控制两条线路的开关。双控开关有 3 个接线端，如图 4—37 所示。图中，上下两个为开关控制接线端，中间一个为公共端。

2. 熔断器

熔断器在线路中主要起短路保护作用。熔断器主要由熔体、安装熔体的熔管和熔座三部分组成。

熔断器按结构形式分为瓷插式熔断器、螺旋式熔断器、有填料封闭管式熔断器和自复式熔断器，如图 4—38a 所示。图 4—38b 所示为封闭管式圆筒帽形熔断器的结构图。图 4—38c 所示为熔断器的符号。

3. 插座

根据安装形式不同，插座可分为明装式和暗装式两种。根据电源电压的不同，可分为三相四孔插座、单相三孔插座或单相两孔插座等，如图 4—39 所示。

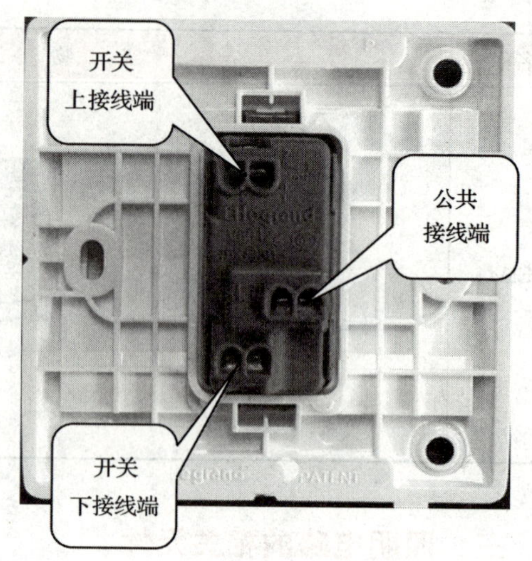

图 4—37 双控开关示意图

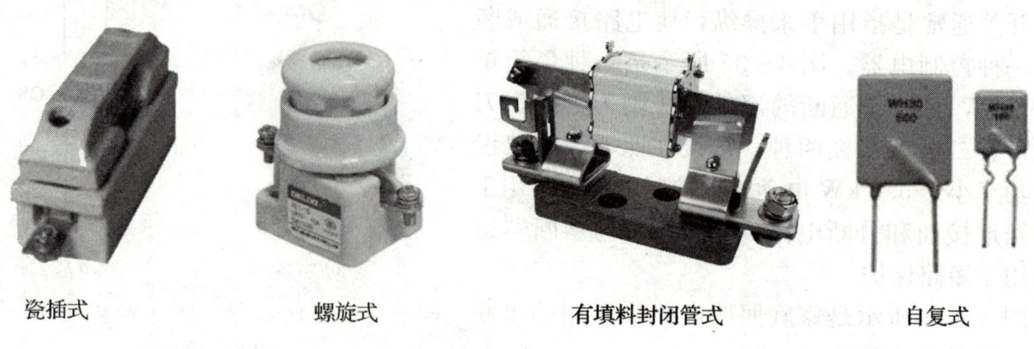

a）

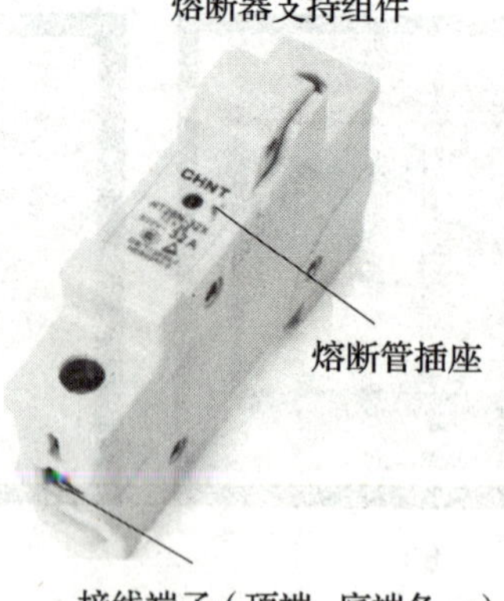

b）

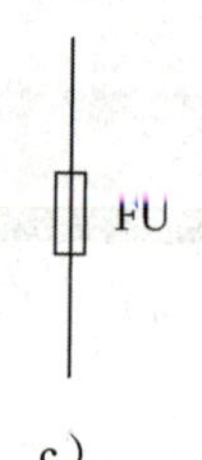

c）

图 4—38 熔断器

a）外形 b）封闭管式圆筒帽形熔断器的结构 c）符号

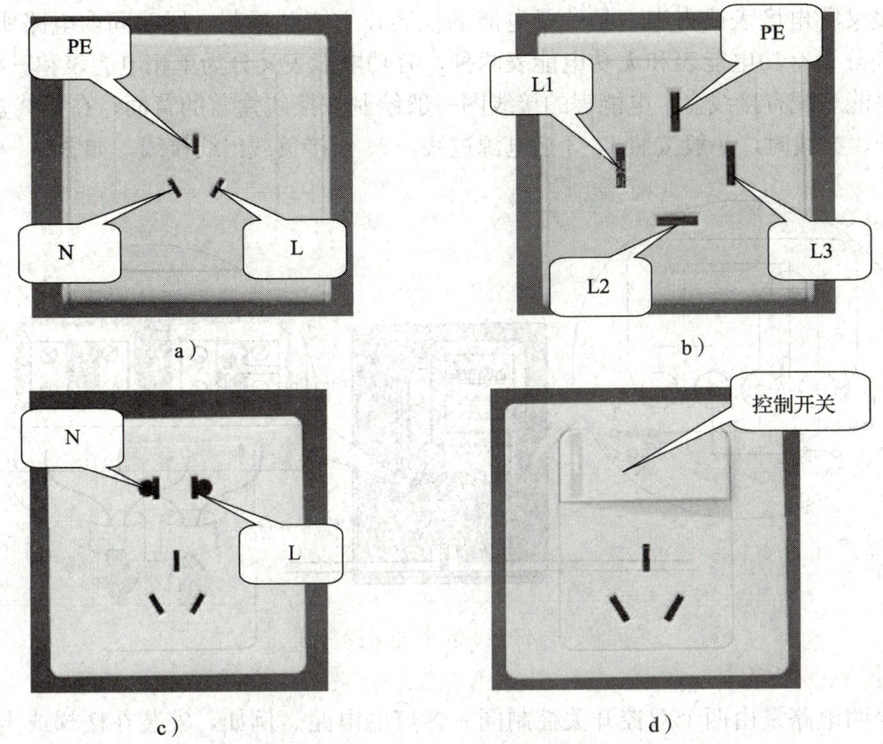

图 4—39　常用插座

a）单相三孔插座　b）三相四孔插座

c）单相两孔和三孔插座　d）带控制开关的单相三孔插座

四、配电板和双控照明电路

1. 配电板和单相电能表

配电板（配电箱、配电屏）是连接电源与用电设备的中间装置。照明电路配电板比较简单，由单相电能表、电源开关、熔断器等组成，如图 4—40 所示。

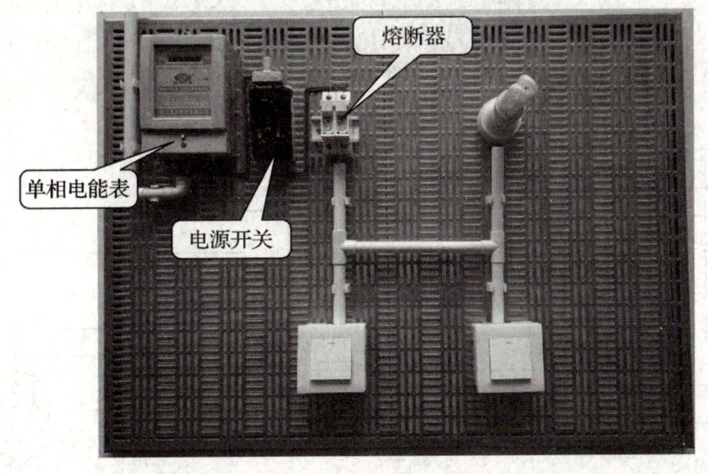

图 4—40　双控白炽灯配电板

电能表又称电度表或火表，是计量电能的仪表，它能测量某一段时间内电路所消耗的电能。电能表分为有功电能表和无功电能表两种，有功电能表又分为单相电能表和三相电能表。

单相电能表配有接线盒，电能表的接线图一般绘制在接线盒盖的背面，在接线盒内设有 4 个接线端子，接线时，一般按照 1、3 接电源进线，2、4 接负载出线接线，如图 4—41 所示。

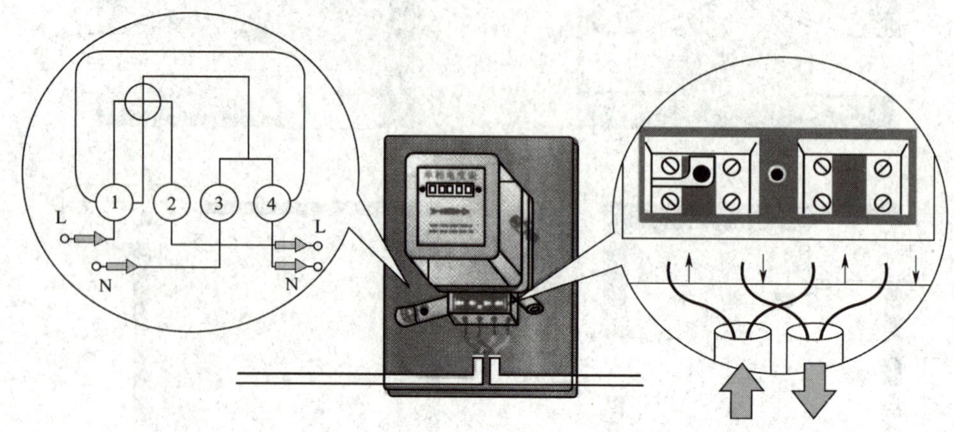

图 4—41　单相电能表接线图

2. 双控照明电路

双控照明电路是由两个双控开关控制同一盏灯的电路。例如，安装在楼梯或走廊中间的照明灯，需要在楼梯上、下或走廊两端都能控制其亮灭，一般都采用这一接法（图 4—42）。该控制电路的工作原理如图 4—43 所示。

图 4—42　楼梯照明灯控制

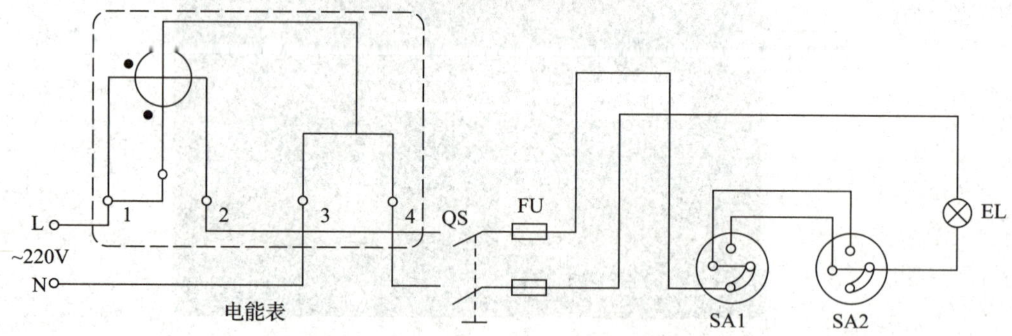

图 4—43　双控照明电路工作原理

实验与实训 4
双控照明电路配电板的安装

一、实训目的

1. 了解照明电路的组成及主要元件。
2. 掌握双控照明电路的工作原理。
3. 学会双控照明电路的安装和接线技能。

二、实验器材

电工实训安装板 1 块，单相电能表 1 块，刀开关 1 只，熔断器 2 只，LED 灯（包括灯泡、灯具）1 组，双控开关 2 只，电工工具 1 套，导线及线槽若干。

三、实训步骤

1. 在电工实训安装板上画定线路走向和各个电器的安装位置。
2. 按画定位置固定单相电能表、刀开关、熔断器、灯座及线槽。
3. 按照安装需要处理导线

（1）利用剥线钳进行导线绝缘层的剥削

1）根据导线的粗细型号，选择相应的剥线刀口。

2）将准备好的导线放在剥线钳的刀刃中间，选择要剥线的长度。

3）握住剥线钳的手柄，将导线夹住，缓缓用力使导线绝缘层慢慢剥落。

4）松开工具手柄，取出导线。此时，导线要剥削部分的绝缘层脱落，其余绝缘层完好无损。

（2）导线的连接。导线连接的基本要求是：接触紧密，接触电阻小，稳定性好，接头处的机械强度不低于原导线强度的 80%，接头处的绝缘强度与原导线一样。连接前，线头表面要进行处理，去除氧化层。

绞接法完成单股导线直线连接的步骤见表 4—5。

表 4—5　单股导线直线连接的步骤

操作步骤	图示
将已剥除绝缘层并去掉氧化层的两根线头呈“X”形相交	

续表

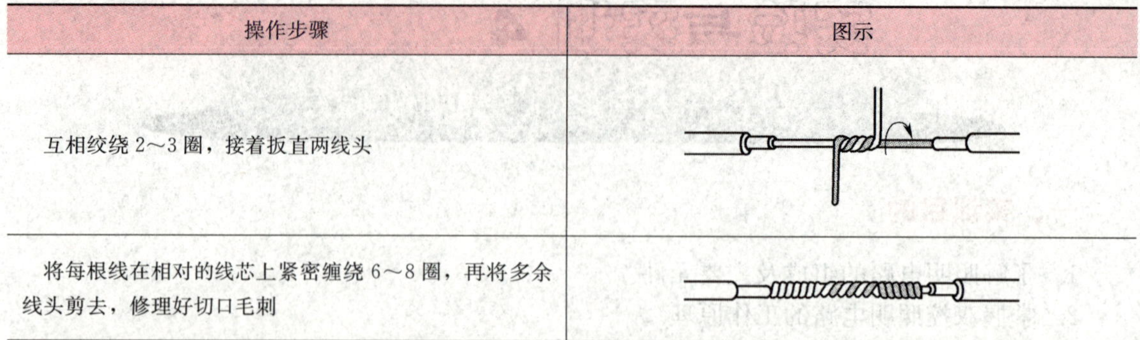

操作步骤	图示
互相绞绕 2～3 圈，接着扳直两线头	
将每根线在相对的线芯上紧密缠绕 6～8 圈，再将多余线头剪去，修理好切口毛刺	

（3）绝缘层的恢复。当线头连接完成后，导线连接前所破坏的绝缘层必须恢复，且恢复后的绝缘强度一般不应低于原绝缘强度，才能保证用电安全。在 220 V 的线路上恢复绝缘层，可先包一层黄蜡带，再包一层电工胶布，或者不包黄蜡带，只包两层电工胶布。

恢复绝缘层时，先将黄蜡带从线头一侧的完整绝缘层上离切口 40 mm 处开始包缠，使黄蜡带与导线保持 55°的倾斜角，后一圈压叠在前一圈 1/2 的宽度上，常称半叠包，如图 4—44a、图 4—44b 所示。黄蜡带包缠完后将电工胶布接在黄蜡带的尾端，朝反方向斜叠包缠，倾斜 55°角，后一圈压叠在前一圈 1/2 处，如图 4—44c、图 4—44d 所示。

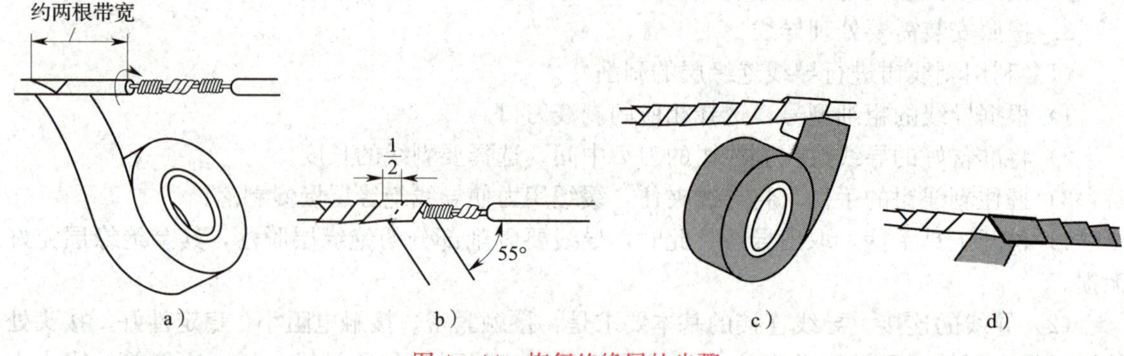

图 4—44　恢复绝缘层的步骤

4. 按图 4—43 连接电路，对于双控开关按照以下方法接线：

（1）电源相线与双控开关 SA1 的连铜片（刀）桩头相接。

（2）再将开关 SA2 连铜片桩头与灯座的一端（若是螺口灯座，则需与中心端）相接，灯座的另一端与零线相连。

（3）将两只双控开关中两个独立的接线端分别对接。

（4）检查无误后接通电源，观察电路工作情况。

第 5 章 三相交流电路

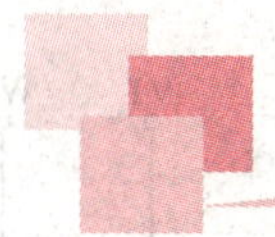

§5—1 三相交流电

观察电力供电线路所采用的架空线和电缆线，可以发现它们通常都由三根线组成。工矿企业大量使用的三相异步电动机，在其接线盒的出线端，也要接入三根电源线（图 5—1）。

a）

b）

图 5—1 三相输电线

a）架空线 b）三相异步电动机电源线

在这里，电力供电线路所输送的和三相异步电动机所接入的都是三相交流电。那么，什么是三相交流电呢？概括地说，三相交流电就是三个单相交流电按一定方式进行的组合，这三个单相交流电的频率相同，最大值相等，相位彼此相差 120°。

目前电能的产生、输送和分配几乎都采用三相交流电。和单相交流电相比，三相交流电具有以下优点：

1. 三相发电机比体积相同的单相发电机输出的功率要大。

2. 三相发电机的结构不比单相发电机复杂多少，但使用、维护都比较方便，运转时比单相发电机的振动要小。

3. 在同样条件下输送同样大的功率，特别是在远距离输电时，三相输电比单相输电节约材料。

4. 从三相电力系统中可以很方便地获得三个独立的单相交流电。当有单相负载时，可使用三相交流电中的任意一相。

一、三相交流电动势的产生

三相交流电动势是由三相交流发电机产生的。图 5—2a 所示为三相交流发电机的原理示意图。它主要由定子和转子组成。转子是电磁铁，其磁极表面的磁场按正弦规律分布。定子铁芯中嵌放三个在尺寸、匝数和绕法上完全相同的绕组，三相绕组始端分别用 U1、V1、W1 表示，末端用 U2、V2、W2 表示，分别称为 U 相、V 相、W 相，发电机的三根引出线分别以黄（U）、绿（V）、红（W）三种颜色作为标志。三个绕组在空间位置上彼此相隔 120°。

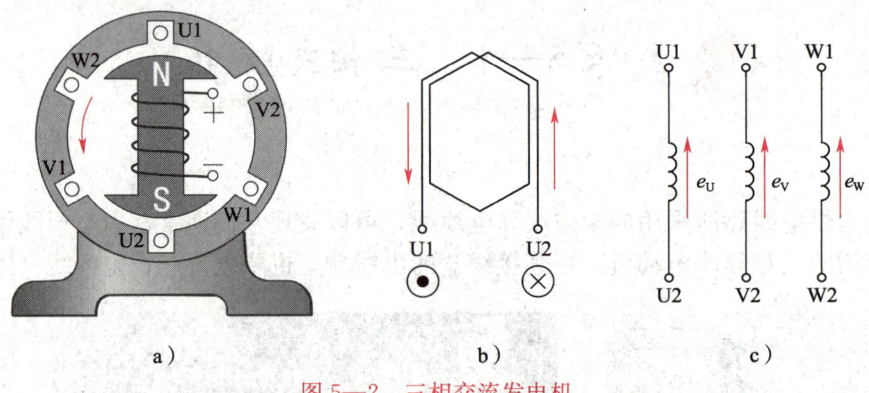

图 5—2　三相交流发电机

a）三相交流发电机原理示意图　b）电枢绕组　c）三相绕组及其电动势

当转子在原动机带动下以角速度 ω 做逆时针匀速转动时，三相定子绕组依次切割磁感线，产生三个对称的正弦交流电动势，其解析式为

$$\begin{cases} e_U = E_m \sin(\omega t + 0°)\ \text{V} \\ e_V = E_m \sin(\omega t - 120°)\ \text{V} \\ e_W = E_m \sin(\omega t + 120°)\ \text{V} \end{cases}$$

e_U、e_V、e_W 的波形如图 5—3 所示。

三个交流电动势到达最大值（或零）的先后次序称为**相序**。如按 U——V——W——U 的次序循环称为**正序**；按 U——W——V——U 的次序循环则称为**负序**，而且规定每相电动势的正方向是从线圈的末端指向始端（图 5—2c），即电流从始端流出时为正，反之为负。

三相异步电动机接入电源线时，必须使电源相序与电动机绕组相序相同，即电动机出线端 U1、V1、W1 分别与电源 L1（黄）、L2（绿）、L3（红）相线连接，这样才能保证电动机旋转方向正确。如果按负序连接，则电动机旋转方向相反（图 5—4）。

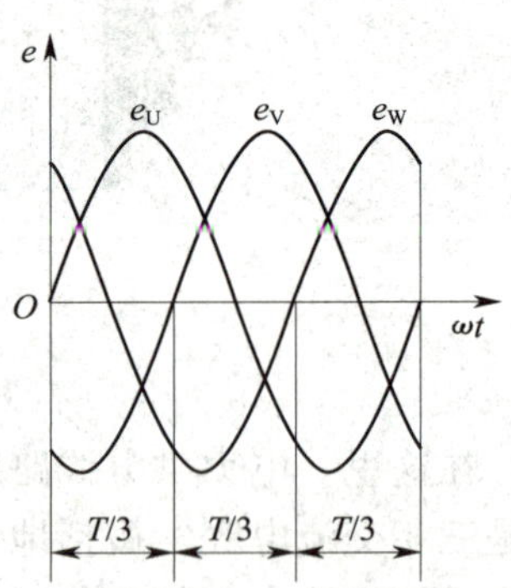

图 5—3　三相对称电动势的波形图

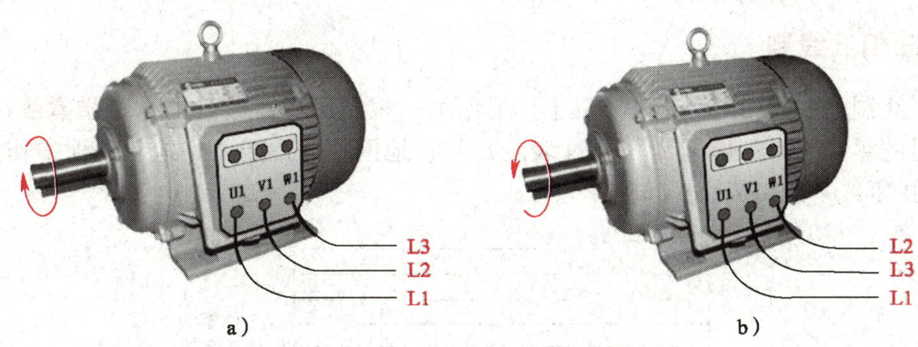

图 5—4　电动机旋转方向与电源相序的关系

a）正序连接，电动机正转　b）负序连接，电动机反转

二、三相四线制

上述发电机的每个绕组都是一个独立的单相电源，都可以单独向负载供电，但这样要用六根导线。目前，在低压供电系统中多数采用三相四线制供电，如图 5—5a 所示。三相四线制的接法是把发电机三个绕组的末端连接在一起，成为一个公共端点（称为**中性点**，用符号“N”表示）。从中性点引出的输电线称为**中性线**，简称**中线**。中线通常与大地相接，并把接地的中性点称为**零点**，接地的中性线称为**零线**。零线或中线所用导线一般用蓝色表示（旧标准中常用黑色）。从三个绕组始端引出的输电线称为**端线**或**相线**，俗称**火线**。有时为了简便，常不画发电机的绕组连接方式，只画四根输电线表示相序，如图 5—5b 所示。

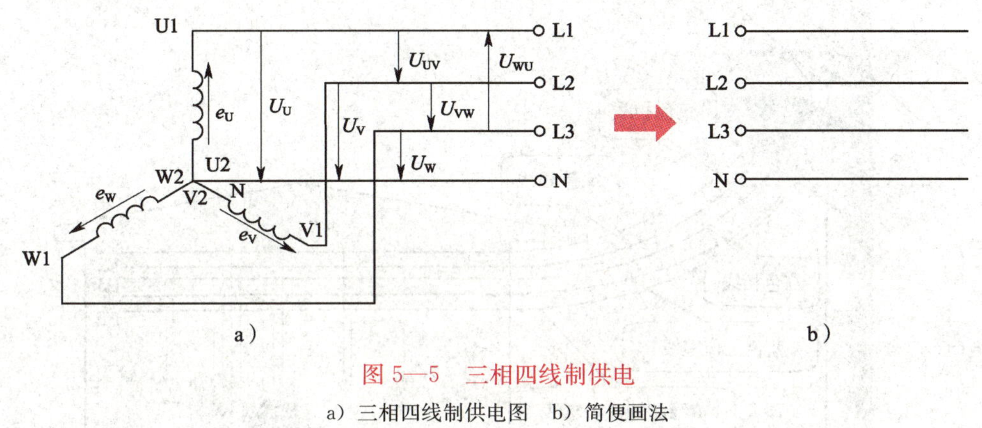

图 5—5　三相四线制供电

a）三相四线制供电图　b）简便画法

三相四线制供电可以输送两种电压：一种是端线与端线之间的电压，称为**线电压**，其有效值通常用 U_L 表示；另一种是端线与中线之间的电压，称为**相电压**，其有效值通常用 U_P 表示。

线电压与相电压之间的数量关系为：$U_L=\sqrt{3}U_P$。

线电压总是超前于对应的相电压 30°。

发电机（或变压器）的绕组接成星形，采用三相四线制供电，可以提供两种对称三相电压，一种是对称的相电压，另一种是对称的线电压。目前电力电网的低压供电系统中的线电压为 380 V，相电压为 220 V，常写作“电源电压 380/220 V”。

三、三相五线制

三相五线制是在三相四线制的基础上，另增加一根专用**保护线**（也称**保护零线**，用 PE 表示。此时的零线称为**工作零线**，用 N 表示）与接地网相连，能更好地起到保护作用（图 5—6）。保护零线一般用黄绿相间色作为标志。

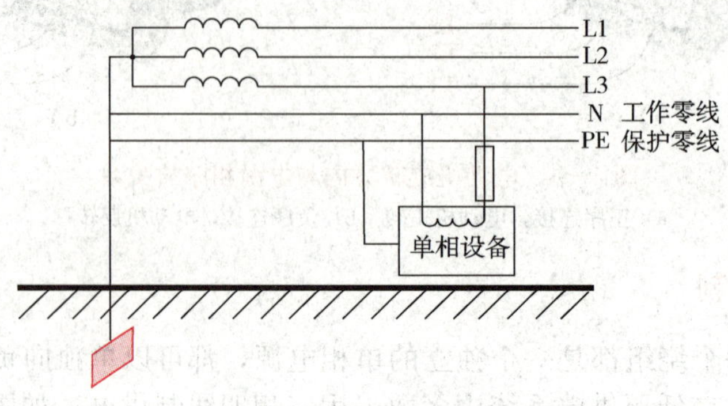

图 5—6　三相五线制供电

由于在三相五线制供电系统中，用电设备所接工作零线 N 和保护零线 PE 是分开的，工作零线上的电位不能传递到用电设备的外壳上，这就保证了用电设备外壳始终处于“地”电位。在三相负载不平衡的运行情况下，虽然工作零线 N 有电流通过，但保护零线 PE 是没有电流的，因而这样的供电方式更加安全可靠。

图 5—7 所示为三相五线制供电系统示意图。

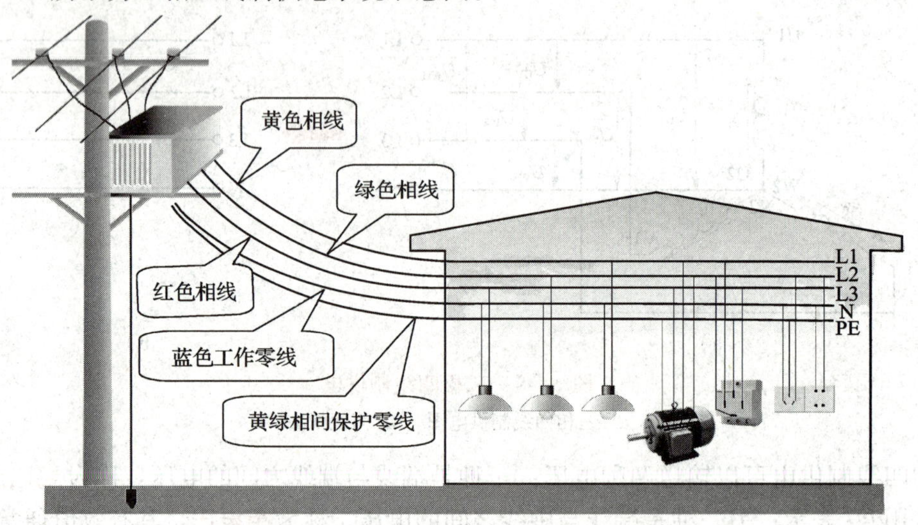

图 5—7　三相五线制供电系统示意图

练一练

测量实验台或配电箱上三相交流电路的线电压和相电压，见表 5—1，配电箱图中四根导线的颜色从左到右依次为黄、绿、红、蓝。实验中用的是生产中较常见的三相四孔插座，它和生活中常见的单相三孔插座不同，主要用于为设备提供三相交流电。它的下面三个孔分别接供电线路的三条相线，上方的孔则接到保护零线上。

表 5—1　　相电压与线电压的测量

项　目	从实验台三相四孔插座测量	从配电箱接线柱测量
测量相电压 （万用表置交流 250 V 电压挡）		
测量线电压 （万用表置交流 500 V 电压挡）		

§5—2　三相负载的连接方式

工厂中许多电气设备都需要由三相电源供电，这样的负载称为**三相负载**。如果各相负载的电阻、电抗相同，则称为**三相对称负载**，如三相电动机、三相变压器、三相电炉等。

使用任何电气设备，均要求负载承受的电压不能超过它的额定电压，所以负载要采用一定的连接方式，以满足其对电压的要求。三相负载的连接方式有两种：星形（Y）连接和

三角形（△）连接。

由图 5—8 所示两台三相异步电动机的铭牌可知，其中一台电动机采用星形连接，另一台电动机采用三角形连接。

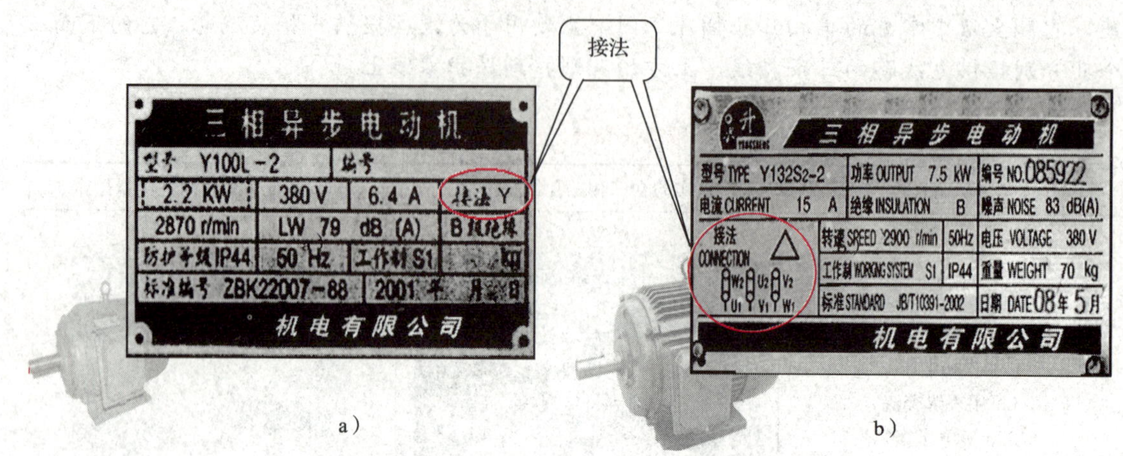

图 5—8　两台三相异步电动机的铭牌

a）电动机采用星形连接　b）电动机采用三角形连接

一、三相负载的星形连接

1. 星形连接的概念

把三相负载分别接在三相电源的一根相线和中线之间的接法称为三相负载的星形连接，如图 5—9 所示。图中 Z_U、Z_V、Z_W 为各负载的阻抗值，N′为负载的中性点。

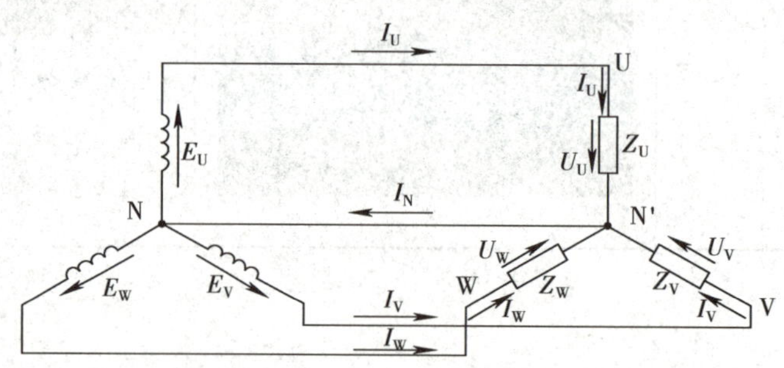

图 5—9　三相负载的星形连接

负载两端的电压称为负载的**相电压**。当三相负载作星形连接时，如果忽略输电线上的电压降，负载的相电压就等于电源的相电压，电源的线电压为负载相电压的$\sqrt{3}$倍，即

$$U_L=\sqrt{3}U_{YP}$$

式中 U_{YP} 表示负载星形连接时的相电压。

流过每根相线的电流称为**线电流**，其方向规定为由电源流向负载；流过每相负载的电流称为**相电流**，其方向规定为与相电压方向一致；流过中线的电流称为**中线电流**，其方向规定为由负载中性点 N′流向电源中性点 N。

显然，三相负载作星形连接时，线电流等于相电流，即

$$I_{YL}=I_{YP}$$

2. 星形连接的特点

通过以下演示实验，可直观地认识星形连接的主要特点。实验电路如图 5—10 所示。

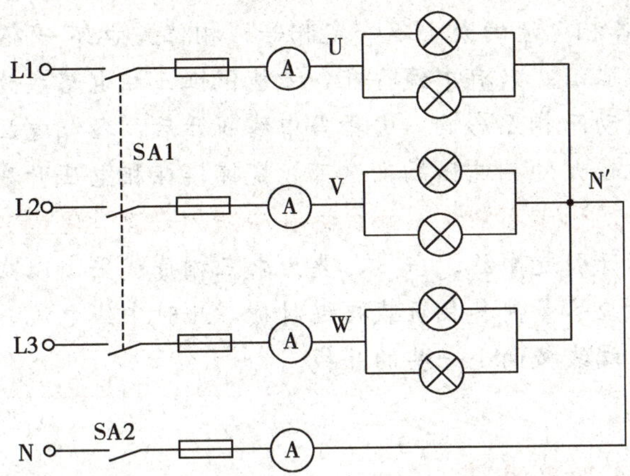

图 5—10　三相负载星形连接实验电路原理图

实验的具体步骤为：

（1）经检查无误后，合上开关 SA1 和 SA2，测量负载端各相电压、线电压和线电流的数值，并观察灯泡亮度是否相同。

（2）断开中线开关 SA2，重复上述测量，并观察灯泡亮度，注意与有中线时相比有无变化。

（3）断开开关 SA1，将 U 相负载的灯泡改为一盏，其他两相仍为两盏。先合上 SA2，再合上 SA1，重复第（1）步测量内容，并观察各相灯泡的亮度。

（4）将中线开关 SA2 断开，重复第（2）步测量内容，并观察哪一相灯泡最亮。

通过以上实验，可将星形连接的特点归纳如下：

（1）三相对称负载星形连接时，各相负载相电压相等，均等于电源相电压。

（2）三相对称负载星形连接时，流过三相对称负载的各相电流相等，线电流的大小等于相电流。

（3）由于三相对称负载各相电压、电流均相等，N 和 N′电位相等，中线电流为零。

（4）三相不对称负载星形连接有中线时，流过三相不对称负载的各相电流不相等，中线电流不等于零。

（5）三相不对称负载星形连接有中线时，各相负载相电压相等，均等于电源相电压，各相负载能正常工作。

（6）三相不对称负载星形连接无中线时，各相负载相电压不相等，阻抗小的负载相电压减小，阻抗大的负载相电压增大，各相负载不能正常工作。

知识链接

在三相四线制供电系统中，三相对称负载星形连接时中线电流为零，因此取消中线也不会影响三相负载的正常工作，三相四线制实际变成了三相三线制。通常在高压输电时，由于三相负载都是对称的三相变压器，所以都采用三相三线制。低压供电系统中的动力负载也采用这种供电方式。

但在低压供电系统中，有些三相负载经常要变动（如照明电路中的灯具经常要开和关），是不对称负载，各相电流的大小不一定相等，相位差也不一定为 120°，中线电流也不为零，因此中线不能取消。只有中线存在，才能保证三相电路成为三个互不影响的独立回路，不会因负载的变动而相互影响。由于当中线断开后，各相电压就不再相等了，阻抗较小的相电压低，阻抗较大的相电压高，这可能烧坏接在相电压升高线路中的电器，所以**在三相负载不对称的低压供电系统中，不允许在中线上安装熔断器或开关**，而且中线常用钢丝制成，以免中线断开引起事故。当然，要力求三相负载平衡以减小中线电流。如在三相照明电路中，安装时应尽量使各相负载接近对称，此时中线电流一般小于各相电流，中线导线可以选用比三根端线截面小一些的导线。

二、三相负载的三角形连接

1. 三角形连接的概念

把三相负载分别接在三相电源每两根相线之间的接法称为三相负载的三角形连接，如图 5—11 表示。在三角形连接中，由于各相负载是接在两根相线之间，因此不论负载是否对称，各相负载的相电压均与电源的线电压相等，即

$$U_{\triangle P}=U_L$$

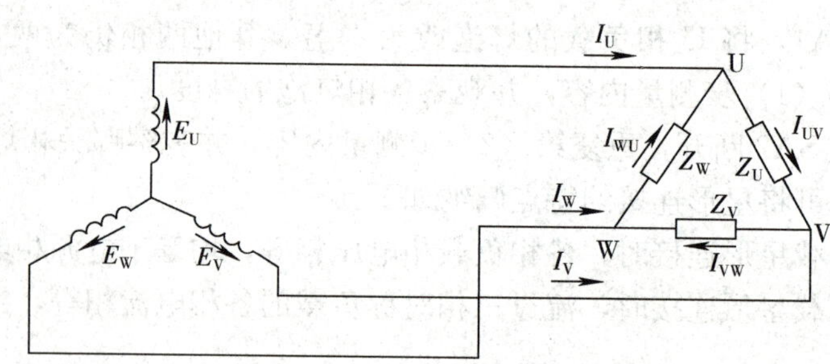

图 5—11　三相负载的三角形连接

图 5—11 中所标 I_U、I_V、I_W 为线电流，I_{UV}、I_{VW}、I_{WU} 为相电流。线电流和相电流的大小关系为

$$I_{\triangle L}=\sqrt{3}I_{\triangle P}$$

线电流总是滞后于相应的相电流 30°。

2. 三角形连接的特点

通过以下演示实验，可直观地认识星形连接的主要特点。实验电路在图 5—10 所示电路基础上稍加修改而来。具体实验步骤为：

（1）通过调压器，将实验台三相电源线电压调为 220 V。

（2）按照图 5—12 所示电路原理图连接电路。

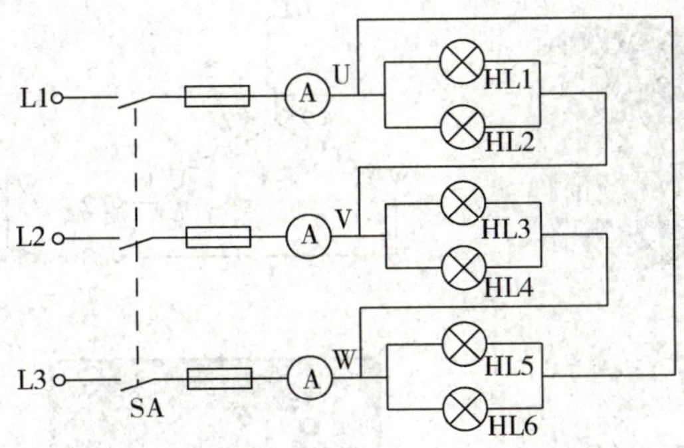

图 5—12　三相负载三角形连接实验电路原理

(3) 检查无误后，合上电源开关 SA，测量各电量（测量线电流后，改接电路，再测量相电流），并观察各相灯泡亮度是否相同。

(4) 断开开关 SA，将 U 相负载的灯泡改为一盏，其他两相仍为两盏。重复第（3）步测量内容，并观察各相灯泡的亮度。

(5) 实验完毕，断开开关 SA。

通过以上实验，可将三角形连接的特点归纳如下：

(1) 三相对称负载三角形连接时，各相负载相电压均等于电源线电压；三根相线的线电流相等，三相负载的相电流相等。

(2) 三相不对称负载三角形连接时，各相负载相电压均等于电源线电压，三根相线的线电流不相等，三相负载的相电流不相等。

提示

三相对称负载作三角形连接时的相电压是作星形连接时相电压的 $\sqrt{3}$ 倍。因此，三相负载接到电源中，是作三角形连接还是作星形连接，要根据负载的额定电压而定。例如，对“380 V/220 V”三相电源来说，当三相负载的额定电压为 220 V 时，应采用星形连接；当三相负载的额定电压为 380 V 时，应采用三角形连接。

三、三相异步电动机的星形连接和三角形连接

在生产中三相异步电动机根据实际需要，星形和三角形两种接法都经常用到，如图 5—13 所示。

三相异步电动机的定子绕组共有六个出线端引出机壳外，接在底座的接线盒中，每相绕组的首末端用符号 U1—U2、V1—V2、W1—W2 标记。

四、三相负载的功率

在三相交流电源中，三相负载的有功功率为各相有功功率之和，即

$$P=P_U+P_V+P_W$$

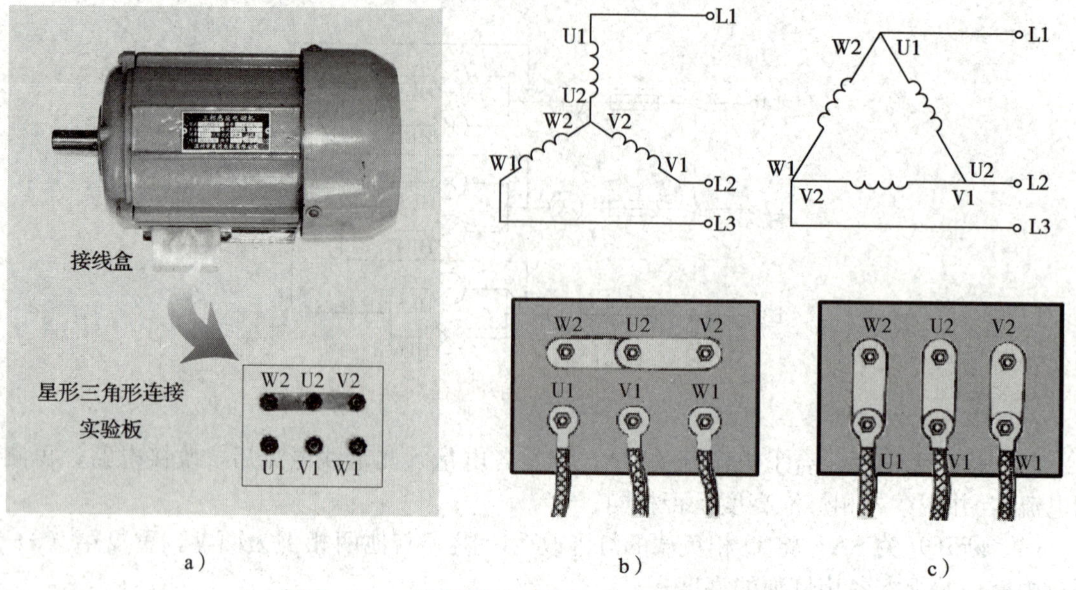

图 5—13　三相异步电动机的星形、三角形连接

a）实验板　b）星形连接　c）三角形连接

在对称三相电路中，各相负载的相电压、相电流的有效值相等，功率因数也相等，因而总有功功率为一相有功功率的 3 倍，即

$$P=3P_{P}=3U_{P}I_{P}\cos\varphi_{P}$$

在实际工作中，测量线电流比测量相电流要方便些（指三角形连接的负载），因此三相功率的计算式通常用线电流、线电压来表示。

当对称负载作星形连接时，有功功率为

$$P_{Y}=3U_{YP}I_{YP}\cos\varphi_{P}=3\times\frac{U_{L}}{\sqrt{3}}I_{YL}\cos\varphi_{P}=\sqrt{3}U_{L}I_{L}\cos\varphi_{P}$$

当对称负载作三角形连接时，有功功率为

$$P_{\triangle}=3U_{\triangle P}I_{\triangle P}\cos\varphi_{P}=3U_{L}\frac{I_{\triangle L}}{\sqrt{3}}\cos\varphi_{P}=\sqrt{3}U_{L}I_{L}\cos\varphi_{P}$$

即三相对称负载不论是连成星形还是连成三角形，其总有功功率均为

$$P=\sqrt{3}U_{L}I_{L}\cos\varphi_{P}$$

提示

注意上式中 φ 仍是负载相电压与相电流之间的相位差，而不是线电压与线电流间的相位差。另外，负载作三角形连接时的线电压和线电流并不等于作星形连接时的线电压和线电流。

同理可得对称三相负载的无功功率和视在功率的计算式，分别为

$$Q=\sqrt{3}U_{L}I_{L}\sin\varphi_{P}$$

$$S=\sqrt{3}U_{L}I_{L}$$

§5—3　发电、输电和配电常识

一、发电厂

电能是今天生产和生活的主要能源，它是由发电厂提供的。根据发电厂所用能源不同，可分为水力发电厂、火力发电厂、核能发电厂、风力发电厂、地热发电厂、太阳能发电厂等。图 5—14 所示为发电厂的外观图。大型发电厂多数建在能源基地附近，例如，举世瞩目的三峡水电站，便建于水力资源充沛的长江三峡。

a）

b）

c）

d）

图 5—14　发电厂外观

a）火力发电厂　b）核能发电厂　c）风力发电厂　d）太阳能发电厂

二、电力网和电力系统

从发电厂发出的电能，要经过输电线送到用电的地方。图 5—15 所示为电能输送流程。

1. 电力网（电网）

将发电厂生产的电能传输和分配到用户的输配电系统称为**电力网**，简称**电网**。

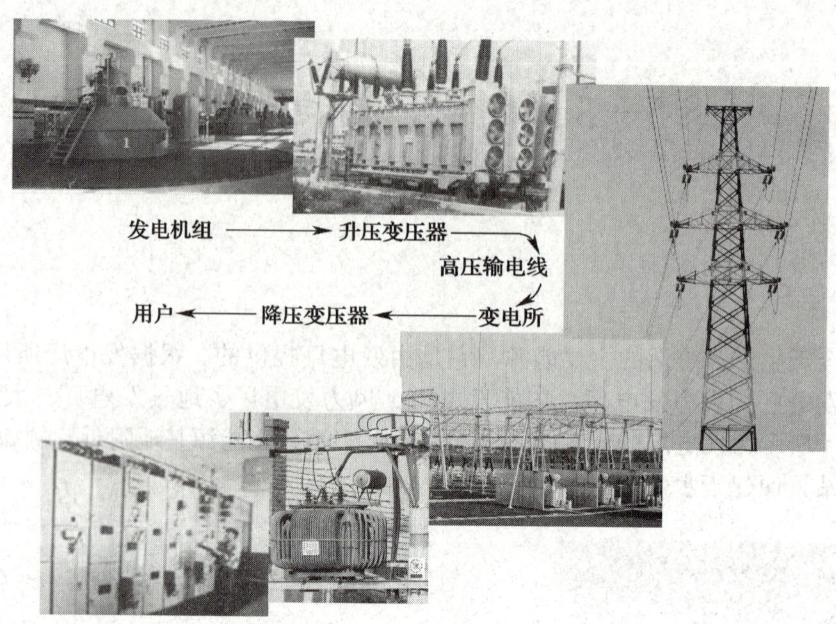

图 5—15　电能输送流程

2. 电力系统

将发电厂、电力网和用户联系起来的一个发电、输电、变电、配电和用电的整体称为**电力系统**（图 5—16）。

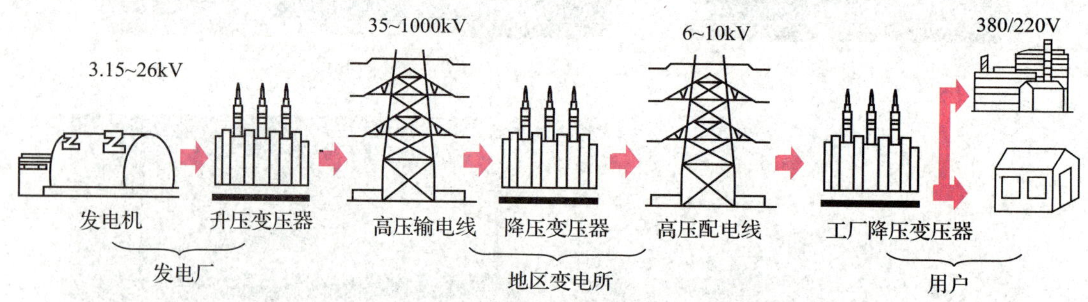

图 5—16　电力系统示意图

发电站通过升压变压器将电压升高后再进行远距离输送，这样可以减小线路上的电压降和功率损耗。输电电压的高低，视输电容量和输电距离而定，一般原则是：容量越大，距离越远，输电电压就越高。输电方式有**交流输电**和**直流输电**两种。目前我国常用的远距离交流输电电压有 3、6、10、35、66、110、220、330、500、750 kV 多个等级。

在电力系统中，输变电电压为 1 000 V 以上的为**高压**，1 000 V 以下的为**低压**，常用用电设备或用户所需的电压一般都是低压。

3. 变配电及配电方式

（1）变配电。电力电源进入工厂的电压大多为 6～10 kV，当供电距离远或负荷容量大时，则采用 35 kV 以上电压进电。常用的用电设备如动力、照明、计算机、空调等，额定电压为 220 V 或 380 V，少数高压电动机的额定电压为 6 kV。因此，电能进入工厂后，还

要进行**变电**（变换电压）和**配电**（分配电能）。

变电所的任务是受电、变电和配电；如果只受电和配电，而不进行变电的则称为**配电所**。

（2）厂区内配电方式。工厂配电系统承担着厂区内高压（大多为 6～10 kV）和低压（220/380 V）电能传输及分配的任务。配电方式基本有**放射式、树干式**两种类型，见表 5—2。

表 5—2　　**厂区内配电方式**

配电方式	放射式	树干式
配电示意图	厂区变电所 配电盘 车间　车间　车间	厂区变电所 配电盘 车间　车间　车间
特点	每个用户由独立线路供电。供电可靠性高，运行中互不影响，便于装设自动装置，操作、控制灵活方便；但使用设备多，耗用金属材料多，占地多，投资高，不适应发展	多个用户由同一条干线供电。使用开关设备少，耗用导线、有色金属材料少，投资省，适于发展；但干线发生故障时影响范围大，供电可靠性较差，操作、控制不够灵活方便
适用范围	适用于离供电点较近、可靠性要求较高的用户（或车间）	适用于离供电点较远，容量小且不重要的负荷。如机械加工车间、机修车间等

（3）配电装置。配电装置是用于受电和配电的电气设备，它包括断路器、隔离开关等控制电器，熔断器、继电器等保护电器及母线和各种载流导体、用于功率补偿的电力电容器等（图 5—17）。

a）

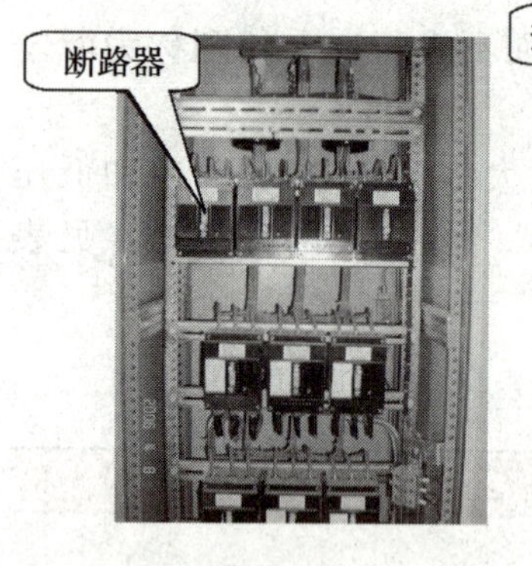

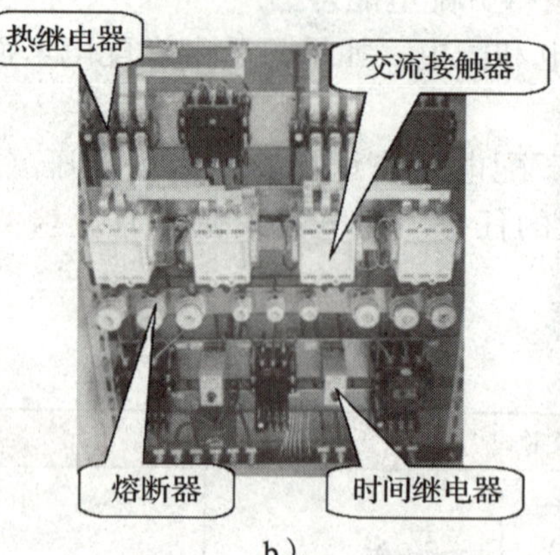

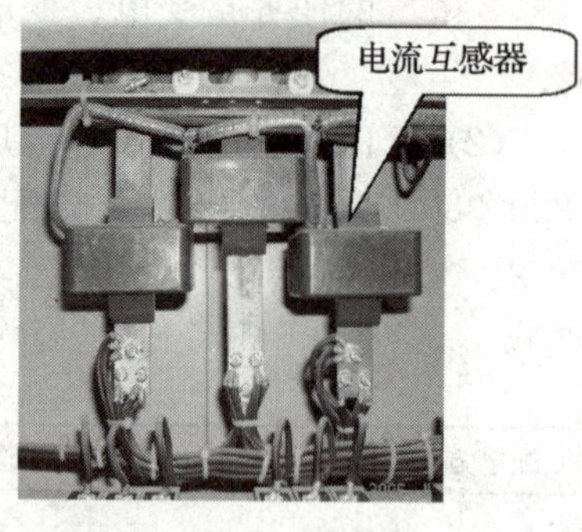

b）

图 5—17　低压配电室和配电柜

a）低压配电室　b）低压配电柜的内部构造

实践活动

参观变配电所

1. 参观目的

了解中小型工厂变配电所的结构及布置，辨识主要电气设备的外形及名称，初步形成感性认识。

2. 参观内容

（1）由相关工程技术人员介绍变配电所整体布置情况和电气系统图，讲解有关的注意事项。

（2）了解高压电源的进线方式，高、低压开关柜的作用。辨识高、低压电气设备的外形及名称，了解其作用。

（3）了解变压器室的构造，电源进出线方式，变压器台数及容量等。

3. 注意事项

参观时一定要听从指挥，注意安全，未经许可不可进入禁区，更不能摸动任何开关和按钮，以防发生意外。

§5—4　交流电的安全使用措施

一、电气事故的常见原因

触电、电气火灾等都是生产生活中常见的电气事故，它们发生的原因是多种多样的，但相对来说，有相当多的事故都是人为因素引起的，主要有：

1. 电气线路、电气设备安装不规范。例如，室内外线路对地距离及交叉跨越的最小距离不合乎要求；通信线、电力线相距过近或同杆架设；导线穿墙无套管；照明装置相线未接在开关上；落地式变压器无围栏；电动机安装不合理等。

2. 电气设备内部绝缘损坏，金属外壳又未加保护接地措施，或接地电阻太大；开关、灯具携带式电器绝缘外壳破损，失去保护作用；随意加大熔断器熔丝规格；开关、熔断器误装在中线上，一旦断开，使整个电路带电。

3. 安全操作制度不健全，执行不严格。带电操作，不采取可靠的安保措施；不熟悉线路和电器，盲目修理；停电检修不挂警告牌等。

4. 缺乏安全用电常识，麻痹大意。私自乱拉乱接电线；在电线上或电线附近晾晒衣物；在未断电源的情况下移动家用电器；用湿布擦拭带电电器或线路等。

二、安全用电的技术措施

1. 保护接地

将电气设备的金属外壳与大地可靠地连接，称为**保护接地**。它适用于 1 kV 以下中性点不接地的三相供电系统（图 5—18）。

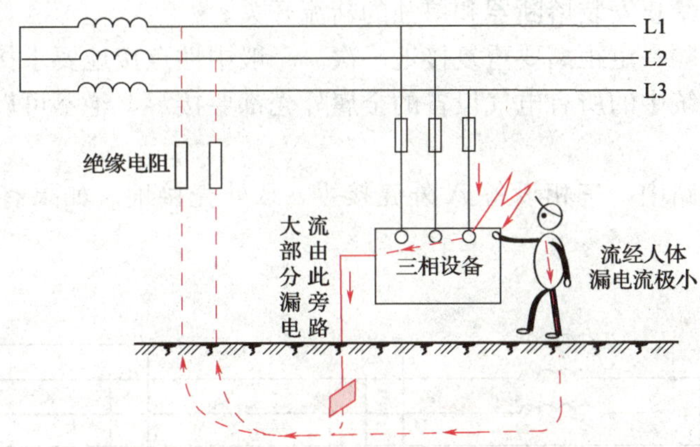

图 5—18　中性点不接地三相供电系统的接地保护

假如电气设备有一相漏电碰壳，漏电流通过绝缘电阻构成回路，这一漏电流本来就很小，而接地电阻与人体电阻并联，将大部分漏电流旁路，从而保证了人身安全。

2. 保护接零

将电气设备在正常情况下不带电的外露导电部分与供电系统中的零线相接，称为**保护接零**，如图 5—19 所示。保护接零适用于中性点接地的三相四线供电系统，这是目前采取的主要保护措施。

采用保护接零后，如果电气设备某相漏电短路，电流将从设备外壳经由零线流回中性点，由于零线电阻很小，所以这一短路电流很大；而经由人体到中性点的这条通路电阻很大，电流几乎为零。由于熔断器或其他保护电器迅速动作切断电源，所以设备漏电短路所持续的时间极短，这也便于及时发现和确定事故的位置并进行处理。

采用保护接零需注意以下几点：

(1) 保护接零只能用于中性点接地的三相四线制供电系统。

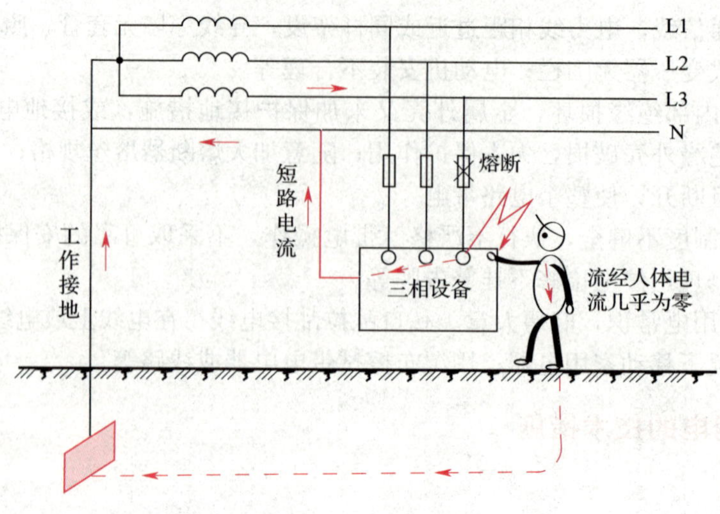

图 5—19　保护接零

（2）接零导线必须牢固可靠，防止断线、脱线。

（3）保护零线上禁止安装熔断器和单独的断流开关。

（4）保护零线每隔一定距离要重复接地一次。一般中性点接地要求接地电阻小于 10 Ω。

（5）接零保护系统中的所有电气设备的金属外壳都要接零，绝不可以一部分接零，一部分接地。

图 5—20 所示电路中，三相设备 A 外壳接零，B 外壳接地。如果有一相碰壳短路，将会出现什么后果呢？

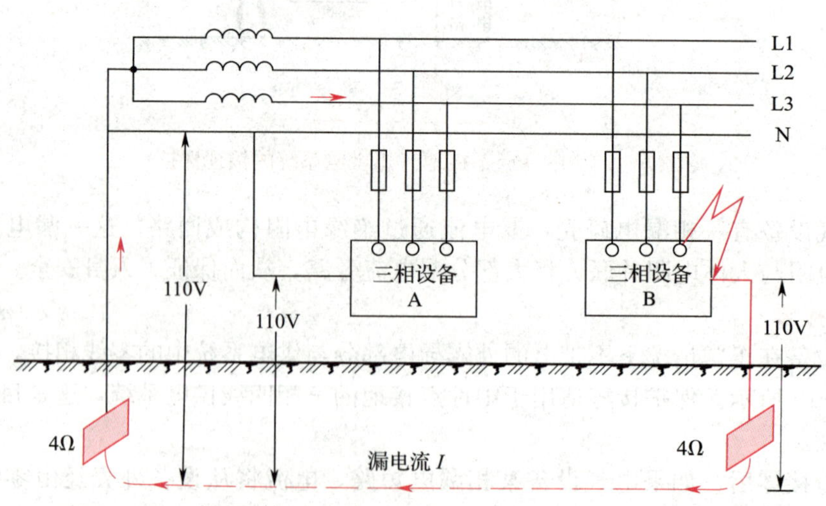

图 5—20　同一供电线路中部分接零、部分接地的后果

假设接地电阻都是 4 Ω，则漏电流为

$$I=\frac{220}{4+4}=27.5(\mathrm{A})$$

由于此电流不足以使熔断器或自动断路器动作，这一漏电现象可能一时不易被发现。

此时零线对地电压已不再是零，而是升高到

$$U=\frac{220}{4+4}\times 4=110(\text{V})$$

这会使所有与零线相接的电气设备的金属外壳都带上对地 110 V 的电压，所以触及任一台电气设备的金属外壳都有触电的危险。

单相保护接零的常见错误接法及主要危害见表 5—3，其错误在于将电器的金属外壳直接与接到用电器的零线相连。这种接法有时不但起不到保护作用，反而可能增加触电危险。

表 5—3　　单相保护接零的常见错误接法及主要危害

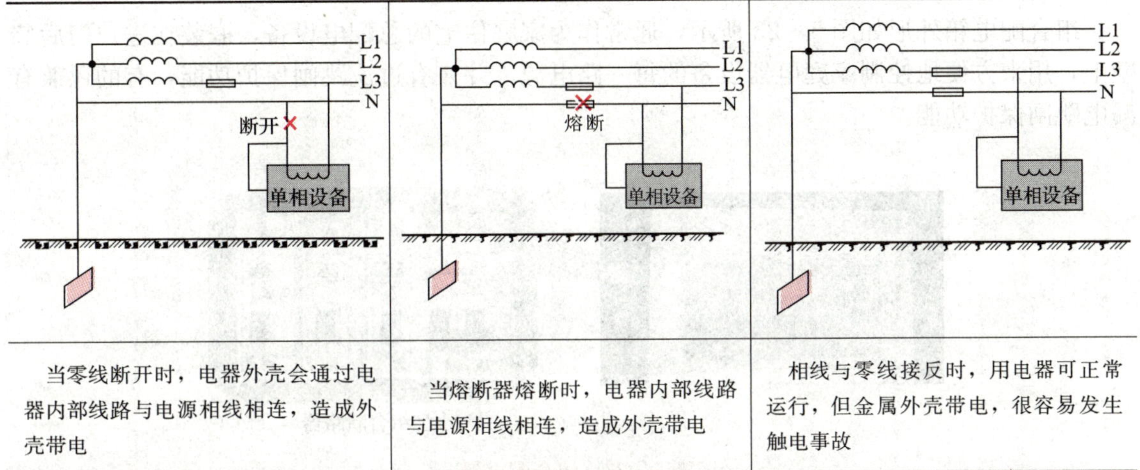

当零线断开时，电器外壳会通过电器内部线路与电源相线相连，造成外壳带电	当熔断器熔断时，电器内部线路与电源相线相连，造成外壳带电	相线与零线接反时，用电器可正常运行，但金属外壳带电，很容易发生触电事故

3. 家庭安全用电

如图 5—21 所示，家庭电路主要由进入家庭的电源入户线，电能表、断路器（刀开关）、熔断器、漏电保护器、开关、插座、用电器等组成，由三相五线制供电系统中的一条相线、工作零线和保护零线引入，三条线通常分别称为**火线**、**零线**和**地线**。洗衣机、电冰箱等家用电器都使用三脚插头（图 5—22a），金属外壳与插头的保护接地极相连。与之相对应，插座采用单相三孔插座（图 5—22b），三孔插座的接线规定为“左零右火中接地”，即左侧接工作零线，右侧接相线，中间接保护零线。

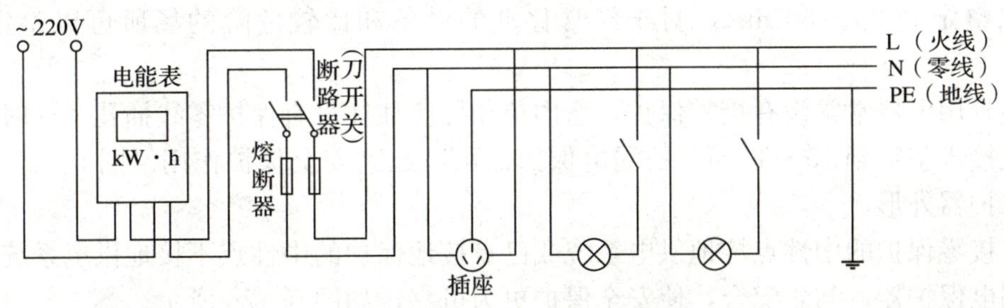

图 5—21　家庭配电示意图

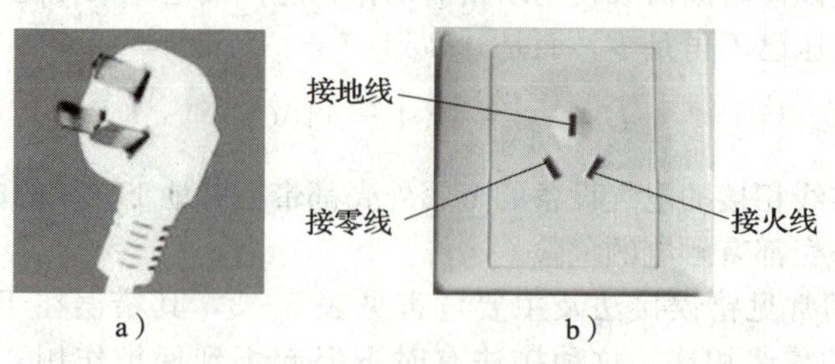

图 5—22　三脚插头和三孔插座

a）三脚插头　b）三孔插座

4. 组合配电箱

组合配电箱外形如图 5—23 所示，通常作为家庭住宅的总配电设备，嵌装在进户门后墙壁上，用来方便地控制家庭电器设备的每一路电源，并兼有过流跳闸保护功能，有的还兼有漏电跳闸保护功能。

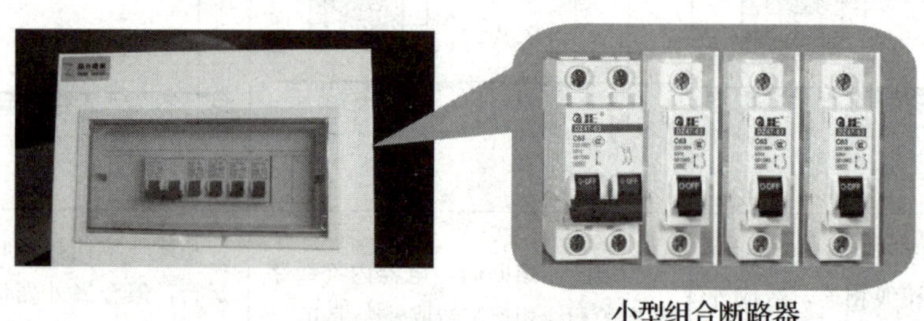

图 5—23　组合配电箱

三、漏电保护器

漏电保护器的原理如图 5—24 所示。在主电路上接有一个电流互感器，相线和中性线都从互感器环形铁芯窗口穿过。正常情况下，i_1 和 i_N 大小相等，方向相反，互感器二次侧无信号输出；当漏电时，漏电流 i_R 经人体到地形成回路，i_1 和 i_N 不再相等，互感器二次侧就会输出信号，此信号经放大后驱动脱扣线圈，使脱扣开关动作，切断电源。按下实验开关可以产生一个模拟的漏电流，用以检验脱扣开关动作是否可靠。

漏电保护器正常时通过的是负载的工作电流，漏电动作电流应根据负载情况进行调整，通常可以整定到 30～50 mA，对于经常移动的设备和比较危险的场所可以整定到 10～30 mA。

一些日用电器常常没有接零保护，室内单相插座往往没有保护零线插孔，这时在室内电源进线上接入整定到 15～30 mA 的漏电保护器可以起到安全保护作用。图 5—25 所示为两种漏电保护器外形。

已有接零保护的中性点接地供电系统或已有接地保护的中性点不接地供电系统，也可以再加装漏电保护器，与之配合，使安全保护更为可靠，如图 5—26 所示。

对于接入电路的漏电保护器，每月必须检查 1～2 次，以保证工作正常。

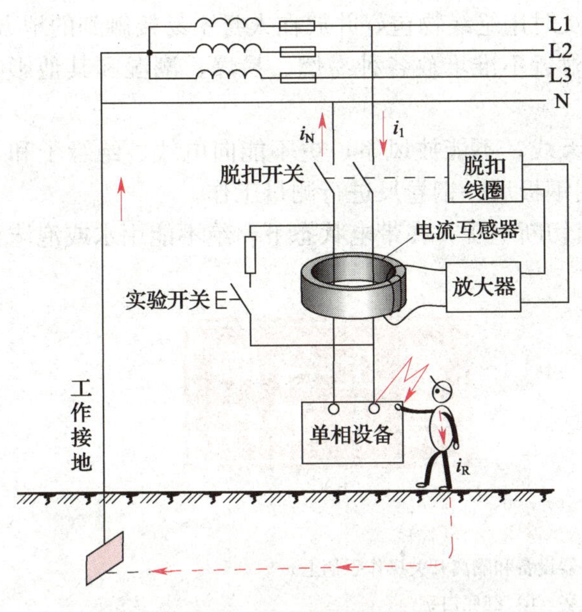

图 5—24　漏电保护器原理图

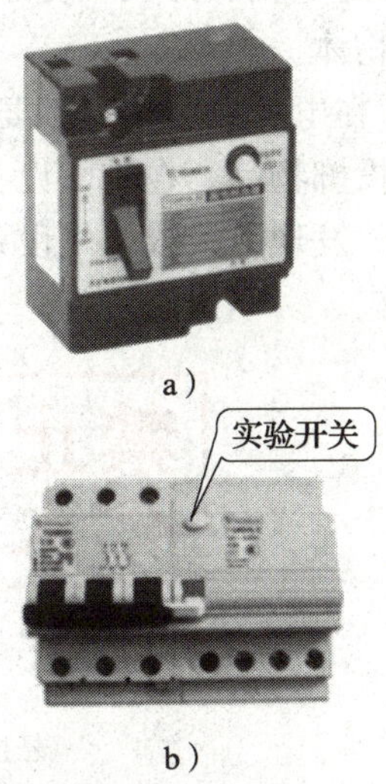

图 5—25　两种漏电保护器外形

a）二极　b）三极（组合式）

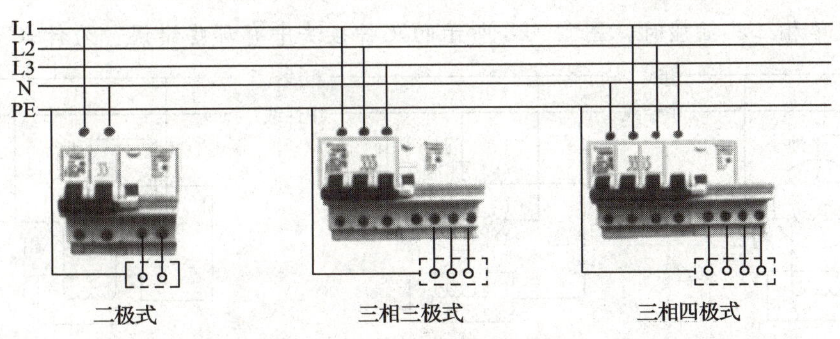

图 5—26　漏电保护器接线示例

四、安全用电注意事项

1. 判断电线或用电设备是否带电，必须用验电器（或测电笔），绝不允许用手触摸检验是否带电。

2. 禁止带负载操作动力配电箱中的刀开关。

3. 禁止在运行中拆卸、修理电气设备。检修电气设备时必须停机，切断电源，并在开关处设置“禁止合闸，有人工作”的警示牌，如图 5—27 所示。

4. 根据需要选择熔断器的熔体规格。

5. 安装照明线路时，开关必须接在相线上，开关和插座离地一般不低于 1.3 m。不要用湿手去摸开关、插座、灯头等，也不要用湿布去擦灯泡。

6. 室内配线时禁止使用裸导线和绝缘破损的导线，塑料护套线直接装置在敷设面上时，需用防锈的金属夹头或其他材料的夹头牢固装夹。塑料护套线连接处应加瓷接头或接线盒。严禁将塑料护套线或其他导线直接埋设在水泥或石灰粉刷层内。

7. 拆开或断裂裸露的带电接头，必须及时用绝缘物包好并放在人身不易接触到的地方。

8. 配电箱、开关、变压器等电气设备附近不准堆放各种易燃、易爆、潮湿和其他影响操作的物体。

9. 在电力线路附近不要安装电视机的天线，不能放风筝，更不能向电线、绝缘子和变压器上投掷物品。在带电设备周围严禁使用钢板尺、钢卷尺进行测量工作。

10. 发现电线或电气设备起火，应迅速切断电源，在带电状态下，绝不能用水或泡沫灭火器灭火。

禁止合闸
有人工作

a）

禁止合闸
有人工作

b）

图 5—27　警示标志牌

（悬挂在施工线路的断路器设备和隔离开关操作手柄上）

a）白底红字　b）红底白字

想一想

在安装单相三孔插座时，图 5—28 所示的几种接法中有哪些错误？为什么？

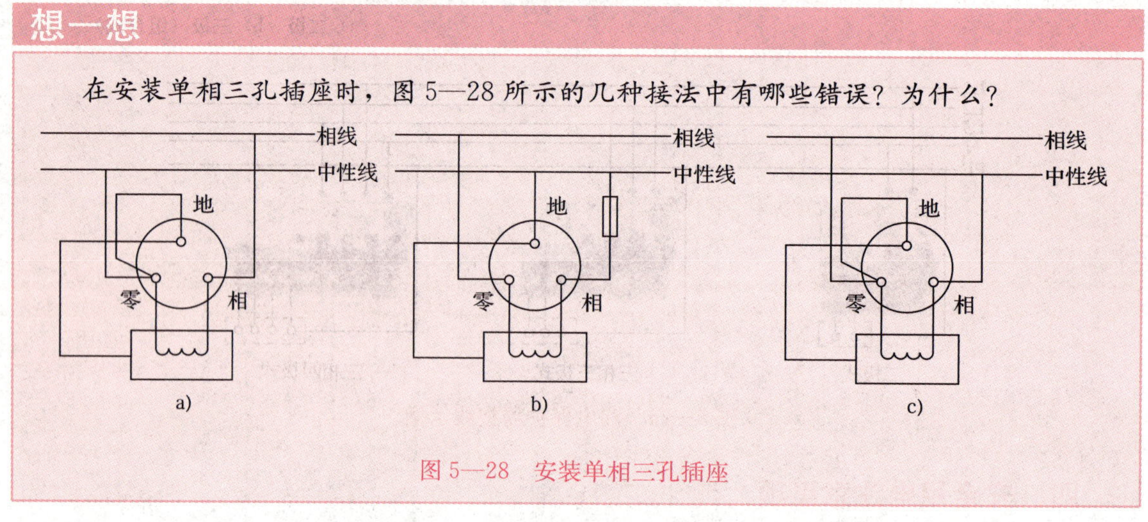

图 5—28　安装单相三孔插座

第 6 章 变压器与电动机

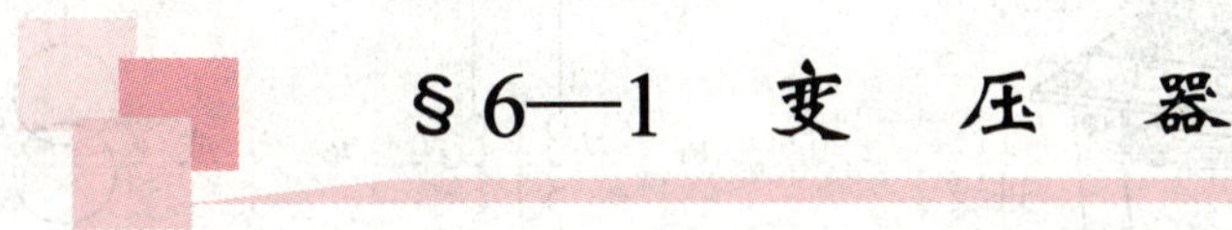

§6—1 变 压 器

一、变压器的作用

在日常生活中，智能手机、MP3、笔记本计算机等数码产品充电时，都需要用到类似于图 6—1 所示的电源适配器。

图 6—1 电源适配器

这是因为，从插座引入的一般都是 220 V 的单相交流电，而智能手机或 MP3 使用的则是电压较低（一般为 5 V）的直流电。电源适配器的作用就是将高电压的交流电变换为低电压的直流电，其中改变电压大小的功能就是通过变压器来完成的。类似地，车间里照明灯使用的是 220 V 交流电压，机床上照明灯使用的是 36 V 安全电压。这 36 V 电压是从哪里得到的呢？只要用一只降压变压器，就可以很方便地将 220 V 电压变为 36 V 电压了。

变压器的主要功能是改变交流电压的大小，从生产和生活中还能举出许多应用变压器的实例。例如，远距离输电需要几十万伏甚至百万伏的电压，手机充电器、笔记本计算机充电器、电动自行车充电器的输出电压只有几伏或几十伏，如图 6—2 所示。这些大小不同的电压都要通过变压器的变换才能得到。

变压器除了能变换交流电压的大小外，还可起到改变电流等作用。

二、变压器的结构

变压器的主要组成部分是绕组（线圈）和铁芯，其基本结构和符号如图 6—3 所示。

a）

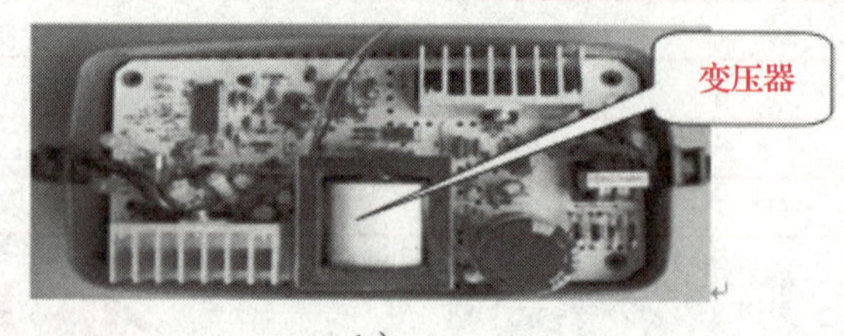

b）

图 6—2　变压器的应用

a）电力变压器　b）电动自行车充电器

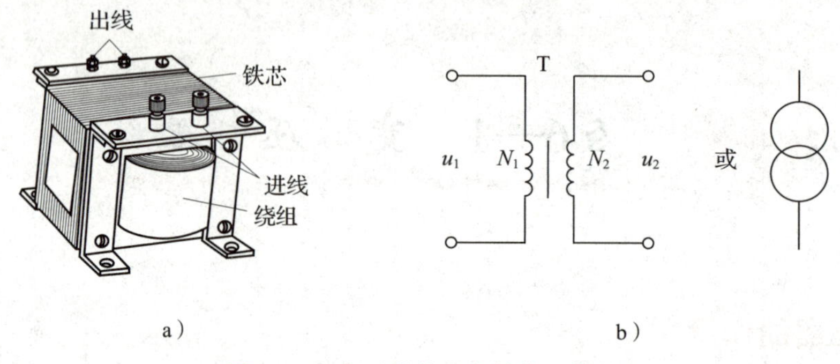

a）　　　　b）

图 6—3　变压器的基本结构和符号

a）变压器基本结构　b）变压器符号

绕组是变压器的电路部分，由绝缘良好的漆包线或纱包线绕制而成。为了便于绝缘，通常将低压绕组安装在靠近铁芯的内层，高压绕组安装在外层。工作时和电源相连的绕组称为**一次绕组（原线圈、初级绕组）**，与负载相连的绕组称为**二次绕组（副线圈、次级绕组）**。

铁芯使两个绕组利用互感现象实现变压，同时也是变压器的骨架，通常由导磁性能较好又相互绝缘的薄硅钢片叠合而成。

根据绕组和铁芯安装位置的不同，变压器可分为**芯式**和**壳式**两种，如图 6—4 所示。

变压器在工作时，铁芯和绕组都会发热，必须采取冷却措施。小容量变压器采用空气冷却方式，大容量变压器采用油浸自冷、油浸风冷或强迫油循环风冷等方式。变压器油除了冷却作用外，还能增强变压器内部的绝缘性能。

三、单相变压器的工作原理

图 6—5 所示是单相变压器的原理示意图。

当变压器一次绕组接上交流电源后，在一次绕组中就有交流电流通过，于是在铁芯中就会产生交变磁通，这个交变磁通同时穿过一次绕组和二次绕组，根据电磁感应定律，在一次绕组中产生自感电动势的同时，在二次绕组中也产生互感电动势。如果二次绕组接有负载构成闭合回路，就有感应电流流过负载。

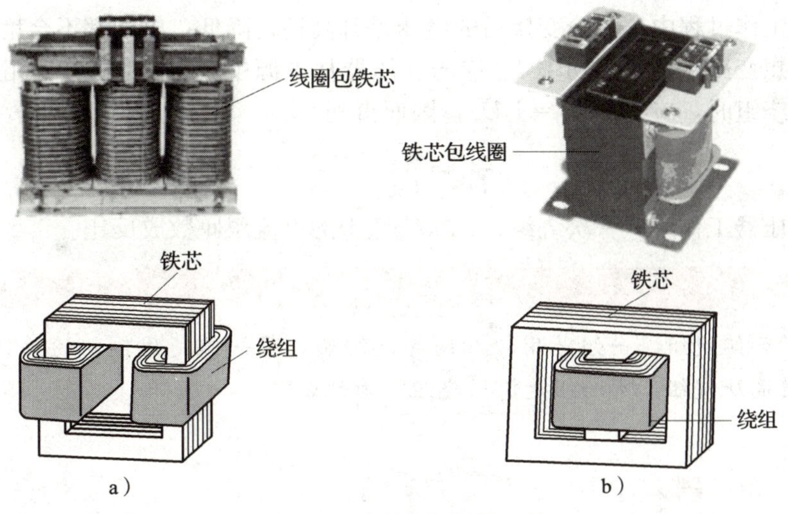

图 6—4　芯式和壳式变压器

a）芯式　b）壳式

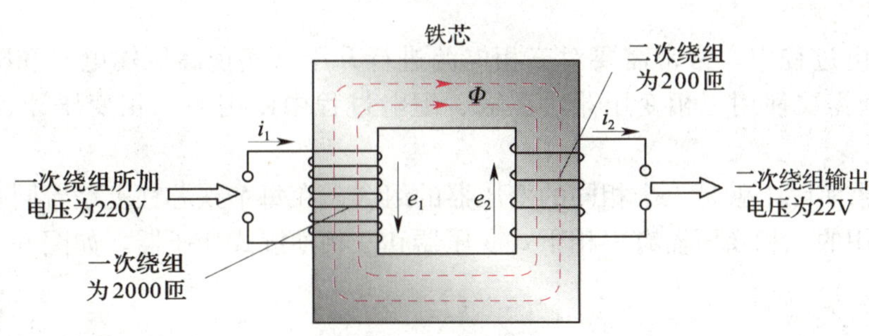

图 6—5　单相变压器原理示意图

1. 变压原理

设一次绕组和二次绕组的匝数分别为 N_1 和 N_2。如果忽略漏磁通，可以认为穿过一次绕组和二次绕组的主磁通相同，所以这两个绕组每匝所产生的感应电动势也相等。

一次绕组与电源相接，如果将绕组电阻忽略不计，感应电动势 E_1 与加在绕组两端的电压 U_1 近似相等，即 $U_1=E_1$。这时二次绕组相当于一个电源，如果也将绕组电阻忽略不计，则有 $U_2=E_2$。由此可得

$$\frac{U_1}{U_2}=\frac{E_1}{E_2}=\frac{N_1}{N_2}$$

这种忽略绕组电阻和各种电磁能量损耗的变压器称为**理想变压器**。

上式表明，理想变压器一次、二次绕组端电压之比等于绕组的**匝数比**，匝数比又称**变比**。

当 $N_1>N_2$ 时，$U_1>U_2$，变压器使电压降低，这种变压器称为**降压变压器。**

当 $N_1<N_2$ 时，$U_1<U_2$，变压器使电压升高，这种变压器称为**升压变压器。**

若 $N_2=N_1$，则 $U_2=U_1$，变压器变比为 1，虽然这种变压器并不改变电压，但它可以将用电设备与电网隔离开来，所以称为**隔离变压器。**

2. 变流原理

变压器在工作过程中，无论变换后的电压是升高还是降低，电能都不会增加。根据能量守恒定律，理想变压器的输出功率 P_2 应与变压器从电源中获得的功率 P_1 相等。当变压器只有一个二次绕组时，应有 $I_1U_1=I_2U_2$，因而得到

$$\frac{I_1}{I_2}=\frac{U_2}{U_1}=\frac{N_2}{N_1}$$

上式表明，变压器工作时，一次绕组、二次绕组中的电流跟匝数成反比。

想一想

变压器的两组绕组，一组是用较细的导线绕制，另一组是用较粗的导线绕制。想一想，哪一组是高压绕组，哪一组是低压绕组？为什么？

四、常用变压器

变压器的种类很多，下面介绍几种常用的变压器。

1. 三相变压器

在输、配电过程中，常常需要对三相电源进行升压（实现高压输电）和降压（实现低压供电），这就需要使用三相变压器，在输、配电过程中使用的三相变压器也称为电力变压器。

三相变压器实际上就是三个相同的变压器的组合，在每个铁芯柱上绕着同一相的一次和二次绕组。常用的三相变压器有三相干式变压器和三相油浸式变压器，如图 6—6 所示。

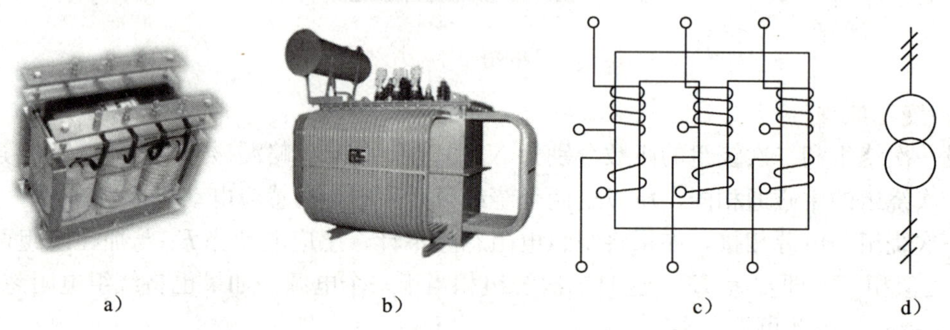

图 6—6　三相变压器

a）三相干式变压器　b）三相油浸式变压器　c）三相变压器接线图　d）图形符号

2. 自耦变压器

普通变压器的一次绕组和二次绕组是分开的，称为双绕组变压器。如果把整个绕组作为一次绕组，二次绕组只取绕组的一部分，就成为了降压自耦变压器（图 6—7）。自耦变压器的优点是结构简单，节省材料。但由于一次侧与二次侧不仅通过磁路耦合，而且电路也直接相通，为了保证安全，必须加强绝缘。一般在变比较小、一次侧与二次侧电压相差不大的情况下使用。

a）

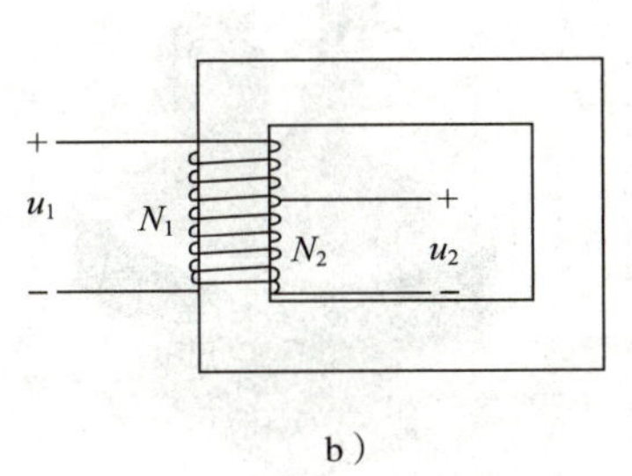

b）

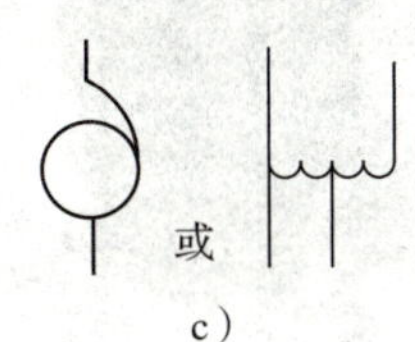

c）

图 6—7　自耦变压器

a）自耦变压器　b）原理图　c）符号

3. 电焊变压器

电焊变压器是交流弧焊机（图 6—8a）的主要组成部分。

电弧焊对电焊变压器的要求是：空载应有 60～75 V 的引弧电压，带载时二次电压应迅速下降；当焊条与焊件间产生电弧并稳定燃烧时，维持电弧的正常电压为 25～35 V。焊条与工件相碰瞬间，短路电流不能过大，以免烧坏焊机。此外，为了能适应不同焊件和焊条，焊接电流的大小要能调节。

为了满足上述要求，电焊变压器的结构与一般变压器不同（图 6—8b）。它的二次绕组与一个电抗器串联，电抗器的铁芯有一定的空气隙，转动螺杆可以改变空气隙的距离。空气隙加大，电抗器感抗减小，电流就要增大；反之，当空气隙减小时，电流就会减小。

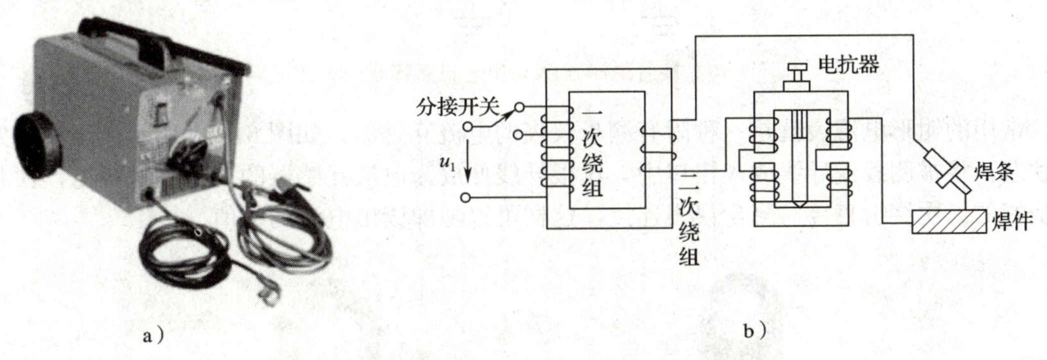

a）　　b）

图 6—8　交流弧焊机外形与电焊变压器的原理

a）交流弧焊机　b）电焊变压器原理图

4. 仪用互感器和钳形电流表

仪用互感器是一种专供测量仪表、控制设备和保护设备中使用的变压器。它们可以把待测电压、电流按一定比率变小以便于测量；同时由于一次侧与二次侧之间采用磁耦合，起到很好的电气隔离作用，从而可保证仪表和人员的安全。几种常用互感器的外观如图 6—9 所示。

图 6—10 所示是接有电压互感器（TV）和电流互感器（TA）的单相电路。电压互感器实际上就是一个降压变压器，它能把一次绕组的高电压变换成二次绕组的低电压，**一般规定二次绕组的额定电压为 100 V**。电流互感器实际上就是一个降流变压器，它能把一次绕组的大电流变换成二次绕组的小电流，一般规定二次绕组的额定电流为 5 A。

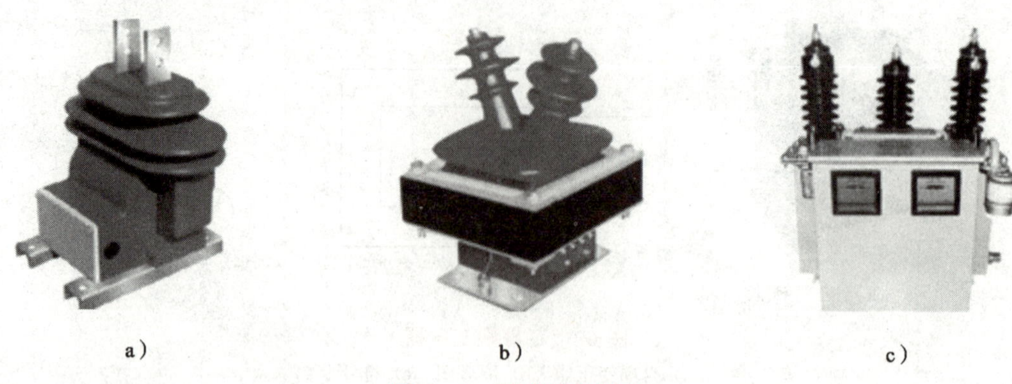

图 6—9　互感器实物图

a）LZZBW－10 型户外干式电流互感器　b）JDZJ－3/6/10Q 型电压互感器　c）JLS－10 型三相电力计量箱

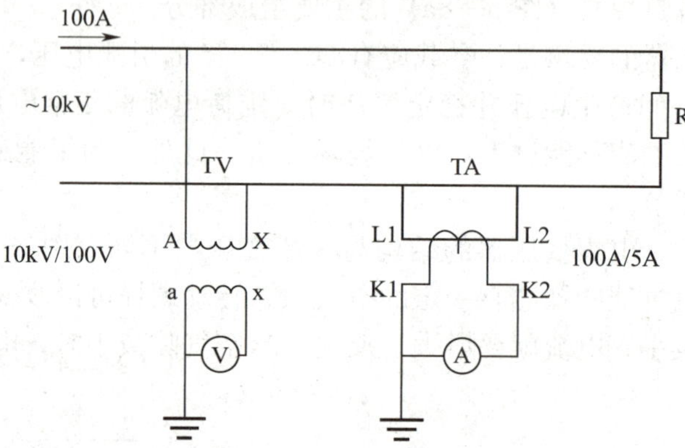

图 6—10　接有电压互感器和电流互感器的单相电路

常用的钳形电流表就是一种附有测量仪表的电流互感器，如图 6—11 所示。测量时先松开铁芯，将被测载流导线放入钳口中，这根导线便成为电流互感器的单匝一次绕组，铁芯上已绕好的二次绕组直接与测量仪表连接，这样可以随即读出电流的数值。

图 6—11　钳形电流表

a）指针式　b）数字式

五、变压器的铭牌和主要参数

1. 变压器的铭牌

变压器铭牌是了解和使用该变压器的依据，铭牌上记载着变压器的型号及各种额定数据。用户要按铭牌上的规定正确使用和维护变压器，以保证变压器安全、经济地运行。某电力变压器的铭牌如图 6—12 所示。

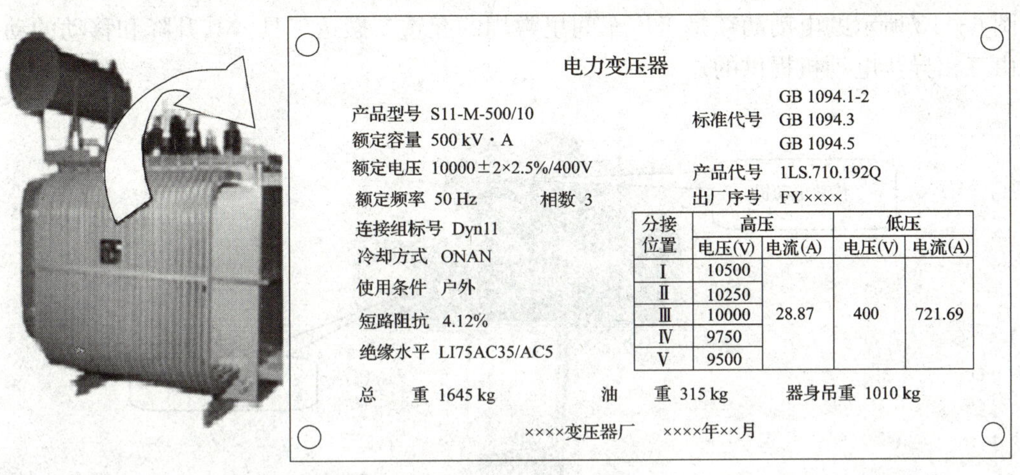

电力变压器

产品型号 S11-M-500/10

额定容量 500 kV · A

额定电压 10000±2×2.5%/400V

额定频率 50 Hz　　相数 3

连接组标号 Dyn11

冷却方式 ONAN

使用条件 户外

短路阻抗 4.12%

绝缘水平 LI75AC35/AC5

标准代号 GB 1094.1-2　GB 1094.3　GB 1094.5

产品代号 1LS.710.192Q

出厂序号 FY××××

分接位置	高压		低压	
	电压(V)	电流(A)	电压(V)	电流(A)
Ⅰ	10500	28.87	400	721.69
Ⅱ	10250			
Ⅲ	10000			
Ⅳ	9750			
Ⅴ	9500			

总　重 1645 kg　　油　重 315 kg　　器身吊重 1010 kg

××××变压器厂　××××年××月

图 6—12　变压器铭牌

2. 变压器的主要参数

型号　变压器型号用字母和数字表示，字母表示类型；数字表示额定容量和额定电压。

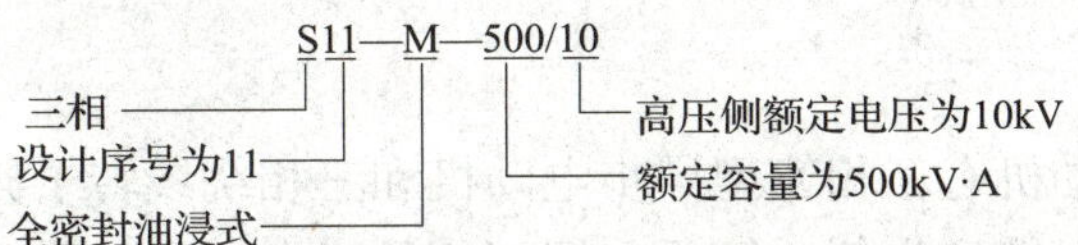

S11 为该变压器的基本型号，S 表示是一台三相变压器；设计序号为 11；M 表示全密封油浸式，额定容量 500 kV·A；高压侧额定电压为 10 kV。

额定电压　一次绕组的额定电压是指根据变压器的绝缘强度和允许发热等条件而规定的电压值；二次绕组的额定电压是指变压器空载时，一次绕组加上额定电压后，二次绕组两端的电压值，单位为 V。对三相变压器，额定电压是指线电压。

额定电流　额定电流是指变压器在某环境温度和冷却条件下，根据允许温升而规定的满载电流值，单位为 A。对三相变压器，额定电流是指线电流。

额定容量　额定容量是指变压器在额定运行条件下能够输出的最大视在功率，单位是 kV · A 或者 V · A。

§6—2 三相异步电动机

图 6—13 所示的电动葫芦是工厂车间里常用的起重、搬运工具，其升降和移动的动力通常是由三相异步电动机提供的。

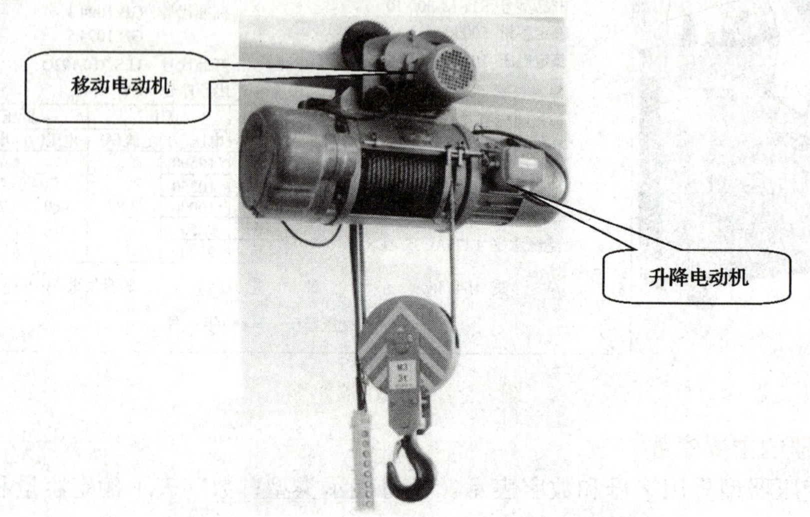

图 6—13 电动葫芦

常见的三相异步电动机有三相笼型异步电动机和三相绕线转子异步电动机两大类，其中笼型的应用较多。下面以笼型为例，简要介绍三相异步电动机的构造和工作原理。

一、三相笼型异步电动机的构造

三相笼型异步电动机主要由定子和转子两部分组成，其结构如图 6—14 所示。

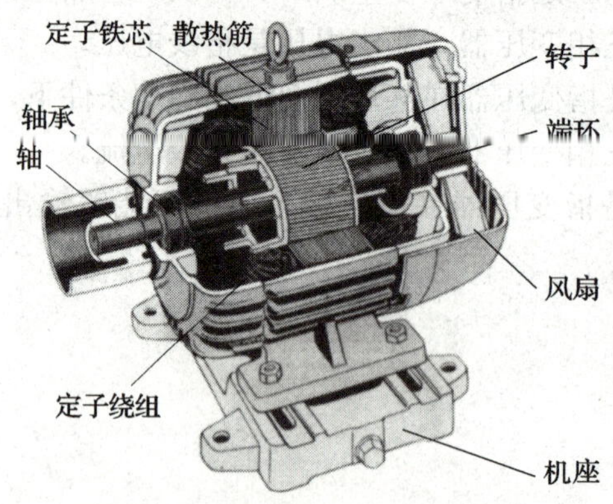

图 6—14 三相笼型异步电动机结构

定子是电动机的静止部分，包括机座、定子铁芯和定子绕组。

机座用铸铁或铸钢制成。它的作用是固定铁芯和铁芯绕组，并通过前后两个端盖支撑转子轴。机座表面铸有散热筋，以增加散热面积，提高散热效果。

定子铁芯由相互绝缘的硅钢片叠制而成。铁芯内圈有孔槽，定子绕组嵌在槽内，图 6—15a、图 6—15b 所示分别为定子绕组和未装绕组的定子冲片。

a）

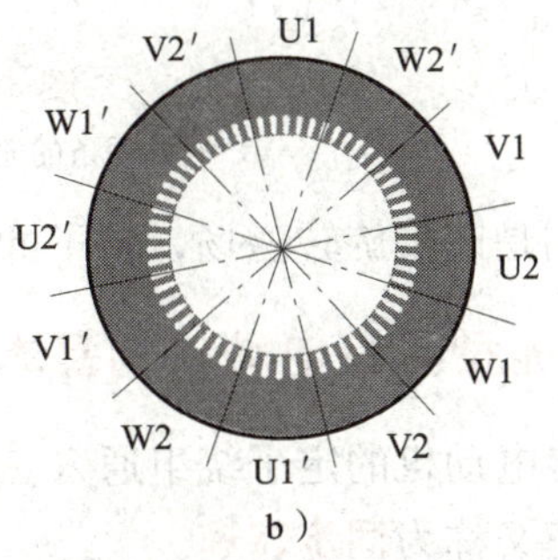

b）

图 6—15　定子绕组和未装绕组的定子冲片

a）定子绕组　b）未装绕组的定子冲片

定子绕组是电动机的电路部分，由三相对称绕组组成。三相绕组按照一定的空间角度依次嵌放在定子槽内，并与铁芯绝缘。三相绕组共有六个出线端引出机壳外，接在机座的接线盒中。每相绕组的首末端用 U1—U2、V1—V2、W1—W2 标记。按照电动机铭牌上的说明，可将定子绕组接成星形Y（图 6—16a）或三角形△（图 6—16b）。

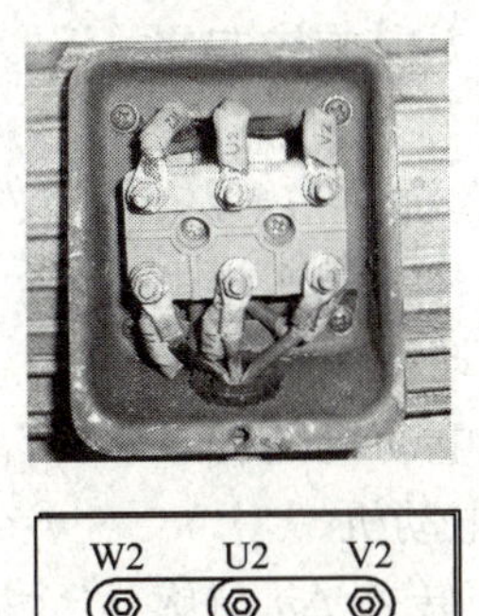

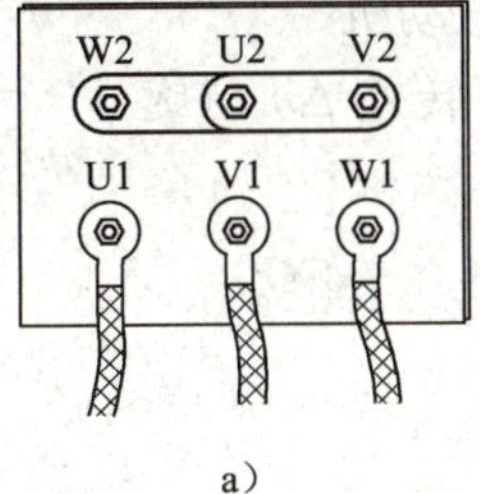

a）

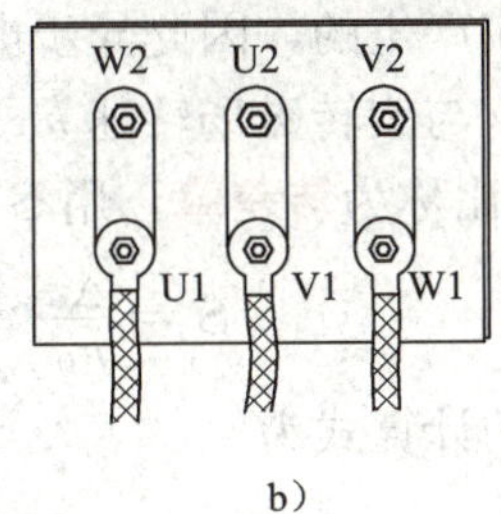

b）

图 6—16　定子接线盒中的连接方式

a）星形连接　b）三角形连接

转子是电动机的旋转部分，由轴、转子铁芯和转子绕组或转子导体三部分组成。转子铁芯为圆柱状，也是用硅钢片叠成的，表面冲有孔槽，槽内放置铜条（或铸铝），笼型转子就是在铁芯两端用导电的端环将槽孔内的铜条连接起来，形成回路。如果去掉转子铁芯，转子的结构呈笼型，转轴用来支撑转子铁芯，如图 6—17 所示。转子除了有笼型外，还有绕线式。

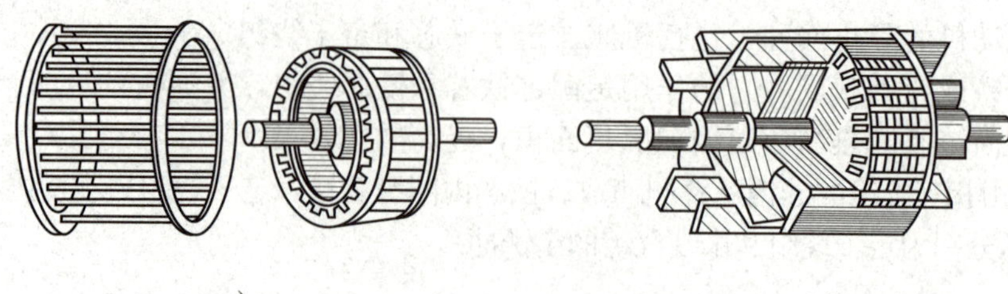

图 6—17　笼型转子

a）嵌放铜条的笼型转子　b）铸铝的笼型转子

定子的作用是产生旋转磁场，转子的作用是产生电磁转矩。

二、三相笼型异步电动机的基本工作原理

当三相异步电动机的定子绕组通入三相对称交流电时，产生一个转速为 n_0 的旋转磁场。旋转磁场的转速又称为**同步转速**。

若交流电频率为 f，则旋转磁场转速 $n_0=60f$（r/min）。如果旋转磁场有两对磁极，当电流变化一周时，磁场只转过半周。由此类推，当旋转磁场具有 p 对磁极时，磁场的转速为

$$n_0=\frac{60f}{p}$$

定子绕组中的旋转磁场将切割转子铜条，此时可把磁场看成不动，而认为转子相对磁场运动。由于转子绕组是闭合的，所以转子绕组中便有感应电流流过，绕组中的感应电流同时又受到旋转磁场的作用，产生电磁转矩，于是转子就沿着旋转磁场的方向旋转起来（图 6—18）。

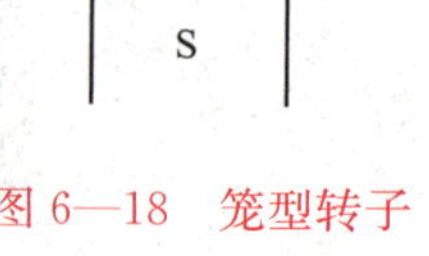

图 6—18　笼型转子转动原理

异步电动机的转速 n 必定小于旋转磁场转速 n_0，如果 $n=n_0$，则转子和磁场之间没有相对运动，转子中无感应电流，不能产生电磁转矩，电动机也就不能转动。因此 $n<n_0$ 是异步电动机工作的必要条件。异步电动机的名称即由此而来。又由于这类电动机的转子电流是由电磁感应产生的，因此异步电动机又称感应电动机。

电动机转速 n 与旋转磁场转速 n_0 之差称为**转差**，转差 Δn 与旋转磁场转速 n_0 之比称为**转差率**，用 S 表示，即

$$S=\frac{\Delta n}{n_0}\times 100\%=\frac{n_0-n}{n_0}\times 100\%$$

电动机转速的计算式为

$$n=(1-S)n_0$$

表 6—1 给出了电源频率为 50 Hz 时磁极对数与旋转磁场转速的关系。

表 6—1　　**磁极对数与旋转磁场转速的关系**

磁极对数 p	1	2	3	4	5	6
n_0（r/min）	3 000	1 500	1 000	750	600	500

三、三相异步电动机的铭牌

现以 Y-112M-4 型电动机的铭牌为例进行说明，如图 6—19 所示。

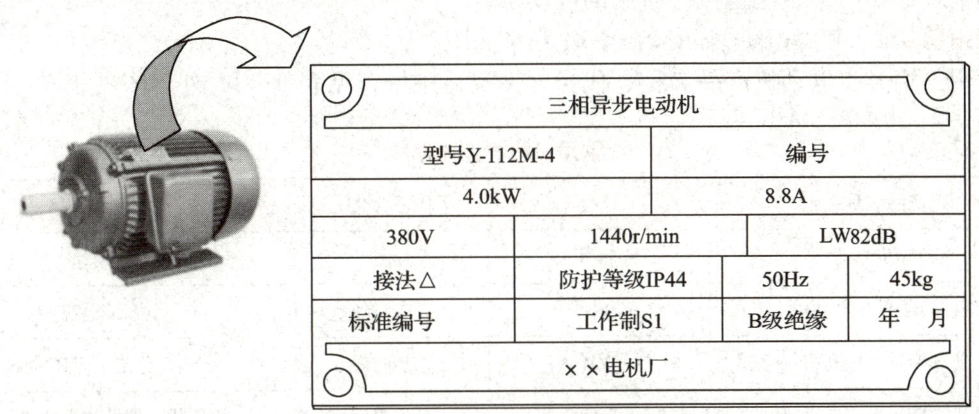

图 6—19　电动机铭牌

型号　Y-112M-4，指国产 Y 系列异步电动机，机座中心高度 112 mm，中机座（M 表示中机座，L 表示长机座，S 表示短机座），磁极数为 4 极。

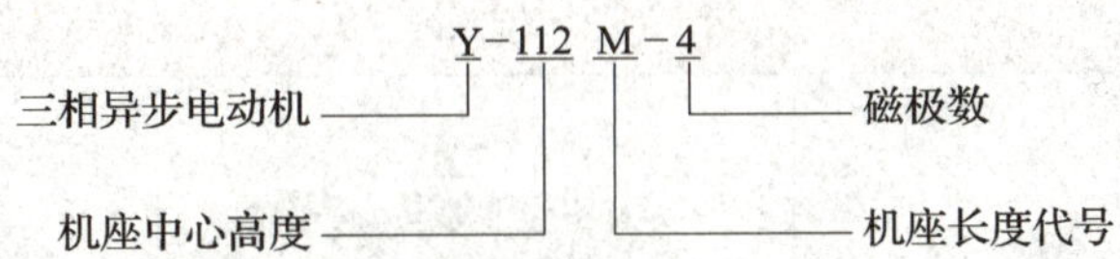

额定功率　4.0 kW，是指电动机在额定状态下运行能输出的机械功率为 4.0 kW。

额定电压　380 V，是指电动机定子绕组规定使用的线电压为 380 V。

接法　△，是指电动机定子绕组应采用三角形连接。

额定电流　8.8 A，是指电动机在输出额定功率时，定子绕组所允许通过的线电流为 8.8 A。

额定转速　1 440 r/min，是指电动机在额定负载下的转速为 1 440 r/min。

绝缘等级　B 级绝缘，是指电动机绝缘等级为 B，最高工作温度为 130℃。按绝缘材料允许最高温度划分，目前主要有以下五个等级，见表 6—2。

表 6—2　绝缘等级

绝缘等级	E	B	F	H	C
最高工作温度（℃）	120	130	155	180	大于 180

Y 系列电动机采用 B 级绝缘，新型 Y2 系列电动机采用 F 级绝缘。

防护等级　IP44，表示防护等级为封闭型。IP 后两位数字，第一位表示防固体异物的等级，第二位表示防水等级。例如，IP44 表示可防大于 $\phi 1$ mm 的颗粒进入机内，且防溅水。

工作制　S1，表示电动机为连续工作制，即在额定状态下可连续工作，如机床、水泵、通风机等设备所用的异步电动机即为连续工作制。S2 表示短时运行工作制，即在额定状态下持续运行时间不允许超过规定的时限，否则会使电动机过热。短时工作制分 10 min、30 min、60 min、90 min 共四种。S3 表示断续运行工作制，即电动机工作与停歇交替进行，时间都很短，如吊车、起重机等所用的电动机。

噪声等级 LW82dB，表示噪声等级为 82 dB。

常用三相异步电动机产品名称、代号含义及适用场合见表 6—3，外形图见表 6—4。

表 6—3 常用三相异步电动机

产品名称	代号	代号含义	适用场合
笼型异步电动机	Y，Y—L	异步	一般用途
绕线转子异步电动机	YR	异步绕线	小容量电源
防爆型异步电动机	YB	异步防爆	石油、化工、煤矿井下
高启动转矩异步电动机	YQ	异步启动	超负荷、惯性较大的机械

注：Y 系列定子绕组是铜线，Y—L 系列定子绕组是铝线。

表 6—4 常用电动机外形图

系列	YS 系列	Y2 系列	YEJ 系列电磁制动式
外形图			

四、三相异步电动机的安全使用

1. 电动机启动前的检查

（1）检查电动机铭牌所标电压、频率是否与使用的电源电压、频率相等，接法与铭牌所标是否相符。

（2）新电动机、长期不用的电动机和正常使用的电动机在启动前应用兆欧表检查各相绕组间及各相绕组对地的绝缘电阻（正常值都应为无穷大），如图 6—20 所示。

1）使用兆欧表测量电动机相、地之间的绝缘电阻。将兆欧表的线路端（L）接在被测电动机需测量相的接线端子上，接地端（E）接在被测电动机外壳接地部位，由慢到快旋转手柄，当转速达到 120 r/min 时，保持匀速转动，当指针稳定时，读出读数。

2）使用兆欧表测量电动机两相之间的绝缘电阻。将兆欧表的线路端（L）和接地端（E）接在被测电动机需测量两相的接线端子上，由慢到快旋转手柄，当转速达到 120 r/min 时，保持匀速转动，当指针稳定时，读出读数。

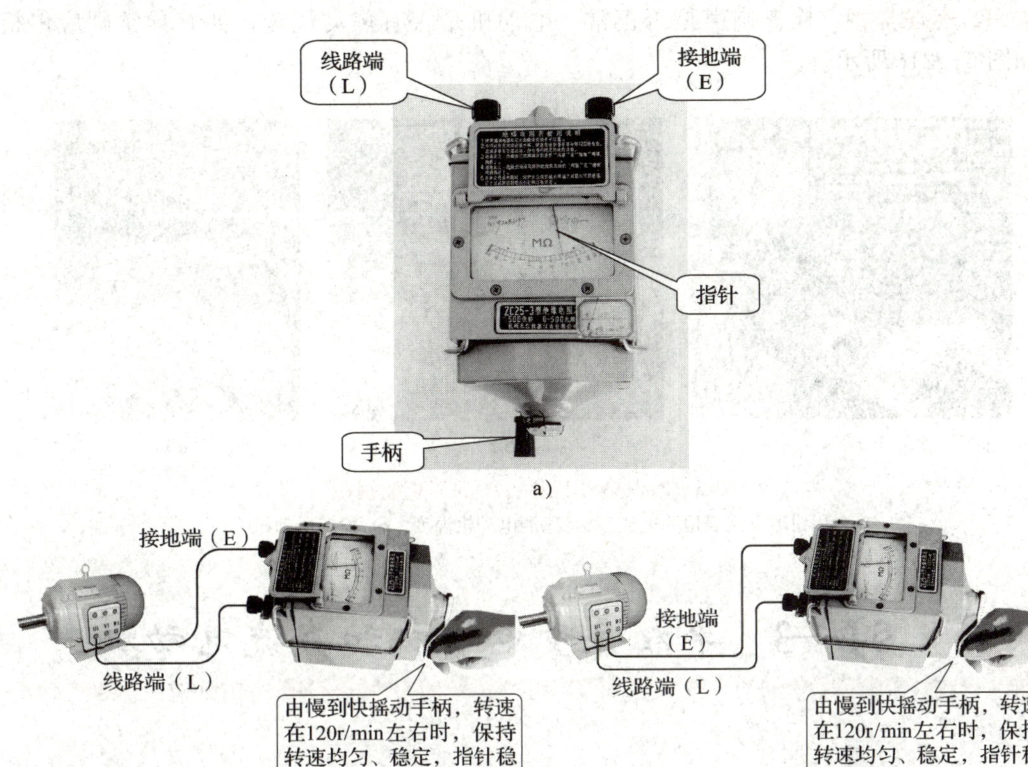

图 6—20　使用兆欧表检测绝缘电阻

a）兆欧表　b）测各相对地的绝缘电阻　c）测各相绕组间的绝缘电阻

练一练

按照图 6—20 所示，结合实物熟悉兆欧表的外部结构，使用兆欧表进行绝缘电阻的测量练习。

2. 电动机运行中的巡查监视

电动机在运行过程中需巡查监视，巡查时应注意以下几个方面：

电压监视　电源电压与额定电压的偏差不应超过±5%，三相电压不平衡度不应超过1.5%。

电流监视　用钳形电流表测量电动机的电流，对较大的电动机还要经常观察运行中电流是否三相平衡或超过允许值。如果三相严重不平衡或超过电动机的额定电流，应立即停机检查，如图 6—21a 所示。

机组转动监视　检查传动带连接处是否良好，传动带松紧是否合适，机组转动是否灵活，有无卡位、窜动及不正常的现象。

温度监视　用手背小心触及外壳，看电动机是否过热烫手，如发现过热，可在电动机外壳上滴几滴水，如果水急剧汽化，说明电动机显著过热，此时应立即停止运行，查明原因，排除故障后才能继续使用，如图 6—21b 所示。

响声、气味监视 检查响声是否正常，电动机是否有焦臭气味，如有异常则应停机检修，如图 6—21c 所示。

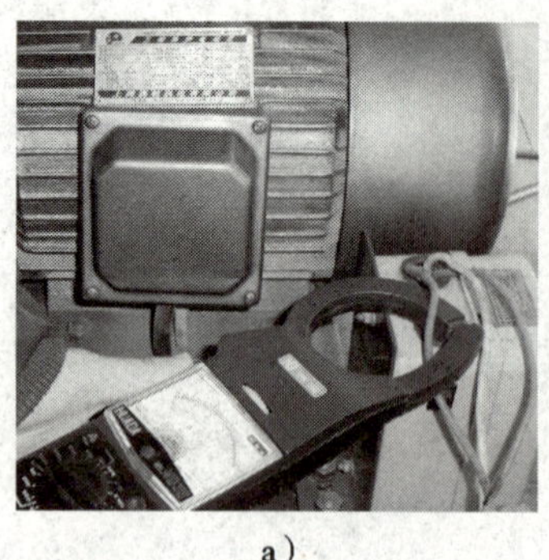
a）

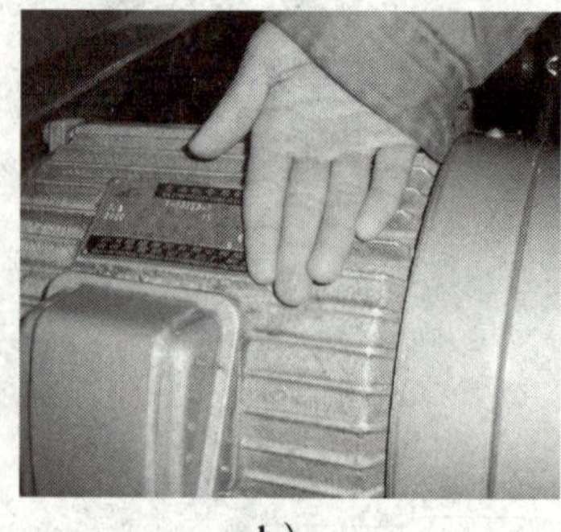
b）

c）

图 6—21 电动机运行中的巡查监视图

a）用钳形电流表检测电流 b）感测电动机温度 c）检查电动机响声

§6—3 单相异步电动机和直流电动机

一、单相异步电动机

在日常生活中所使用的电源多为单相电源，由单相电源供电的小容量异步电动机称为**单相异步电动机**。

1. 单相异步电动机的结构和分类

单相异步电动机的结构与一般小型三相笼型异步电动机相似，也由定子和笼型转子构成。定子由铁芯、定子绕组和机座组成；转子与三相异步电动机转子相同，也采用笼型结构（图 6—22）。

单相异步电动机按照启动和运行方式分为：电容运行式、电容启动式、电阻启动式、电容启动运行式和罩极式。

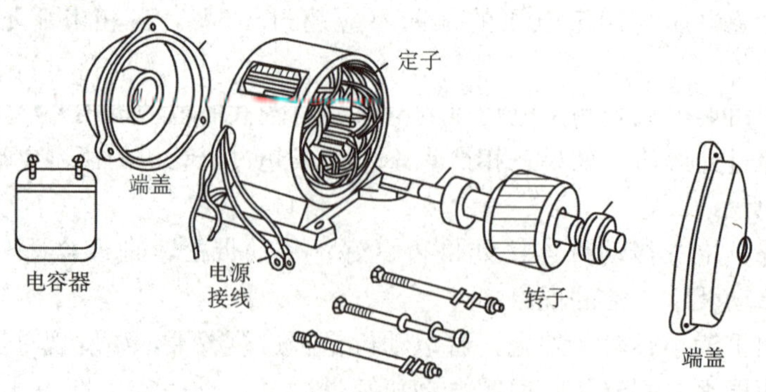

图 6—22 单相异步电动机的结构

2. 单相电容分相式异步电动机的工作原理

为了使单相异步电动机能够按预期的方向自行启动旋转，最常用的方法是在电动机的定子铁芯槽中嵌放两个绕组，一个是**工作绕组**（也称**主绕组**），另一个是**启动绕组**（也称**副绕组**），两者在空间互成 90°，在启动绕组中还串接一只电容器，这种电动机也称为单相电容分相式异步电动机（图 6—23）。

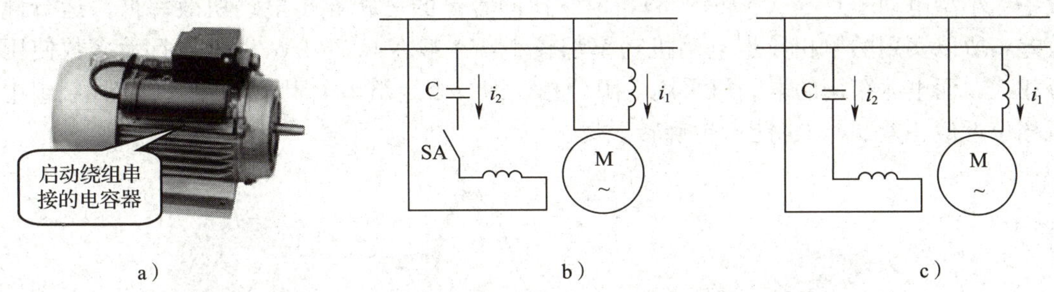

图 6—23　单相电容分相式异步电动机

a）实物图　b）电容启动式　c）电容运转式

工作绕组呈感性，电流 i_1 滞后电源电压 φ_1。启动绕组呈容性，电流 i_2 超前电源电压 φ_2。适当选择电容，可使 $\varphi_1+\varphi_2=90°$。运用类似三相旋转磁场的分析方法可知，当具有 90°相位差的两个电流分别通入在空间相差 90°的两个绕组时，也能产生一个旋转磁场，从而带动转子旋转（图 6—24）。

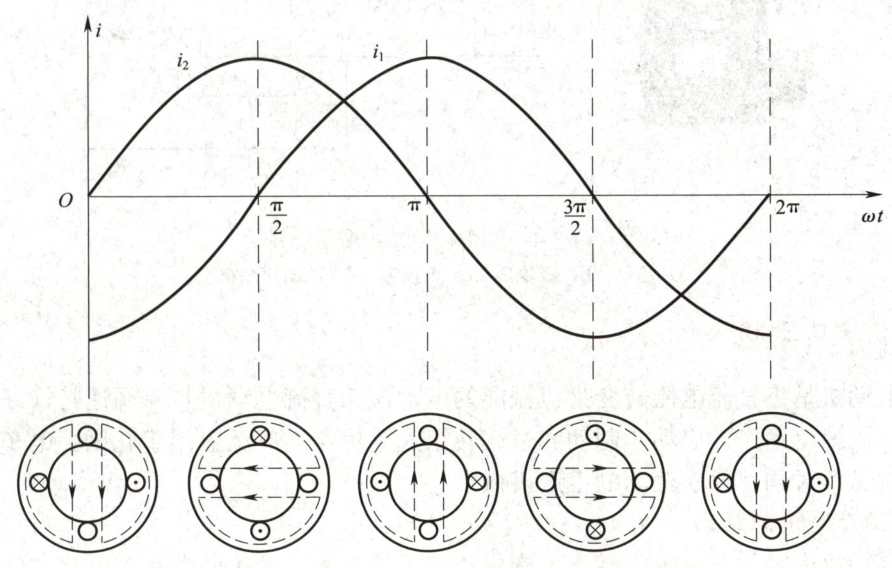

图 6—24　单相电容分相式异步电动机旋转磁场的产生

如果要改变单相电容分相式异步电动机的旋转方向，可将任一绕组的两个接线端换接。

3. 单相异步电动机的调速方法

单相异步电动机和三相异步电动机类似，应用在恒转矩负载的转速调节方面较为困难；应用在风机型负载情况下，可采用串电抗器调速、绕组内部抽头调速和晶闸管调速的方法进行调速。

随着微电子技术的迅速发展，作为交流电动机主要调速方式的变频调速技术也获得极大的发展，单相变频调速已经在家用电器上广泛应用，如变频空调、变频洗衣机等，它是交流调速控制的发展方向。

4. 单相异步电动机的应用

单相异步电动机具有结构简单、噪声小、运行可靠等优点，被广泛应用于家用电器、医疗设备、小型电动工具等（图 6—25），但它比同容量的三相异步电动机效率低，运行性能也较差，所以实用的单相异步电动机功率都较小，一般在 0.75 kW 以下，且大多数使用电容分相式，而电冰箱用的电动机采用电阻分相，即一个绕组串电阻，与另一个感性绕组中的电流相位近似相差 90°，也能产生旋转磁场。

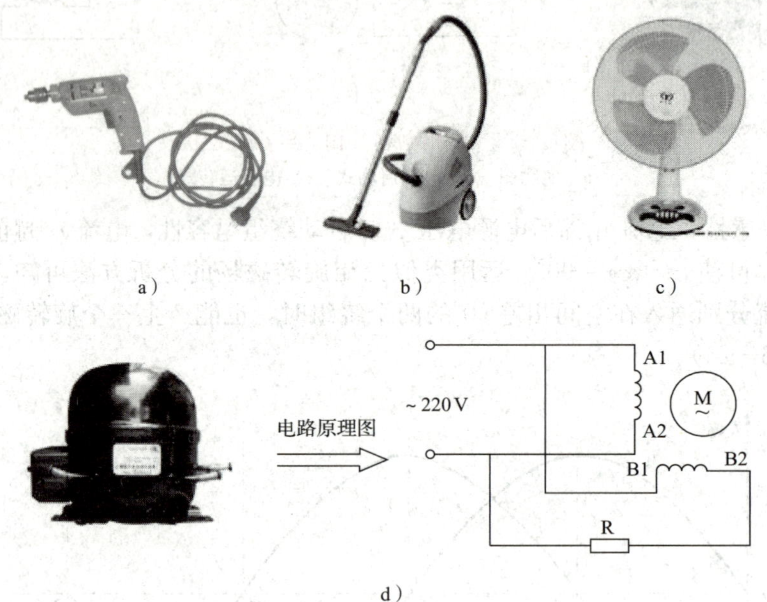

图 6—25　单相异步电动机的应用

a）手钻　b）吸尘器　c）电风扇　d）冰箱压缩机

二、直流电动机

直流电动机是将直流电能转变为机械能的电动机。直流电动机具有调速特性好，调速方便、平滑，调速范围广；启动、制动和过载转矩大等优点，广泛应用于轧钢、电车、挖掘机械、纺织机械等对调速要求较高的生产机械中。

1. 直流电动机的结构

直流电动机由**定子**和**电枢（转子）**构成。定子是直流电动机的静止部分，它的主要作用是产生磁场和机械支撑，由主磁极、机座、换向磁极、电刷装置和端盖等组成。电枢（转子）是直流电动机的运动部分，它的作用是产生电磁转矩，由电枢铁芯、换向器、轴和风扇等组成（图 6—26）。

2. 直流电动机的分类

直流电动机按照励磁方式不同可以分为他励和自励两大类，自励的励磁方式又包含并励、串励、复励等。其电路原理图及特点见表 6—5。

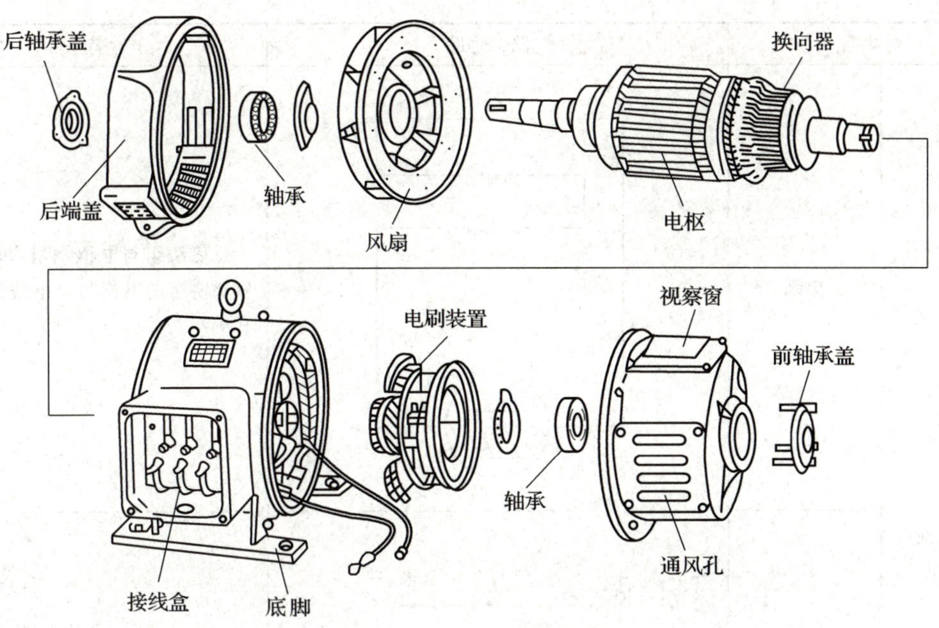

图 6—26　直流电动机的结构

表 6—5　　直流电动机的励磁方式

分类		电路原理图	特点
他励直流电动机		+　U_a　−　I_a　E_a　+　U_f　I_f　−	励磁绕组与电枢绕组由各自的直流电源单独供电，在电路上没有直接联系
自励直流电动机	并励	+　U　−　I_a　E_a　I_f	励磁绕组与电枢绕组并联，加在这两个绕组上的电压相等，而通过电枢绕组的电流 I_a 和通过励磁绕组的电流 I_f 不同

续表

分类		电路原理图	特点
自励直流电动机	串励	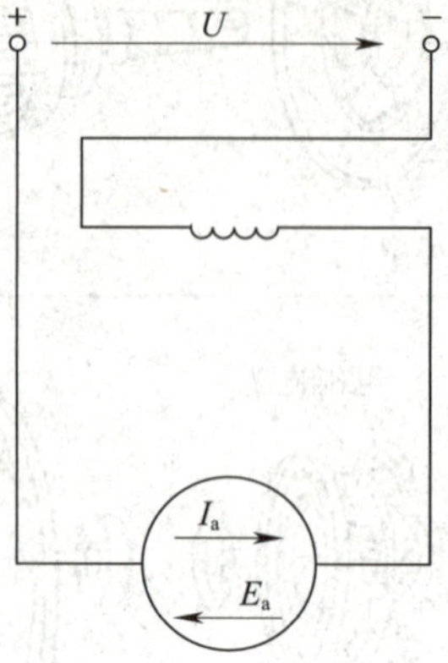	励磁绕组与电枢绕组串联，因此励磁绕组的电流与电枢绕组的电流相等
	复励	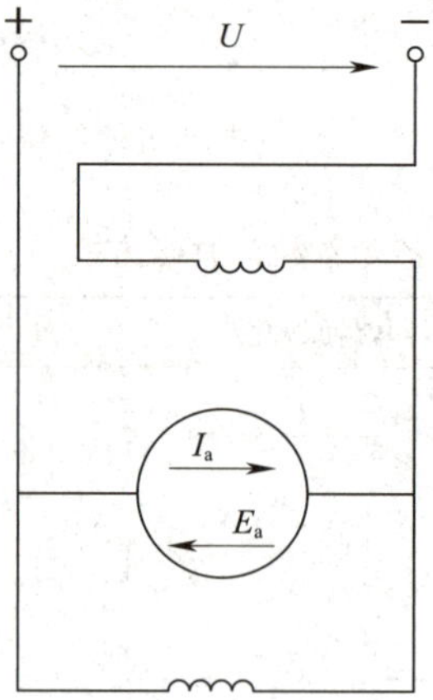	复励直流电动机的励磁绕组有两组，一组与电枢绕组串联，另一组与电枢绕组并联

3. 直流电动机的启动、正反转和调速

（1）直流电动机的启动。由于直流电动机启动电流很大，通常可达到额定电流的 10～20 倍，因此，直流电动机一般不允许直接启动，必须采用适当的措施来限制启动电流。常用的限流措施有电枢回路串变阻器启动（图 6—27）和减压启动。

（2）直流电动机的正反转。直流电动机的电磁转矩是由主磁通和电枢电流相互作用而产生的。根据左手定则，任意改变两者之一，就可以改变电磁转矩的方向。因此，改变直流电动机转向的方法有两种：一是将励磁绕组反接，二是将电枢绕组反接。

（3）直流电动机的调速。与交流电动机相比，直流电动机具有良好的调速性能，这也是直流电动机的一个显著优点。直流电动机比较容易满足调速幅度宽、调速连续平滑、损耗小等电动机调速的基本要求。

根据直流电动机的转速公式 $n\approx\dfrac{U-I_aR_a}{C_e\Phi}$ 可知，直流电动机有三种调速方法：电枢回路串电阻调速法、改变励磁磁通调速法和改变电枢电压调速法。

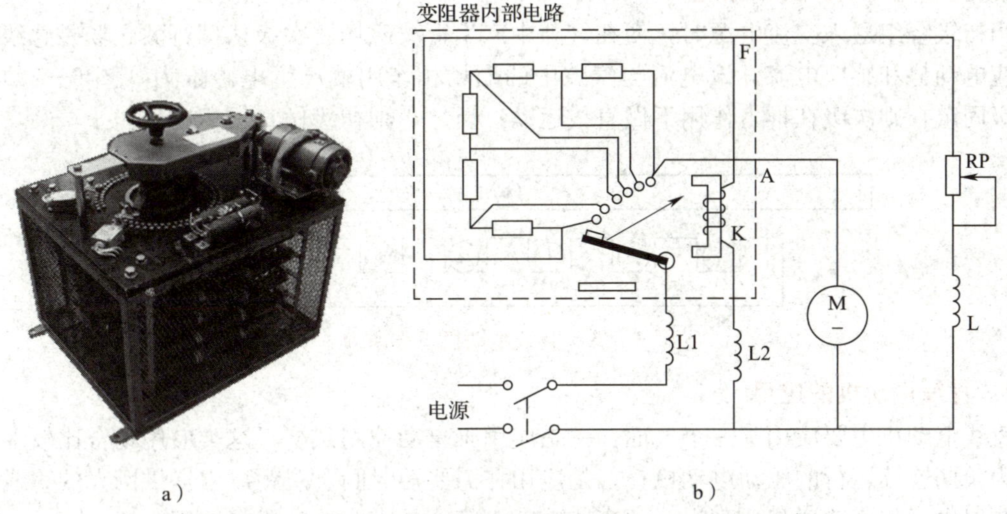

图 6—27　直流电动机串变阻器启动电路

a）变阻器外形图　b）电路图

§6—4　特种电动机

一、直线电动机

1. 直线电动机的结构

直线电动机也称线性电动机、线性马达、直线马达、推杆马达，是一种将电能直接转换成直线运动机械能，而不需要任何中间转换机构的传动装置，它可以看成是一台旋转电动机按径向剖开，并展为平面而成，如图 6—28 所示。

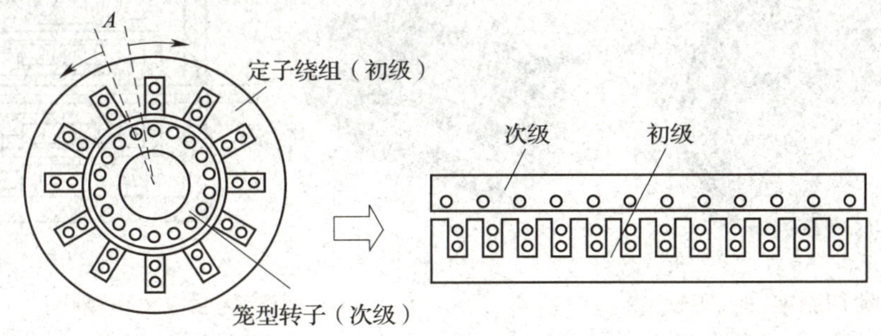

图 6—28　直线电动机结构

直线电动机经常简单描述为旋转电动机被展平，由定子演变而来的一侧称为**初级**，由转子（在直线电动机中也称为动子）演变而来的一侧称为**次级**。

直线电动机常见的类型有平板式、U 型槽式和管式。

2. 直线电动机的工作原理

当初级绕组通入交流电源时，便在气隙中产生行波磁场，次级切割行波磁场磁感线，产生感应电动势和感应电流，该电流与气隙中的磁场相作用就产生电磁推力（图 6—29）。如果初级固定，则次级在推力作用下做直线运动；反之，则初级做直线运动。

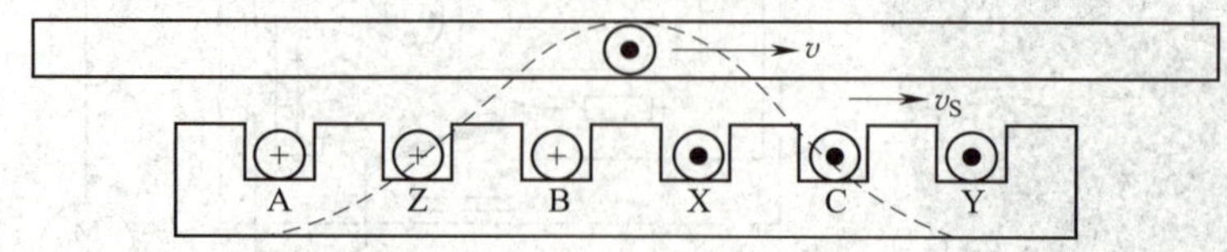

图 6—29 直线电动机工作原理

3. 直线电动机的应用

直线电动机主要应用于三个方面：一是应用于自动控制系统，这类应用场合比较多；二是作为长期连续运行的驱动电动机；三是应用在需要短时间、短距离内提供巨大的直线运动能的装置中，如高速磁悬浮列车、超高速电动机等都是直线电动机的应用。

二、伺服电动机

伺服电动机在自动控制系统中作为执行元件，又称**执行电动机**。

伺服电动机可使控制速度、位置精度非常准确，可以将电压信号转化为转矩和转速以驱动控制对象。伺服电动机转子转速受输入信号控制，并能快速反应，且具有机电时间常数小、线性度高等特性，可把所收到的电信号转换成电动机轴上的角位移或角速度输出。伺服电动机分为交流伺服电动机和直流伺服电动机两大类。

1. 交流伺服电动机的结构

交流伺服电动机的结构与电容分相式单相异步电动机相似，如图 6—30 所示为交流伺服电动机实物，如图 6—31 所示为交流伺服电动机结构。

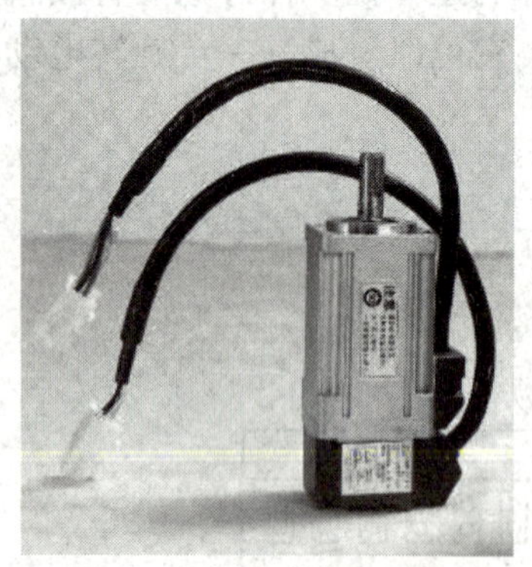

图 6—30 交流伺服电动机实物

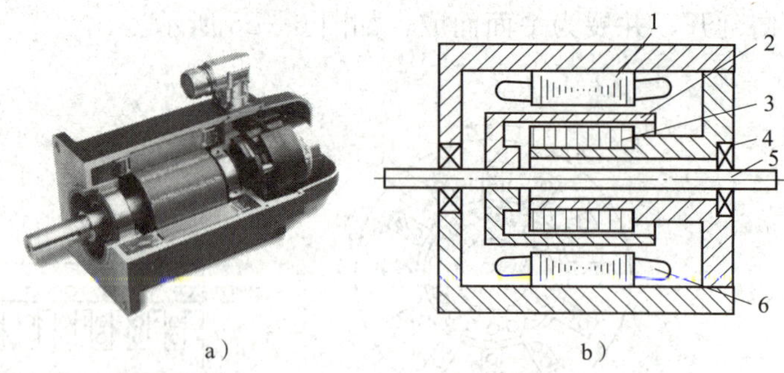

图 6—31 交流伺服电动机结构

a）剖面图 b）内部结构图

1—外定子 2—空心杯转子 3—内定子铁芯

4—轴承 5—转轴 6—绕组

2. 交流伺服电动机的工作原理

交流伺服电动机的工作原理与单相异步电动机相似，当伺服电动机在伺服控制系统中工

作时，励磁绕组 L_L 连接交流电源，通过改变控制绕组 L_K 上的控制电压来控制转子的转动，如图 6—32 所示。

3. 交流伺服电动机的控制方法

交流伺服电动机的控制方法有以下三种：

（1）幅值控制：保持控制电压的相位不变，改变其幅值来进行控制。

（2）相位控制：保持控制电压的幅值不变，改变其相位来进行控制。

（3）幅-相控制：同时改变控制电压的幅值和相位来进行控制。

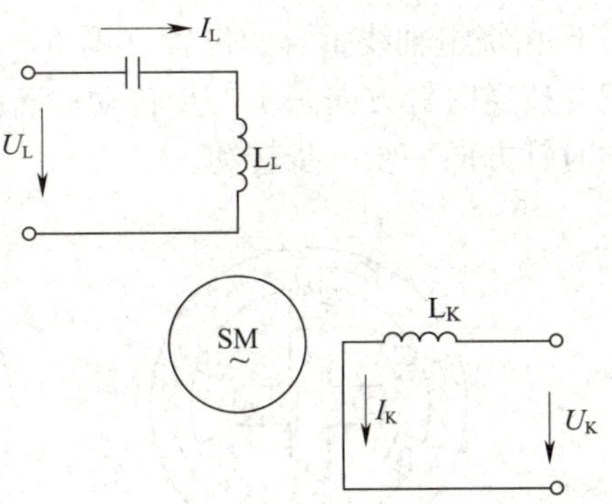

图 6—32　交流伺服电动机的工作原理

三、步进电动机

步进电动机是将电脉冲信号转变为角位移或线位移的开环控制电动机（图 6—33）。在正常工作时，步进电动机的转速、停止的位置只取决于电脉冲信号的频率和脉冲数，而不受负载变化的影响，当步进驱动器接收到一个脉冲信号，它就驱动步进电动机按设定的方向转动一个固定的角度，称为“步距角”，它的旋转是以固定的角度“一步一步”运行的。

1. 步进电动机的结构

步进电动机主要由定子、转子、端盖等构成。一般定子相数为两相-六相，每相两个绕组套在一对定子磁极上，称为控制绕组，转子上是无绕组的铁芯。三相步进电动机定子和转子上分别有 6 个和 4 个磁极，如图 6—34 所示。

图 6—33　步进电动机

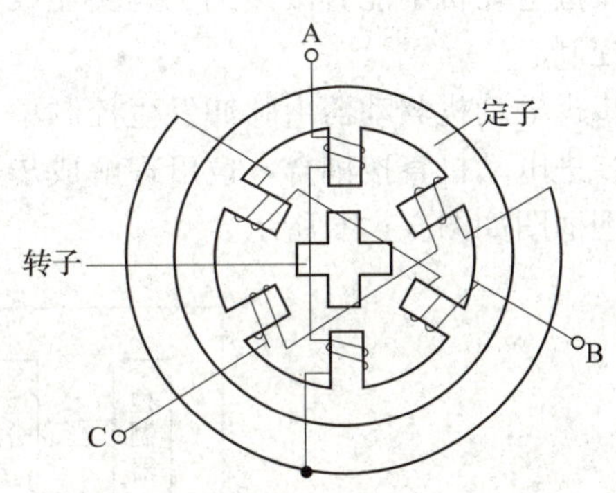

图 6—34　步进电动机结构示意图

步进电动机的结构形式和分类方法较多，通常按励磁方式分为反应式、永磁式、混合式三大类。

2. 步进电动机的工作原理

下面以反应式步进电动机为例来分析其工作原理。

图 6—35 所示为三相反应式步进电动机工作原理示意图。当 A 相绕组通电时，转子受到磁阻转矩的作用开始旋转，并停止在磁阻转矩为零的位置，即转子极 1、3 与 A 相绕组轴线重合的位置（图 6—35a）；同理，当 B 相绕组通电时，转子旋转后停止在转子极 2、4 与 B 相绕组轴线重合的位置（图 6—35b）；当 C 相绕组通电时，转子旋转后停止在转子极 1、3

与C相绕组轴线重合的位置（图 6—35c）。若按照 A－B－C 的顺序给三相绕组通电，转子就会按逆时针方向一步一步转动；若按照 A－C－B 的顺序给三相绕组通电，转子就会按照顺时针方向一步一步转动。

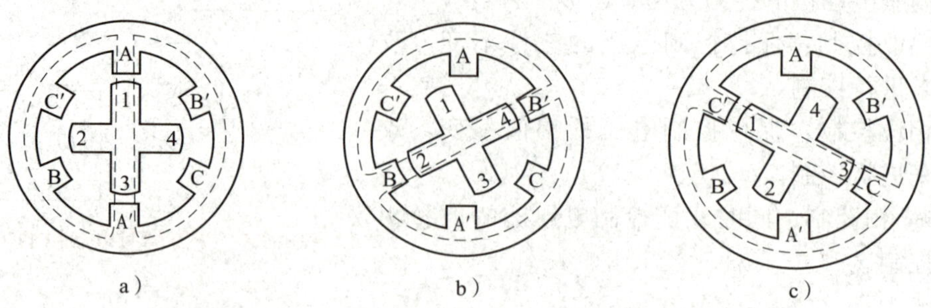

图 6—35　三相反应式步进电动机工作原理

由此可知，步进电动机运动的方向取决于控制绕组通电的先后顺序，转子的速度取决于控制绕组通断电的频率。

在步进电动机的运行过程中，把由一种通电状态转换到另一种通电状态称为一拍，每一拍转子转过的角度称为步距角 θ。上面介绍的通电方式称为三相单三拍运行，“三相”指定子为三相绕组，“单”指每拍只有一相绕组通电，“三拍”指经过三次切换绕组的通电状态为一个循环。

三相步进电动机除了三相单三拍运行外，还有三相双三拍、三相单双六拍的运行方式。

3. 步进电动机的控制方法

步进电动机不能直接接到工频交流或直流电源上工作，而必须使用专用的步进电动机驱动器控制。

步进电动机驱动器由脉冲发生控制单元、功率驱动单元、保护单元等组成。功率驱动单元与步进电动机直接耦合，也可理解成步进电动机微机控制器的功率接口，步进电动机驱动器原理框图如图 6—36 所示。

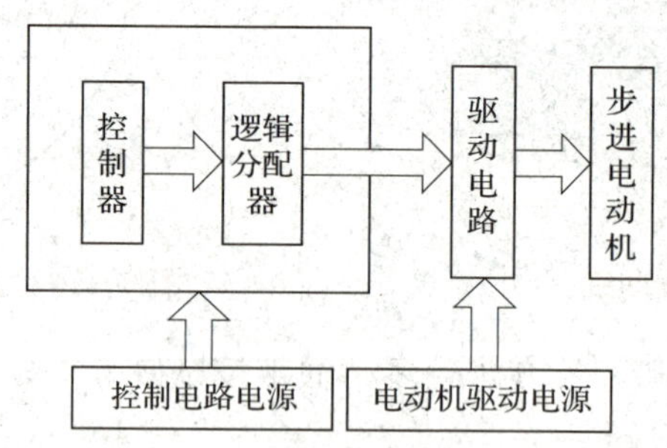

图 6—36　步进电动机驱动器原理框图

步进电动机控制器发出控制信号，步进电动机驱动器在步进脉冲和方向电平的控制下向步进电动机输出各相电压及通电顺序。步进电动机按照驱动器输出电压的通电顺序工作。

第 7 章

工作机械的基本电气控制电路

由于电能在传输、分配、使用和控制方面的优越性，许多工作机械（如车床、磨床、刨床、起重机、轧钢机等）都是以电动机作为原动机的（图 7—1）。不同的生产机械，要求电动机有不同的运行方式，以电动机作为控制对象的电路称为**电力拖动控制电路**。它的作用主要是对电动机实现启动、正反转、调速、制动、联动等运行状态的控制。

图 7—1　电力拖动的应用

a）造纸机　b）集装箱装卸桥　c）数控机床　d）轧钢机

继电接触器控制是一种最基本的电力拖动控制方式。随着生产自动化要求的不断提高，近年来又相继出现了许多新的控制电路，并引入了数字控制等先进技术，但继电接触器控制的应用仍很广泛。

本章主要讨论继电接触器控制系统，介绍常用低压电器和电动机的基本控制电路，简要介绍可编程控制器（PLC）的应用。

§7—1 三相异步电动机直接启动控制电路

所谓直接启动控制是指将额定电压直接加到电动机定子绕组上，对其进行启动及停止的控制。当电动机容量小于 10 kW 或容量不超过电源变压器容量 15%～20%时，都允许直接启动。

在日常生活和生产中，有些电气设备的启动是由手动正转控制电路实现的。例如，工厂中的三相电风扇和砂轮机（图7—2)等设备。

图 7—2 砂轮机

一、常用低压开关

电气设备的电气控制线路通常都需要使用各种低压开关来进行控制，常用的低压开关主要有刀开关、铁壳开关、组合开关等。

1. 刀开关

第四章中已介绍两极刀开关，在三相电路中，则常使用三极刀开关，其外形、结构和图形符号如图 7—3 所示。

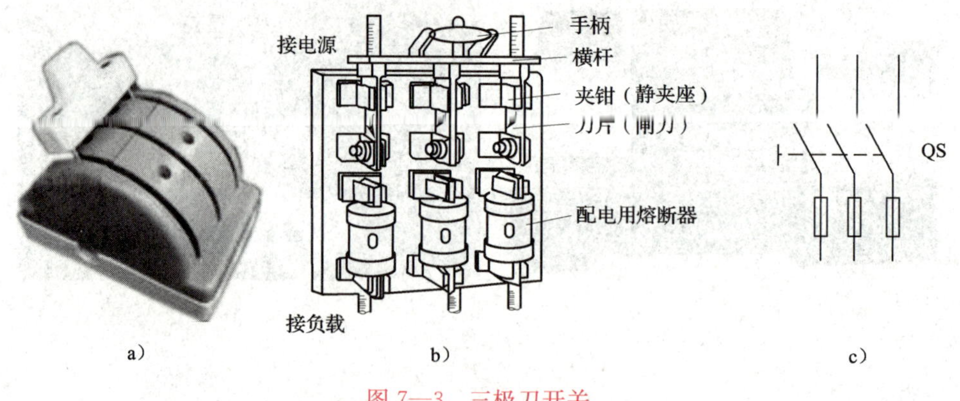

图 7—3 三极刀开关

a）外形 b）结构 c）图形符号

2. 铁壳开关

铁壳开关又称封闭式负荷开关，其灭弧性能、操作性能、通断能力和安全防护性能都优于刀开关。由于设置了联锁装置，合闸时开关盖不能打开，开关盖开启时则不能闭合，从而提高了安全性。铁壳开关通常用于不频繁接通和分断的带负荷的电路以及线路末端的短路保护，也可用于控制 15 kW 以下电动机不频繁地直接启动和停止。铁壳开关主要由刀开关、熔断器、速断弹簧、操作机构和外壳等组成，用手转动手柄进行开闭操作，如图 7—4 所示。

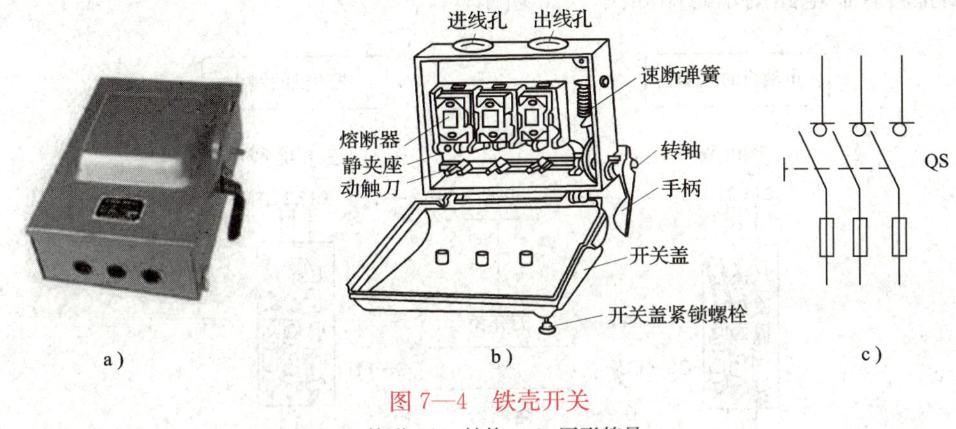

图 7—4　铁壳开关

a）外形　b）结构　c）图形符号

3. 组合开关

组合开关的特点是用动触片的转动来代替刀片的推合和拉开，其结构紧凑、组合性强，用于不频繁的接通和分断电路、换接电源和负载，以及控制 5 kW 以下电动机的启动、停止和正反转，例如，直接启动冷却液泵电动机、控制机床照明等。目前在生产中广泛应用的是 HZ 系列组合开关。

图 7—5 所示为 HZ10 - 10/3 型组合开关，它的体积小，触点对数多，接线方式灵活，操作方便。

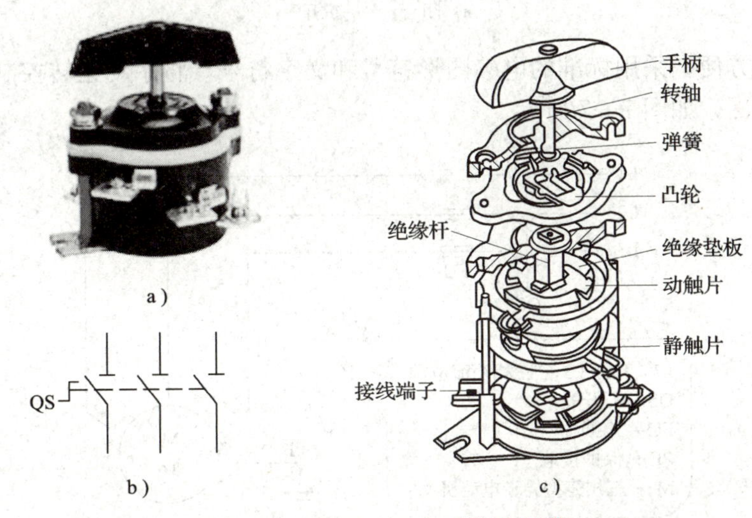

图 7—5　HZ10 - 10/3 型组合开关

a）外形　b）图形符号　c）结构

二、手动正转控制电路

1. 使用刀开关构成的手动正转控制电路

手动正转控制电路是在电源和电动机之间组合连接一个刀开关和熔断器。手动闭合该刀开关，电动机中就会有电流流过，电动机启动；反之，手动断开该刀开关，电动机中就无电流流过，电动机停转。

手动正转控制电路的示意图如图 7—6 所示。

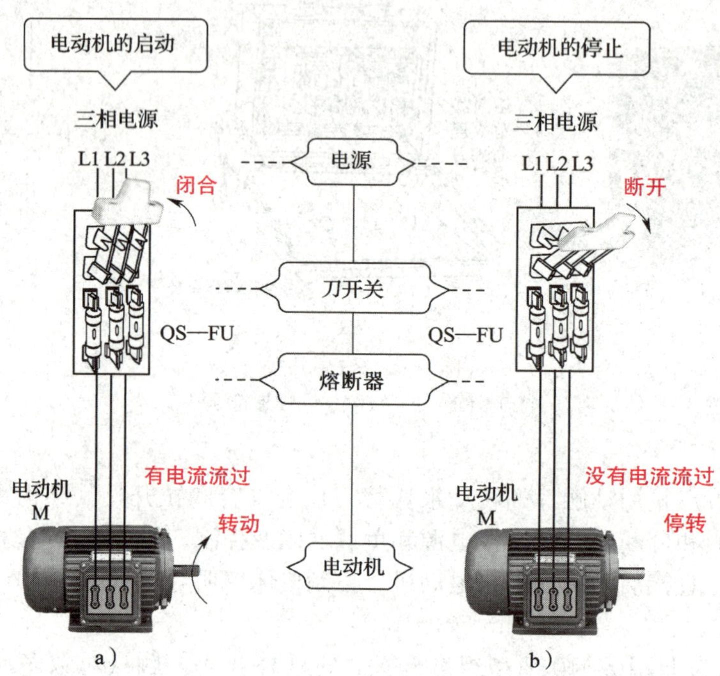

图 7—6　手动正转控制电路的示意图
a）闭合　b）断开

为了研究的方便，采用标准的电气图形符号和文字符号，将手动正转控制电路的示意图改画成**电气原理图**，如图 7—7 所示。

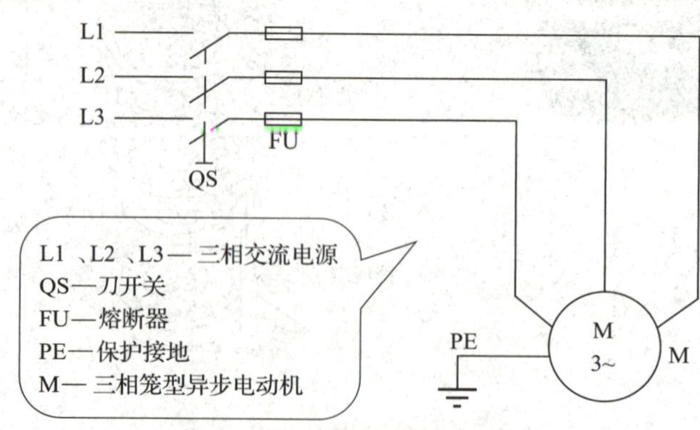

图 7—7　手动正转控制电气原理图

电气原理图是采用国家标准中统一规定的图形符号和文字符号代表各种电器、电动机等元件，依据生产机械对控制的要求和各电器的动作原理，用导线把它们连接起来构成的。它包括所有电气元件的导电部件和接线端子，但并不按照电气元件的实际布置位置来绘制，也不反映电气元件的实际大小。

电气原理图中的图形和文字符号必须符合最新的国家标准和行业标准。

知识链接

电气原理图绘图的一般原则

1. 所有电气元件都应采用国家标准统一规定的图形符号和文字符号表示。

2. 电气元件的布局应根据便于阅读的原则安排。主电路安排在图面左侧或上方，辅助电路安排在图面右侧或下方。无论主电路还是辅助电路，均按功能布置，尽可能地按动作顺序从上到下、从左到右排列。

3. 当同一电气元件的不同部件（如线圈、触点）分散在不同位置时，为了表示是同一元件，要在电气元件的不同部件处标注统一的文字符号。对于同类器件，要在其文字符号后加数字序号来区别，如两个接触器，可用 KM1、KM2 文字符号区别。

4. 所有电气元件的可动部分均按没有通电或没有外力作用时的状态画出。对于继电器、接触器的触点，按其线圈不通电时的状态画出；控制器按手柄处于零位时的状态画出；对于按钮、行程开关等触点，按未受外力作用时的状态画出。

5. 应尽量减少线条和避免线条交叉。各导线之间有电联系时，在导线交叉点处画实心圆点。根据图面布置需要，可以将图形符号旋转绘制，一般逆时针方向旋转 90°，但文字符号不可倒置。

2. 使用铁壳开关构成的手动正转控制电路

使用铁壳开关构成的手动正转控制电气原理图如图 7—8a 所示。

3. 使用组合开关构成的手动正转控制电路

使用组合开关构成的手动正转控制电气原理图如图 7—8b 所示。

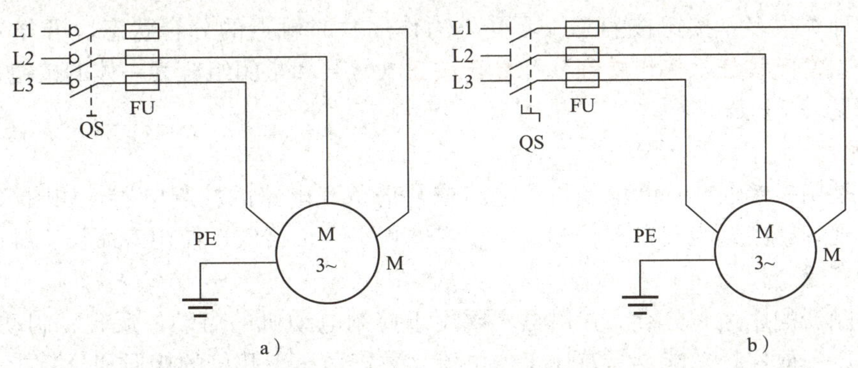

图 7—8　铁壳开关、组合开关正转控制电气原理图

a）铁壳开关正转控制　b）组合开关正转控制

§7—2 三相异步电动机正转控制电路

三相异步电动机的正转控制有多种实现方式，既可以采用手动方式控制，也可以使用继电接触器进行控制。

手动控制电路结构简单，使用设备少；但工作强度大，安全性差，受控电动机功率小，而且无法实现频繁通断、远距离控制和自动控制的功能。

继电接触器控制电路是利用按钮、继电器、接触器、断路器等电气元件组成的控制电路，具有较全面的控制功能，是电动机控制电路的基础。

一、相关元件介绍

1. 按钮

按钮是一种手动低压电器，通常用来接通或断开小电流的控制电路。在电流低于 5 A 的电路中，可直接用按钮来控制电路的通断。在电气控制线路中，按钮只用来发出指令信号控制接触器、继电器等低压电器，再由它们去控制主电路的通断。图 7—9 所示为几种按钮的外形。

图 7—9 几种按钮的外形

按钮的种类很多，按钮按静态（不受外力作用）时触点的分合状态，可分为**常开按钮**（**启动按钮**）、**常闭按钮**（**停止按钮**）和**复合按钮**（常开和常闭组合为一体的按钮），其特点、结构和符号见表 7—1。

2. 接触器

接触器是用来接通或分断电动机主电路或其他负载电路的控制电器，如图 7—10 所示，用它可以实现频繁的远距离自动控制。由于它体积小、价格低、使用寿命长、维修方便，因而应用十分广泛。

（1）接触器的用途和分类。接触器主要用于控制电动机的启动、反转、制动和调速等。它具有低电压释放保护功能，具有比工作电流大数倍乃至十几倍的接通和分断能力，但不能分断短路电流。

表 7—1　　按钮的特点、结构和符号

名称	特点	结构	符号
常开按钮	按钮未按下时，触点是断开的；按下时触点闭合；松开后，按钮自动复位	按钮帽；可动触点；配线；固定触点	SB
常闭按钮	按钮未按下时，触点是闭合的；按下时触点断开；松开后，按钮自动复位	按钮帽；固定触点；配线；可动触点	SB
复合按钮	将常开和常闭按钮组合为一体。按下复合按钮时，常闭触点先断开；然后，常开触点再闭合；松开后，常开触点先断开，常闭触点再闭合	按钮帽；常闭触点；配线；常开触点	SB

按主触点通过的电流不同，接触器可分为交流接触器和直流接触器两种。这里只介绍交流接触器。

（2）接触器的结构。接触器主要由电磁系统、主触点和灭弧系统、辅助触点、反力装置及支架底座等构成。

电磁系统由线圈、铁芯（固定铁芯）、衔铁（可动铁芯）、释放弹簧等组成。

主触点和灭弧系统根据主触点的容量大小，有桥式触点和指形触点两种结构形式，电流在 20 A 以上的接触器装有灭弧罩。

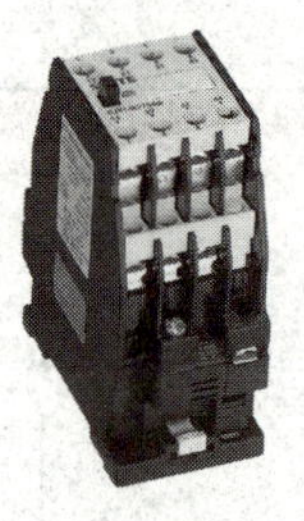

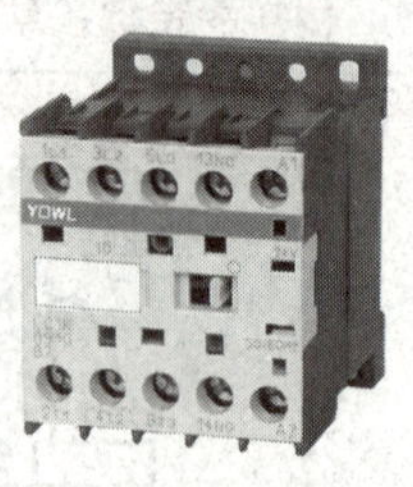

a）

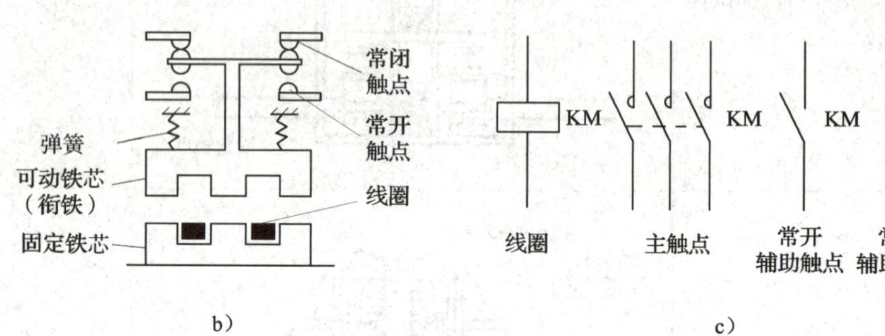

b）　　　　c）

图 7—10　接触器

a）几种接触器的外形　b）结构　c）图形符号

辅助触点包括常开和常闭辅助触点，在结构上它们均为桥式双断点形式。其容量较小，不设灭弧装置，所以它不能用来分合主电路。

反力装置由释放弹簧和触点弹簧组成。

支架和底座用于接触器的固定和安装。

交流接触器在铁芯和衔铁的端面上嵌装了一个用铜、康铜或镍铬合金材料制成的环，称为短路环，用来消除衔铁吸合后产生的振动和噪声。

3. 低压断路器

低压断路器又称自动空气开关或自动空气断路器，是一种集控制和多种保护功能于一体的自动开关，是低压配电网络和电气控制系统中常用的一种配电电器。如图 7—11 所示，正常情况下，低压断路器用于不频繁的接通和分断电路以及控制电动机运行。当电路中发生短路、过载和欠压等故障时，能自动切断故障电路，保护线路和电气设备。

a）

b）

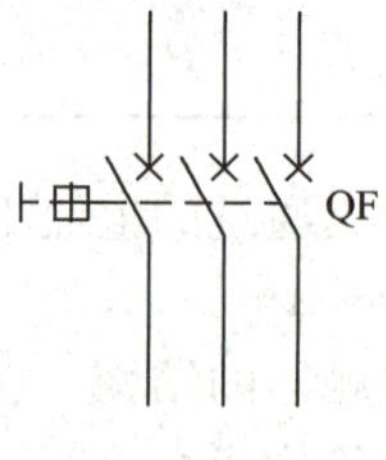

c）

图 7—11　低压断路器

a）DZ15 系列塑壳式　b）DW16 系列万能式　c）图形符号

低压断路器由触点系统、灭弧装置、操作机构、各种脱扣器及外壳等组成。低压断路器的脱扣器是保护装置，电磁脱扣器起短路保护，欠电压脱扣器起欠电压（零电压）保护，热脱扣器起过载保护。

4. 热继电器

如果电动机长时间处于过载状态，会引起温度升高而损坏电动机，通常在控制电路中增设热继电器以实现过载保护，如图 7—12 所示。热继电器利用电流的热效应对电动机及其他电气设备进行过载保护和缺相保护。

R36系列

JR20系列

T系列

a）

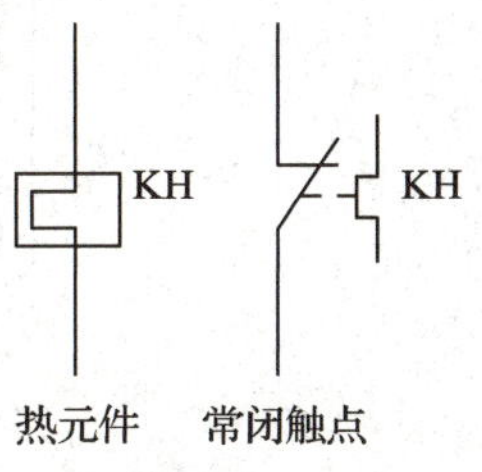

热元件　常闭触点

b）

图 7—12　热继电器

a）外形　b）图形符号

热继电器由热元件和触点系统构成。热元件串联在主电路中，当电动机过载时动作，使常闭触点断开，断开控制电路。故障排除后，按下复位按钮，使热继电器触点复位，可以重新接通控制电路。热继电器不会瞬时动作，因此，它不能用于短路保护。

热继电器的动作电流可以在一定范围内调整，称为**整定**，整定电流值应是被保护电动机的额定电流值。

二、点动正转控制电路

机床的刀架、工作台在调整或试运行时，常常需要点动的运行方式，即按下按钮，电动机就启动；松开按钮，电动机就停止。但是按钮允许通过的电流较小，不能直接去控制电动机的启停，只能发出指令，然后通过继电接触器等自动切换电器实现对电动机的控制。

点动正转控制电路的示意图如图 7—13 所示，L1、L2、L3 是三相交流电源；断路器起隔离电源的作用；接触器主触点控制电动机电路的通断；按钮控制接触器线圈电路的通断；电动机 M 通电运转，断电停转。

断路器作为电源开关，接触器控制电动机电路的通断，按钮控制接触器线圈回路的通断。

当电动机 M 需要点动时，先合上电源开关 QF（此时电动机尚未接通电源），按下按钮 SB，接触器 KM 线圈通电，使衔铁吸合，同时带动接触器 KM 的三对主触点 KM 闭合，电动机 M 接通电源启动运转。

当需要停转时，松开按钮 SB，使接触器 KM 的线圈断电，衔铁在复位弹簧作用下，带动接触器的三对主触点 KM 断开，电动机 M 断电停转。最后关断电源开关 QF。

将点动正转控制电路的示意图改画成电气原理图，如图 7—14 所示。

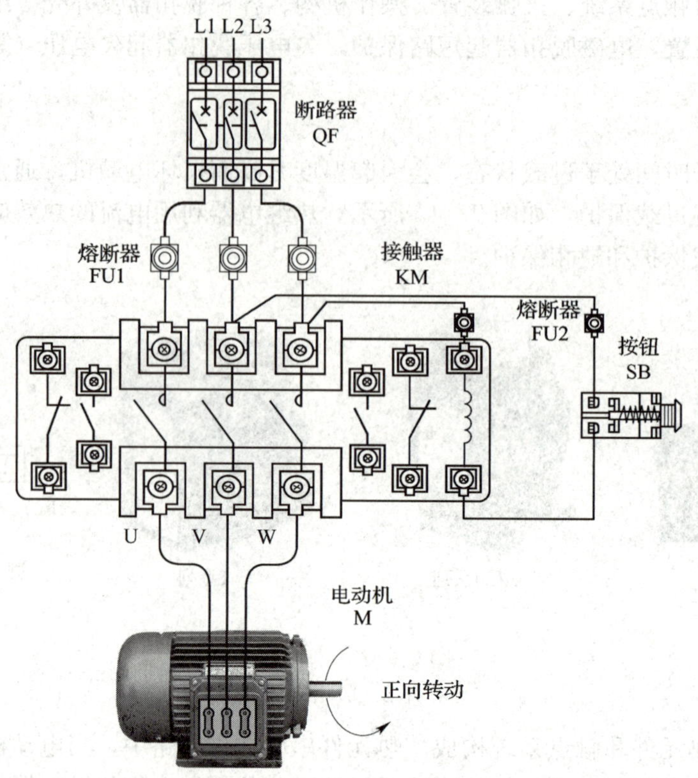

图 7—13　点动正转控制电路示意图

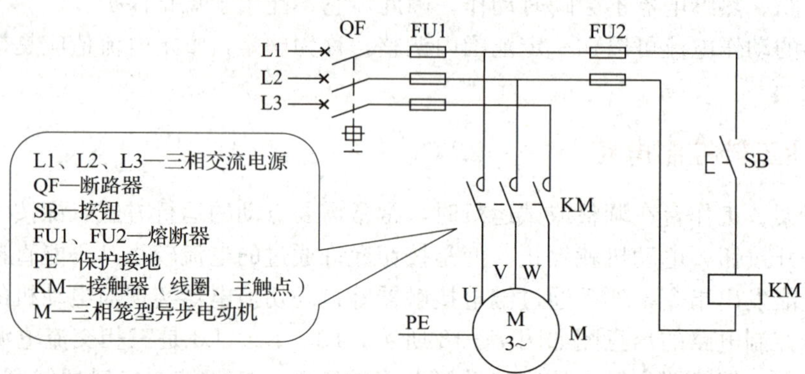

图 7—14　点动正转控制电路电气原理图

图 7—14 所示的点动正转控制电路由主电路和控制电路组成。

电气原理图表示出电路的工作原理，一般分为电源电路、主电路和辅助电路。电气原理图的识读和分析应遵循以下原则：

1. **电源电路**表示电源、电源控制和保护电器及其连接的电路。一般水平绘制，三相交流电源相序 L1、L2、L3 由上向下依次画出，若有中线 N 和保护地线 PE，则依次画在相线之下。直流电源的“＋”端在上、“－”端在下，电源电路上的电气元件均水平绘制。

2. **主电路**是受电的动力装置（一般多为电动机）及其控制、保护电器的支路，它由主

熔断器、接触器的主触点、热继电器的热元件和电动机等组成。主电路通过的电流一般都较大。对主电路的识读一般是由上向下、由左向右，即由电源电路与主电路的节点向电动机方向识读，了解主电路控制的电动机具有什么功能、如何实现控制、有哪些保护等。

3. **辅助电路**是指除电源电路、主电路之外的电路。辅助电路包括控制主电路工作状态的**控制电路**、显示主电路工作状态的**指示电路**、提供机床设备局部照明的**照明电路**等。辅助电路中通过的电流一般都较小（5 A 以下）。

辅助电路的识读，一般是由上向下、由左向右，即先看电源，再依次看各个回路，分析各辅助电路对主电路的控制、保护、测量、指示、监察等功能。了解使用什么方式控制电动机，控制电路与主电路如何配合，属于哪一种典型电路等。

点动正转控制电路只能控制电动机短时断续运行，适用于短时工作制的场合，如机床设备的调试、水闸的启升控制等。

三、连续正转控制电路

许多生产设备要求电动机启动后长时间连续运行，并且其控制电路除了具有启动、停止的控制功能外，还必须具有短路、过载、零（欠）压保护功能。

机床在正常工作时都需要长期保持运行状态，如车床的主轴、钻床的钻头等，它们需要的控制是这样的：按下启动按钮，电动机开始运行；按下停止按钮，电动机停止运行。

1. 工作原理

图 7—15 所示的电路就是为满足这一要求而设计的。与点动控制电路相比，该电路在启动按钮 SB1 旁并联了一个接触器 KM 的辅助常开触点。此外，在控制回路中还串联了一只停止按钮 SB2。

此电路的工作过程如下：

启动　合上 QF，接上三相电源。按下 SB1，接触器 KM 线圈通电，主触点闭合，电动机直接启动运转。同时与 SB1 并联的接触器辅助常开触点闭合，松开 SB1 后，仍能保持线圈通电，称为**自锁**（或**自保**）**电路**，起自锁作用的辅助常开触点称为**自锁触点**。

停止　按下停止按钮 SB2，接触器 KM 线圈断电，主触点断开，与 SB2 并联的接触器辅助常开触点也断开解除自锁，电动机停转。最后关断 QF。

2. 保护措施

FU1、FU2 起短路保护作用、KM 起零（欠）压保护作用、KH 起过载保护作用、PE 起保护接地作用。

短路保护　当控制线路发生短路故障时，控制线路应能迅速切断电源，熔断器 FU1 用于主电路保护，起不到过载保护的作用。一方面，这是因为熔断器的规格是根据电动机的启动电流大小选择的；另一方面，熔断器的保护特性分散性很大，即使是同一种规格的熔断器，其特性往往也很不相同。熔断器 FU2 为控制线路的短路保护。

过载保护　过载保护由热继电器 KH 来完成。一般来说，热继电器发热元件的额定电流按电动机额定电流来选取。由于热继电器惯性很大，即使热元件流过几倍的额定电流，热继电器也不会立即动作，因此，在电动机启动时间不长的情况下，热继电器是不会动作的。只有过载时间比较长时，热继电器才会动作，常闭触点 KH 断开，接触器 KM 线圈断电，主触点 KM 断开主电路，电动机 M 停转，从而实现了电动机的过载保护。

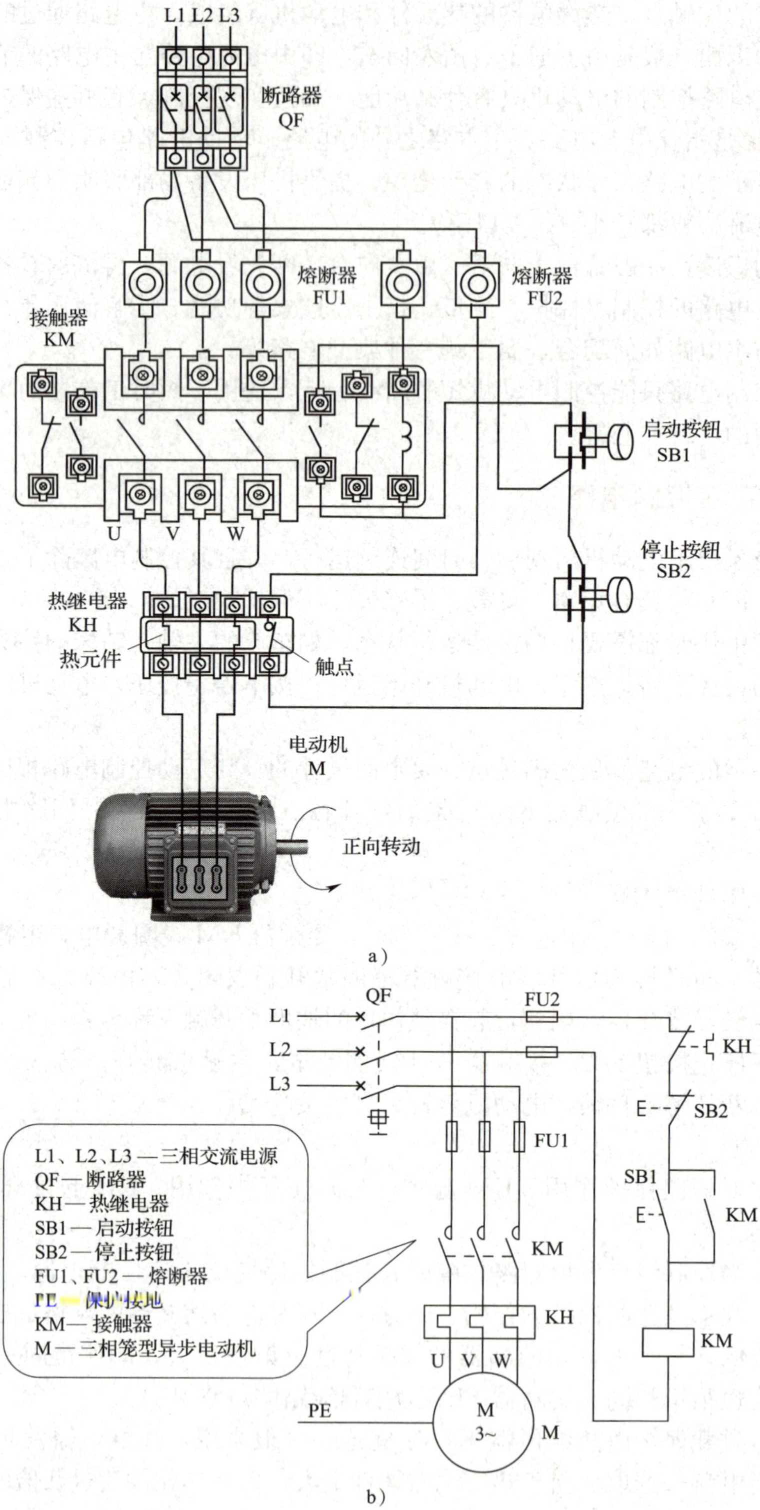

L1 L2 L3

断路器
QF

熔断器
FU1

熔断器
FU2

接触器
KM

启动按钮
SB1

U V W

停止按钮
SB2

热继电器
KH

热元件

触点

电动机
M

正向转动

a）

QF
FU2
L1
L2
L3
KH
SB2
FU1
SB1
KM
KM
KH
U V W
KM
PE
M
3~
M

L1、L2、L3 — 三相交流电源
QF — 断路器
KH — 热继电器
SB1 — 启动按钮
SB2 — 停止按钮
FU1、FU2 — 熔断器
PE — 保护接地
KM — 接触器
M — 三相笼型异步电动机

b）

图 7—15　单向自锁运行控制电路电气原理图

a）接线示意图　b）电路图

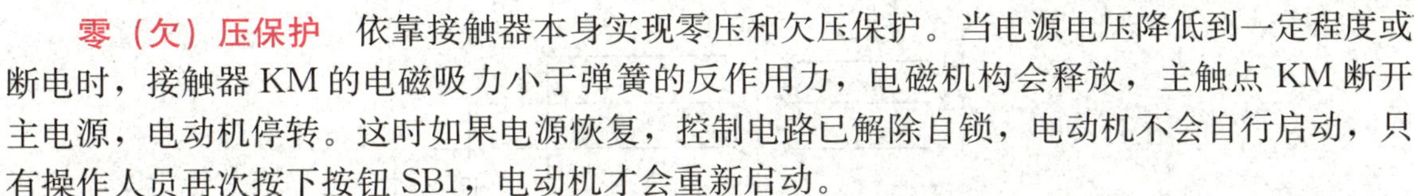

零（欠）压保护　依靠接触器本身实现零压和欠压保护。当电源电压降低到一定程度或断电时，接触器 KM 的电磁吸力小于弹簧的反作用力，电磁机构会释放，主触点 KM 断开主电源，电动机停转。这时如果电源恢复，控制电路已解除自锁，电动机不会自行启动，只有操作人员再次按下按钮 SB1，电动机才会重新启动。

§7—3　三相异步电动机正反转控制电路

图 7—1b 所示的集装箱装卸桥不仅要能将船上的集装箱吊起放到码头指定地点，而且还要能将码头上的集装箱吊起放到船上；车库或商店的卷帘门既需要收起也需要放下，这些动作都可以通过控制电动机正反两个方向的旋转来实现。本节介绍几种控制电动机正反转的电路。

一、倒顺开关正反转控制电路

1. 倒顺开关

倒顺开关是专为控制小容量三相异步电动机正反转而设计生产的一种特殊组合开关。HZ3 - 132 型倒顺开关如图 7—16 所示。

a）

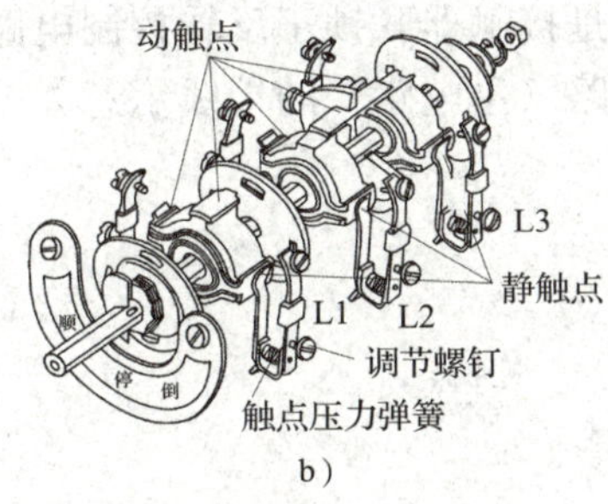

b）

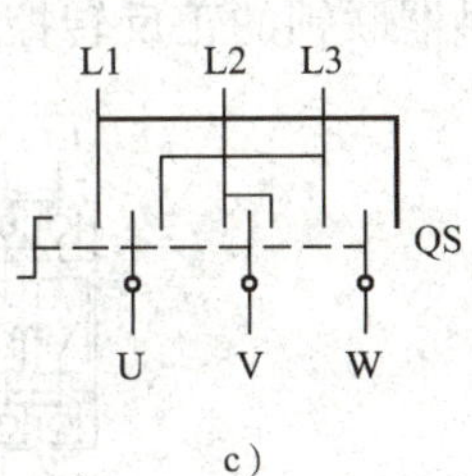

c）

图 7—16　HZ3 - 132 型倒顺开关

a）外形　b）结构　c）符号

2. 倒顺开关正反转控制电路

倒顺开关正反转控制电路电气原理如图 7—17 所示。利用倒顺开关改变电源相序，即可实现对电动机正反向的启动、停止控制。

（1）动作原理。合上电源开关 QF。

正转、停　手柄从“停”位置左转 45°（“顺”位置），L1—U、L2—V、L3—W 相连接，电动机正向旋转。将手柄扳到“停”位置，电动机停止。

反转、停　手柄从“停”位置右转 45°（“倒”位置），L1—W、L2—V、L3—U 相连接，电动机反向旋转。将手柄扳到“停”位置，电动机停止。关断电源开关 QF。

保护措施　断路器 QF 起接通、分断电源的作用，熔断器 FU 起短路保护作用，PE 起保护接地作用。

（2）特点。所用电器少，但在频繁换向时操作人员劳动强度大，安全性差，且被控电动机的容量较小。

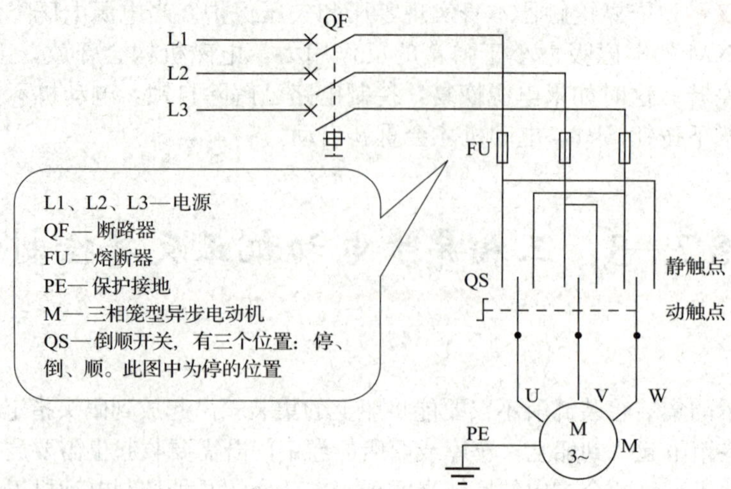

图 7—17　倒顺开关正反转控制电路电气原理

（3）适用范围。常用于控制额定电流 10 A、功率在 3 kW 以下的电动机。

二、接触器联锁正反转控制电路

驱动集装箱装卸桥电动机的容量往往在几十千瓦，并且操作频繁，所以不能用倒顺开关来控制。在生产实践中更常用的是接触器联锁正反转控制电路。

接触器联锁的正反转控制电路（主电路）的接线示意如图 7—18 所示。

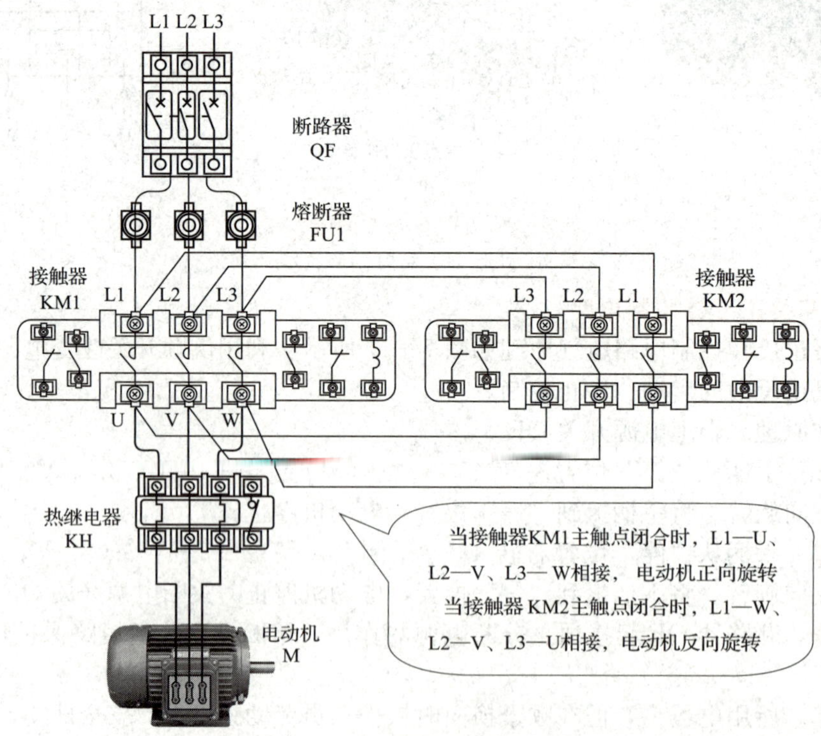

图 7—18　接触器联锁的正反转控制电路（主电路）的接线示意图

提示

接触器 KM1 和 KM2 的主触点绝不允许同时闭合，否则将造成两相电源（L1 相和 L3 相）短路事故。

1. 联锁

为了避免两个接触器 KM1 和 KM2 同时通电造成电源短路，在正反转控制电路中分别串接了对方接触器的一个常闭辅助触点。这样，当一个接触器通电动作时，通过其常闭辅助触点使另一个接触器不能通电，接触器之间这种相互制约的作用称为接触器**联锁**（或**互锁**）。实现联锁作用的常闭辅助触点称为联锁触点（或互锁触点），联锁符号在触点虚线处用“▽”表示。

接触器联锁正反转控制电路电气原理如图 7—19 所示。

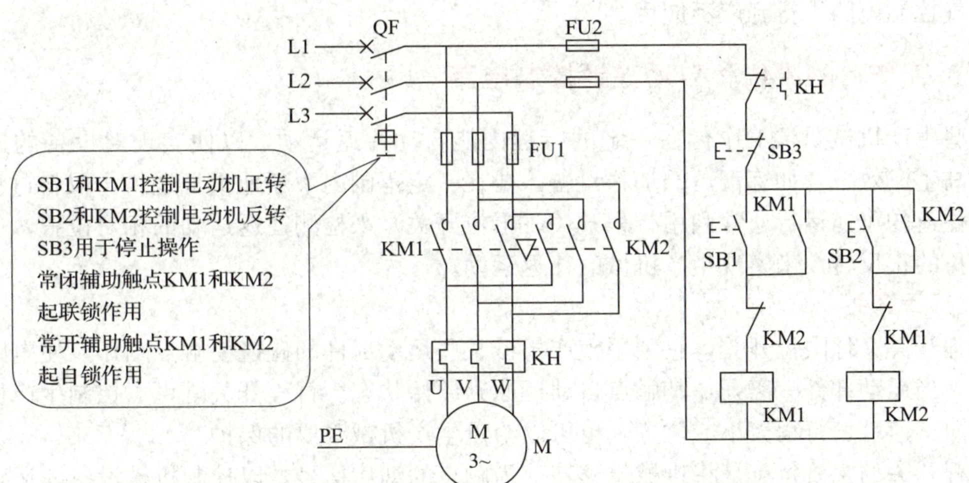

图 7—19　接触器联锁正反转控制电路电气原理

2. 动作原理

先合上电源开关 QF。

正转运行　按下 SB1，KM1 线圈通电，KM1 主触点及常开辅助触点（自锁触点）闭合、常闭辅助触点（联锁触点）断开，电动机 M 通电（电源相序为 L1－L2－L3）正转。

停止　按下 SB3，KM1 线圈断电，KM1 主触点及常开辅助触点（自锁触点）断开、常闭辅助触点（联锁触点）闭合，电动机 M 断电停转。

反转运行　按下 SB2，KM2 线圈通电，KM2 主触点及常开辅助触点（自锁触点）闭合、常闭辅助触点（联锁触点）断开，电动机 M 通电（电源相序为 L3－L2－L1）反转。

保护措施　FU1、FU2 起短路保护作用；KM1、KM2 起零（欠）压保护、联锁保护作用；KH 起过载保护作用；PE 起保护接地作用。

停止使用时，断开电源开关 QF。

3. 特点

切换步骤为：正—停—反，即正转与反转不能直接切换。

4. 适用范围

不需要频繁换向的场合。

三、其他正反转控制电路

1. 按钮联锁正反转控制电路

把正转按钮和反转按钮换成两个复合按钮，并把两个复合按钮的常闭触点也串接在对方的控制电路中，不再使用接触器的常闭触点实现联锁，就构成按钮联锁正反转控制电路。

按钮联锁控制电路相对接触器联锁控制电路具有更大的灵活性，转向转换的操作更加方便；但由于没有使用接触器的常闭触点进行联锁，安全性相对较差。

2. 双重联锁正反转控制电路

该电路兼有按钮和接触器两种联锁控制电路的优点，既安全可靠又操作方便，在生产机械的电气控制电路中得到广泛应用。

四、工作台的限位和自动往返控制电路

有些生产机械要求工作台在一定的行程内能自动往返运动，以便实现对设备的连续控制，提高生产效率，如炼钢炉的加料设备，要在一定范围内不断地重复送料、取料过程。这种自动往返的可逆运行通常利用行程开关（限位开关）来检测往返运动的相对位置，进而控制电动机的正反转，来实现生产机械的往返运动。

1. 行程开关

行程开关又称限位开关，它利用生产机械某些运动部件的碰撞使触点动作，使电路接通或断开；当运动部件一离开，其触点自动还原到原始状态。行程开关既可以控制生产机械的运动方向、速度、行程大小或位置，也可以给予生产机械必要的保护。

行程开关的主要特点是将机械位移转变为触点的动作信号，以控制机械设备的运动。其种类很多，按其结构可分为直动式（如 LX1、JLXK1 系列）、旋转式（如 LX2、JLXK2 系列）和微动式（如 LXW－11、JLXK1－11 系列）三种。常见行程开关的外形及图形符号如图 7—20 所示。

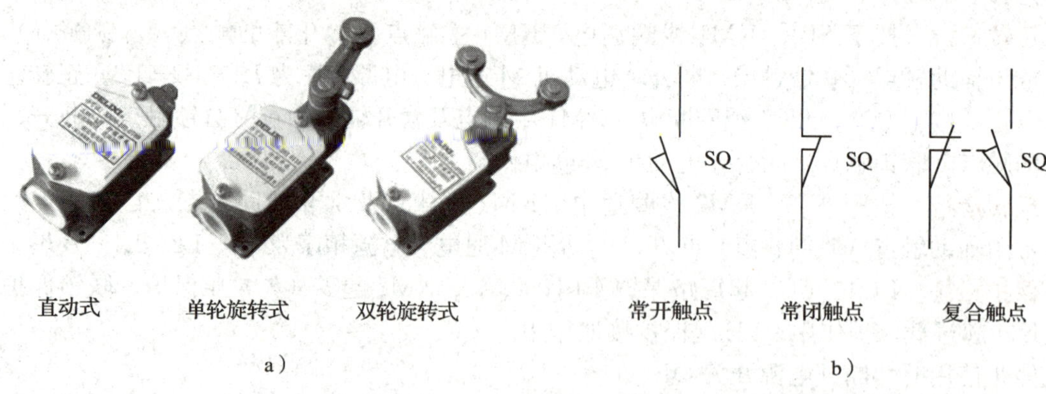

图 7—20 行程开关

a）外形 b）图形符号

2. 自动往返控制电路

图 7—21 所示为工作台自动往返控制的电气原理图和往返控制示意图，其中限位开关 SQ1、SQ2 分别放置在左、右两端需要换向的位置，机械挡铁装在工作台上，使工作台实现自动往返运动。限位开关 SQ3、SQ4 起超限位保护作用，避免工作台超越允许极限位置。

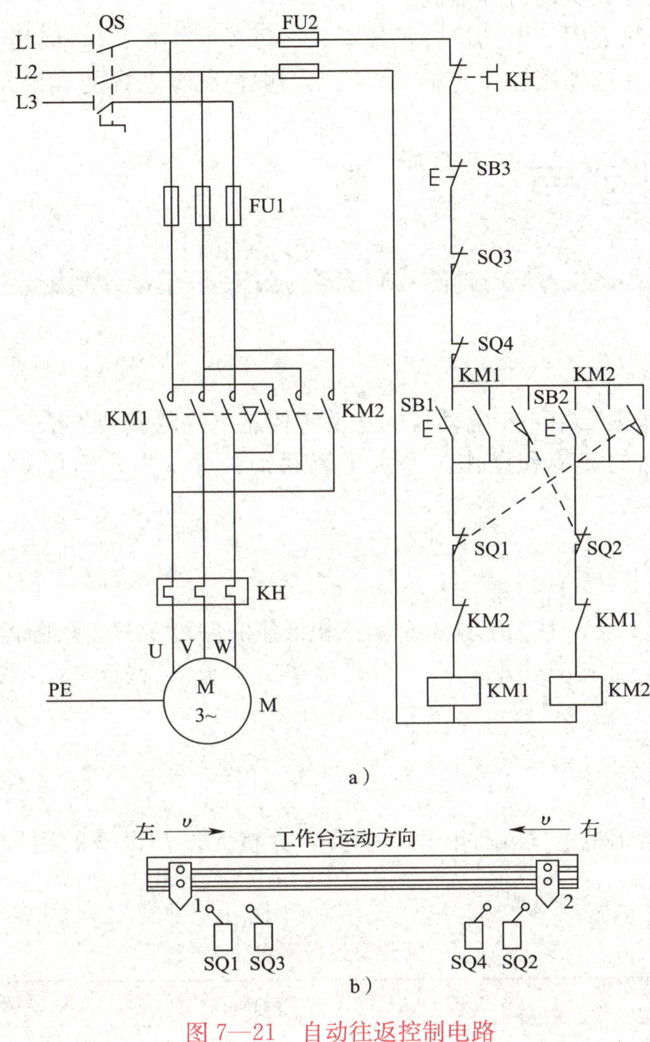

图 7—21　自动往返控制电路

a）电气原理图　b）往返控制示意

（1）动作原理。合上电源开关 QS。

启动　启动时利用正向启动按钮（SB1）或反向启动按钮（SB2），如正向启动时按下正向启动按钮 SB1，KM1 线圈通电，KM1 联锁触点断开，自锁触点和主触点闭合，电动机正向旋转并带动工作台左移。

自动往返控制过程　当工作台移至左端并碰到 SQ1 时，将 SQ1 压下，其常闭触点 SQ1 断开，切断 KM1 接触器线圈电路，同时，使其常开触点 SQ1 闭合，接通反转控制接触器 KM2 线圈电路，此时，电动机由正向旋转变为反向旋转，带动工作台向右移动，直到压下 SQ2 行程开关，电动机由反转变为正转，工作台向左移动。

停止 按下停止按钮 SB3，KM1 或 KM2 线圈断电，主触点断开，电动机断电停转，工作台停止移动。停止使用时，断开电源开关 QS。

（2）存在问题。运动部件每经过一个自动往复循环，电动机要进行两次反接制动，会出现较大的反接制动电流和机械冲击。另外，机械式行程开关容易损坏，现在多用接近开关或光电开关来取代行程开关实现行程控制。

（3）适用范围。只适用于电动机容量较小、循环周期较长、电动机转轴具有足够刚性的驱动系统中。另外，在选择接触器容量时，应比一般情况下选择的容量大一些。

实验与实训 5 三相异步电动机正反转控制电路的安装

一、实训目的

1. 掌握接触器联锁三相异步电动机的正反转控制电路的安装方法。

2. 通过控制电路的安装和操作，深入了解联锁、零（失）压保护和过载保护的工作原理。

二、实训器材

电工实训网孔板 1 块，电工工具 1 套，三相低压断路器 1 只，熔断器 2 组，交流接触器 2 只，热继电器 1 只，三相异步电动机 1 台，按钮组 1 套（含红绿黑色按钮各 1 只），端子排及导线若干。

三、实训步骤

1. 按图 7—19 所示将电气元件和设备备齐，并将元件及设备的型号、规格、质量检查情况填入表 7—2。

表 7—2　　元件及设备检查

元件及设备名称	型号	规格	质量检查情况
接触器			
正转按钮			
反转按钮			
停止按钮			
热继电器			
熔断器（主）			
熔断器（控制）			
断路器			
电动机			

2. 按照图 7—19 所示的电路安装接线，安装完成并经教师检查无误后，按如下步骤操作、观察，并做好记录。

（1）合上电源开关（低压断路器）QF，观察并记录电动机的运转情况。

（2）按下正转启动按钮 SB1，电动机通电启动，观察并记录电动机的旋转方向。

（3）按下停止按钮 SB3，观察并记录电动机的运转情况。

（4）按下反转启动按钮 SB2，观察并记录电动机的旋转方向。然后再直接按下正转启动按钮 SB1，观察并记录电动机的运转情况。

将上述结果填入表 7—3。

表 7—3　　电动机运行情况记录

操作过程	合上低压断路器 QF	按下正转启动按钮 SB1	按下停止按钮 SB3	按下反转启动按钮 SB2	直接按正转启动按钮 SB1
电动机运行情况					

想一想

1. 按照 SB1→SB3→SB2 的顺序操作，电动机的旋转方向就发生改变，而由 SB2→SB1 的顺序操作，电动机的旋转方向就没发生改变，为什么？

2. 为什么主电路与控制电路所用的熔断器型号不同？

3. 能用接触器的常开触点进行联锁保护吗？为什么？

§7—4　三相异步电动机的降压启动控制

启动时加在电动机定子绕组上的电压为电动机的额定电压，属于**全压启动**，也称**直接启动**。直接启动的优点是所用电气设备少，线路简单，维修量较小。但直接启动时的启动电流较大，一般为额定电流的 4～7 倍。较大容量的电动机启动时，需要采用**降压启动**的方法。

一、降压启动的基础知识

降压启动是指利用启动设备将电压适当降低后，加到电动机的定子绕组上进行启动，待电动机启动运转后，再将其电压恢复到额定电压正常运转。

降压启动减小了启动电流，同时也导致电动机启动转矩大为降低。因此，降压启动需要在空载或轻载下进行。

常见的降压启动方法有定子绕组串接电阻降压启动、自耦变压器降压启动、Y-△降压启动、软启动器降压启动等。Y-△降压启动因对电动机无特殊要求，而且控制简单方便，是最为普遍的一种降压启动方法。

二、Y-△降压启动控制电路

本节以时间继电器控制的Y-△降压启动控制电路来介绍Y-△降压启动。

1. 时间继电器

时间继电器如图 7—22 所示，它是一种当线圈通电或断电后，其触点在经过预先设定好的时间之后才动作的一种控制电器，被广泛用于需要按时间顺序进行控制的电气控制电路。

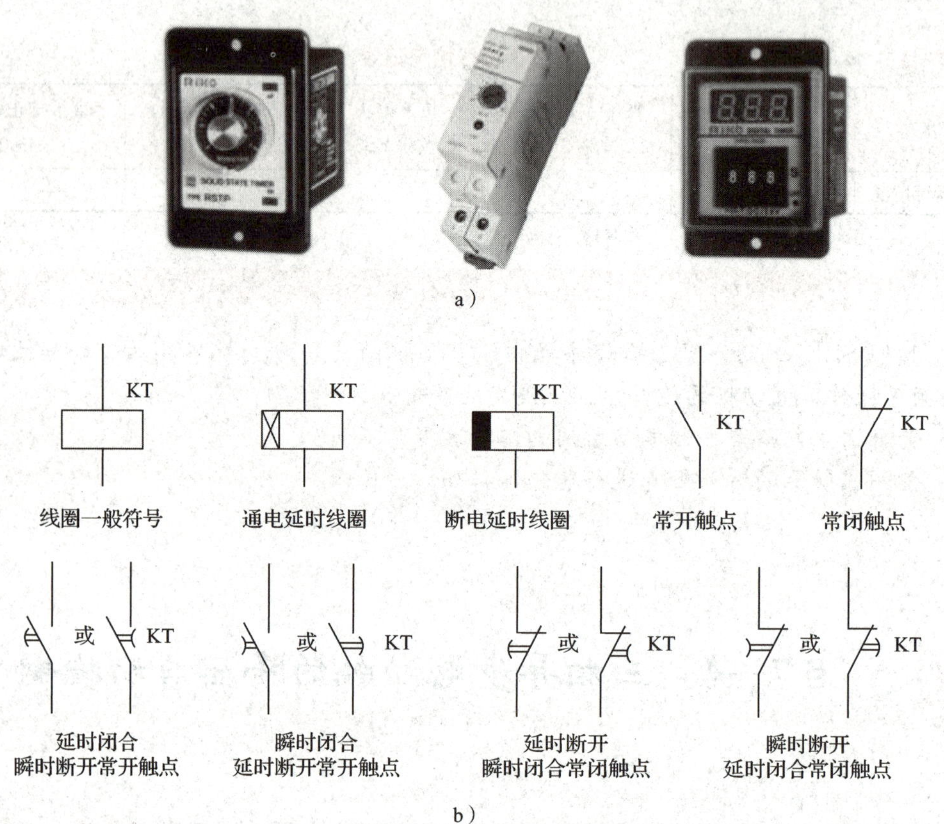

a）

b）

图 7—22　时间继电器

a）外形　b）符号

常用的时间继电器有电磁式、电动式、空气阻尼式及晶体管式等多种。

晶体管式时间继电器机械结构简单，延时范围广，精度高，消耗功率少，耐冲击，调节方便，使用寿命长，适用于高频率且延时时间短的场合，目前应用较为普遍。

2. 时间继电器自动控制Y-△降压启动控制电路

时间继电器自动控制Y-△降压启动控制电路如图 7—23 所示。该电路由三个接触器、一个热继电器、一个时间继电器和两个按钮组成。接触器 KM 作为引入电源用，接触器 KM_Y 和 $KM_{\triangle}$ 分别作为星形降压启动用和三角形运行用，时间继电器 KT 用于控制星形降压启动时间和完成Y-△自动切换，SB1 是启动按钮，SB2 是停止按钮，FU1 作为主电路的短路保护，FU2 作为控制电路的短路保护，KH 作为过载保护。

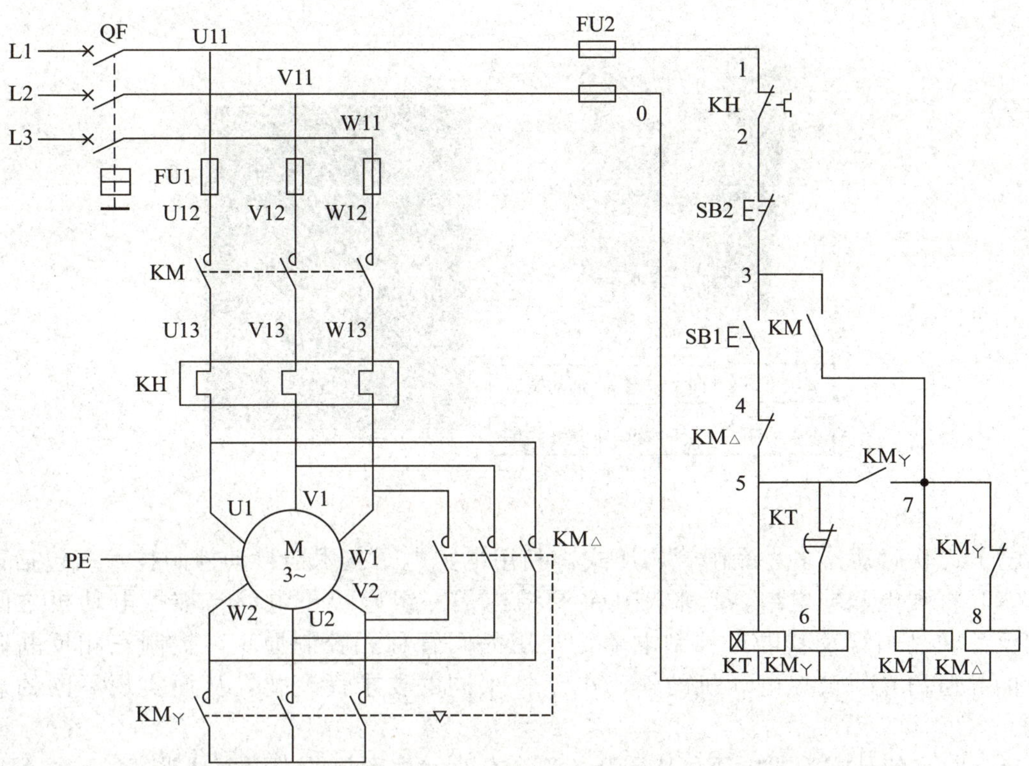

图 7—23　时间继电器自动控制Y-△降压启动控制原理

3. 时间继电器自动控制Y-△降压启动工作原理

先合上电源开关 QF。

降压启动：按下 SB1，KM_Y 线圈通电，KT 线圈通电，电动机 M 接成星形通过 KM_Y 的辅助常开触点闭合使接触器 KM 线圈通电，电动机 M 实现降压启动。当电动机 M 转速增大到一定值时，KT 延时结束，KM_Y 线圈和 KT 线圈断电，$KM_{\triangle}$ 线圈通电，电动机 M 接成三角形全压运行。

停止：按下 SB2 即可。停止使用时，断开电源开关 QF。

三、软启动器控制

软启动器（图 7—24）是一种集电动机软启动、软停机、轻载节能和多种保护功能于一体的新型电动机控制装置。它避免了其他降压启动方法的以下问题：启动转矩固定不可调节；启动过程中存在较大的冲击电流，被驱动负载易受到较大的机械冲击；一旦出现电网电压波动，还易造成启动困难甚至使电动机堵转；停止时由于都是瞬间断电，会造成剧烈的电网电压波动和机械冲击。

1. 软启动器的分类和工作原理

软启动器根据控制原理可分为电子式软启动器、磁控式软启动器；根据电压可分为高压软启动器、低压软启动器；根据介质可分为固态软启动器、液阻软启动器。

下面以电子式软启动器为例介绍其工作原理。

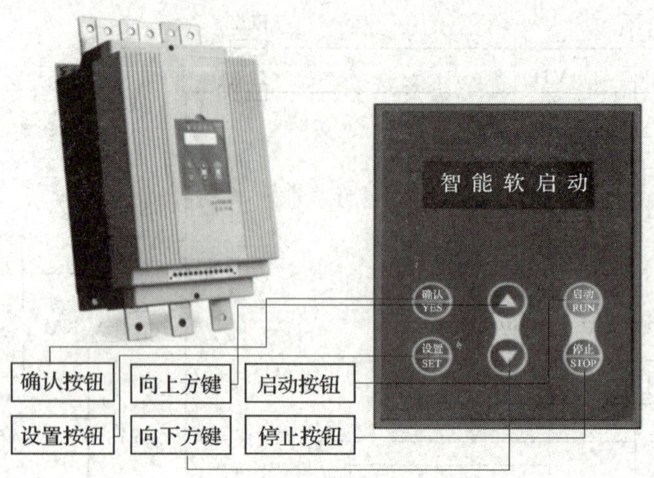

图 7—24　软启动器外形及面板

电子式软启动器多为晶闸管调压式，利用电力电子技术与自动控制技术（包括计算机技术）将强电和弱电结合起来，其主要结构是一组串接于电源与被控电动机之间的三相反并联晶闸管及其电子控制电路，利用晶闸管移相控制原理，控制三相反并联晶闸管的导通角，使被控电动机的输入电压按不同的要求而变化，从而实现不同的启动功能。

启动时，使晶闸管的导通角从零开始逐渐前移，电动机的端电压从零开始，按预设函数关系逐渐上升，直至满足启动转矩而使电动机顺利启动，晶闸管全导通使电动机全压运行。

可见，这种软启动器实际上是一个晶闸管交流调压器，通过改变晶闸管的触发角，就可调节晶闸管调压电路的输出电压。

2. 电子式软启动器的工作特性

（1）软启动方式。在异步电动机的软启动过程中，软启动器通过加到电动机上的平均电压来控制电动机的启动电流和转矩，一般软启动器可以通过设定得到不同的启动特性。

软启动器常见的启动方式有斜坡恒流启动、阶跃启动、脉冲冲击启动、电压双斜坡软启动和限流启动。

（2）减速软停控制。在电动机需要停机时，软启动器可以不立即切断电源，而是通过调节晶闸管的导通角，从全导通的状态逐渐减小，从而使电动机的端电压逐渐降低直至切断电源。此过程称为减速软停控制，停机时间可以根据实际需要在一定范围内调节。

（3）节能特性。软启动器会根据电动机功率因数的大小，自动判断电动机的负载情况，当电动机空载或轻载时，可以通过相位控制使晶闸管的导通角发生变化，从而改变输入电动机的功率，达到节能的目的。

3. 软启动器的适用范围

由于软启动器在工作特性方面的优势，在工业生产中应用也越来越为广泛，其适用范围如图 7—25 所示。

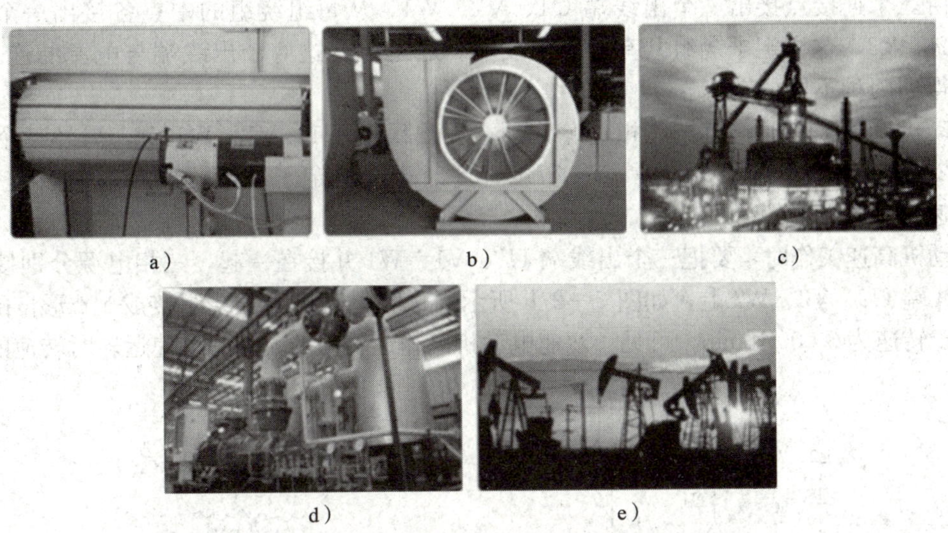

图 7—25　软启动器的适用范围

a）消防电动机　b）风机　c）冶金电动机　d）压缩机　e）石油电动机

§7—5　三相异步电动机的调速控制

一、调速基础知识

现代工业生产中，在不同场合下要求生产机械采用不同的速度进行工作，以保证生产机械的合理运行，并提高产品质量。改变生产机械的工作速度就是调速，如金属切削机械在进行精加工时，为降低工件的表面粗糙度而需要提高切削速度；龙门刨床在刨台返回时不进行切削，速度应尽量加快，以提高工作效率等。

调速的方法有两种：一是**机械调速**，即人为地改变机械装置的传动比来达到调速的目的；二是**电气调速**，即通过改变电动机的机械特性来达到调速的目的。相比而言，电气调速有着更多的优势，在现代生产机械中的调速控制有着广泛的应用。

由三相异步电动机的转速公式 $n=(1-S)\dfrac{60f}{p}$ 可知，电气调速可通过三种方法来实现：一是改变电源频率 f；二是改变转差率 S；三是改变磁极对数 p。

二、双速电动机控制电路

改变异步电动机的磁极对数调速的方法称为**变极调速**。变极调速是通过改变定子绕组的连接方式来实现的，它是有级调速，且只适用于笼型异步电动机。磁极对数可改变的电动机称为多速电动机。常见的多速电动机有双速、三速、四速等几种类型。

1. 双速异步电动机定子绕组的连接

双速异步电动机定子绕组的△/YY 连接图如图 7—26 所示。图中，三相定子绕组接成

△形，由三个连接点接出三个出线端 U1、V1、W1，从每组绕组的中点各接出一个出线端 U2、V2、W2，这样定子绕组共有 6 个出线端。通过改变这 6 个出线端与电源的连接方式，就可以得到两种不同的转速。

电动机低速工作时，就把三相电源分别接在出线端 U1、V1、W1 上，另外三个出线端 U2、V2、W2 空着不接，如图 7—26a 所示，此时电动机定子绕组接成△形，磁极为 4 极，同步转速为 1 500 r/min。

电动机高速工作时，要把三个出线端 U1、V1、W1 并接在一起，三相电源分别接到另外三个出线端 U2、V2、W2 上，如图 7—27b 所示，这时电动机定子绕组接成 YY 形，磁极为 2 极，同步转速为 3 000 r/min。可见，双速电动机高速运转时的转速是低速运转时转速的两倍。

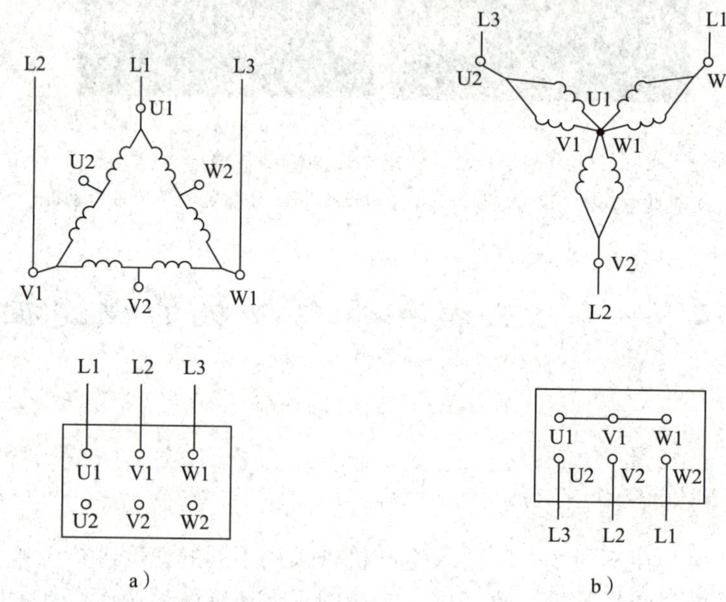

图 7—26　双速电动机三相定子绕组△/YY 接线图

a）低速-△接法（4 极）　b）高速-YY 接法（2 极）

提示

双速电动机定子绕组从一种接法改变为另一种接法时，必须把电源相序反接，以保证电动机的旋转方向不变。

2. 时间继电器控制双速电动机的控制电路

用时间继电器控制双速电动机低速启动高速运转的电路如图 7—27 所示。时间继电器 KT 控制电动机△形启动时间和△-YY 的自动换接运转。

三、变频器

通过改变定子供电电压频率而使转速平滑变化的方法称为**变频控制**。对交流电动机实现变频调速的装置称为变频器。

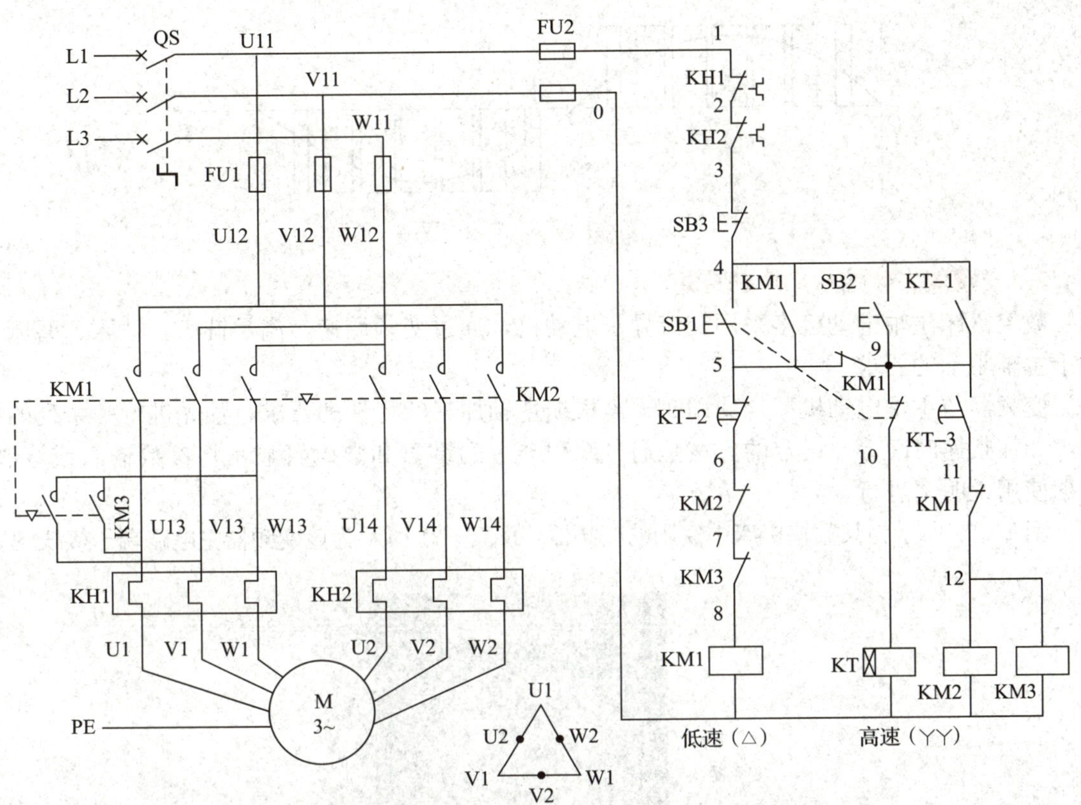

图 7—27　时间继电器控制双速电动机电气原理图

1. 变频器的类型和基本原理

变频器有交-交变频器和交-直-交变频器两大类，目前几乎都是采用交-直-交型变频器，其结构框图如图 7—28 所示。

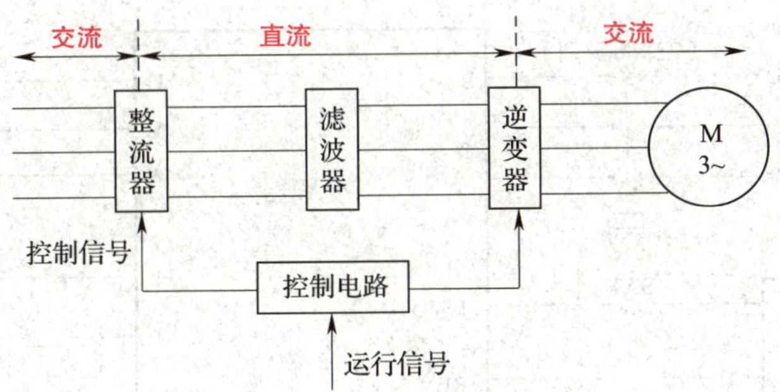

图 7—28　交-直-交型变频器结构框图

交-直-交型变频器的基本工作原理是：50 Hz 正弦交流电压经整流滤波成为幅值恒定的直流电压，输入逆变器后，又在一个正弦参考信号的控制下变换为宽度不等的矩形脉冲，如图 7—29 所示。在整个半周内，脉冲宽度按正弦规律变化，即脉冲宽度先逐渐增大，然后再逐渐减小；与此相应输出电压也按正弦规律变化。在逆变器中可调节电压频率，并通过改变输出脉冲的宽度改变输出电压的大小，从而实现变频调速。这就是目前工程实际中应用最多的**正弦脉宽调制（SPWM）变频技术**。

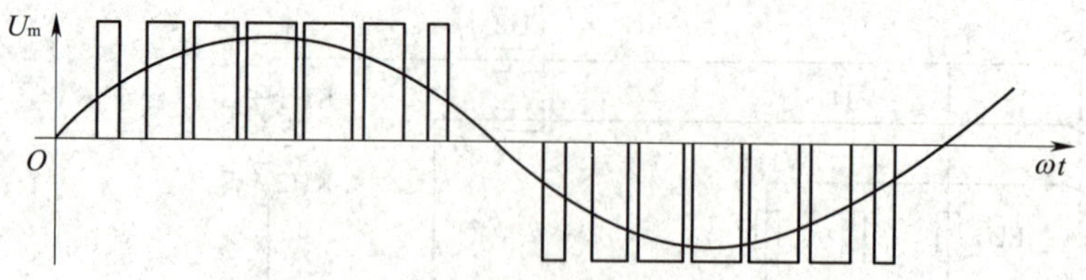

图 7—29　正弦脉宽调制（SPWM）原理

2. 变频器在数控机床中的应用

数控机床主轴电动机多采用交流异步电动机，通过变频调速，满足铣床、钻床、磨床等对于主轴驱动的要求。

变频器与主轴电动机配合使用时，需根据主轴加工的特性和要求，预先进行一系列的设定，如加减速时间等。设定的方法是通过编程器上的键盘和数码管显示将参数输入或修改，根据使用说明书进行。

图 7—30 所示为某数控机床中使用的变频器，图 7—31 所示为该变频器主电路端子接线图。

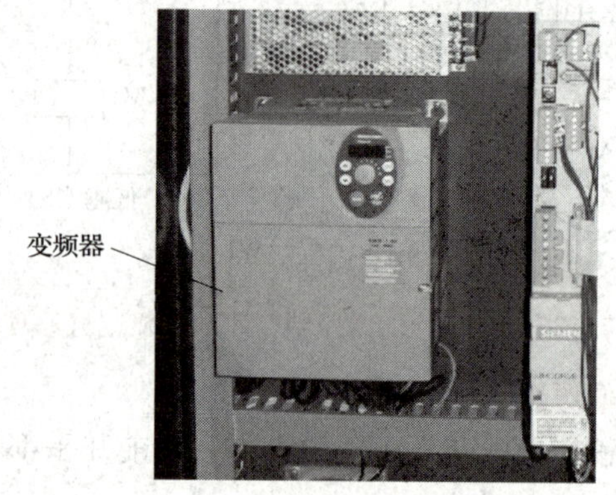

图 7—30　数控机床中的变频器

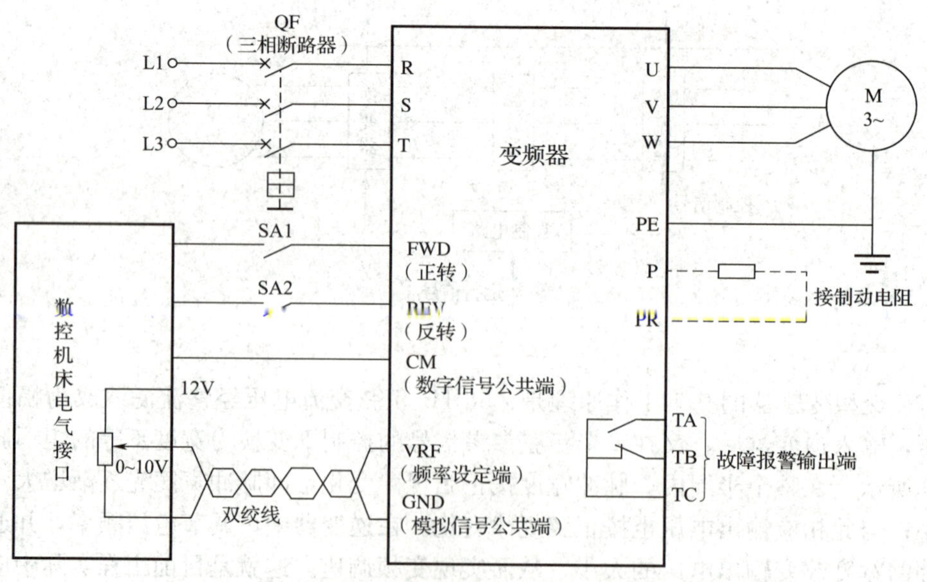

图 7—31　变频器主电路端子连接图

§7—6　三相异步电动机的制动控制

有些生产机械要求电动机断电后迅速停转，以提高生产效率或加工工件的精度，如起重机等装卸机械、万能铣床等机床都要求快速停机。

常用的制动方法一般有两大类，即**机械制动**和**电气制动**。前者通过机械摩擦力来迫使电动机迅速停转；后者通过给电动机加上一个与原来旋转方向相反的电磁转矩（制动转矩），迫使电动机转速迅速下降从而停转。

一、机械制动控制电路

利用机械摩擦力使电动机断开电源后迅速停转的方法称为**机械制动**。常用的机械制动方法是电磁抱闸制动器制动，根据需要，制动器分为断电制动型和通电制动型两种。本节只介绍断电制动型。

图 7—32 所示为断电制动型电磁抱闸制动器。制动器由线圈、衔铁、杠杆、弹簧、闸瓦和闸轮等构成。

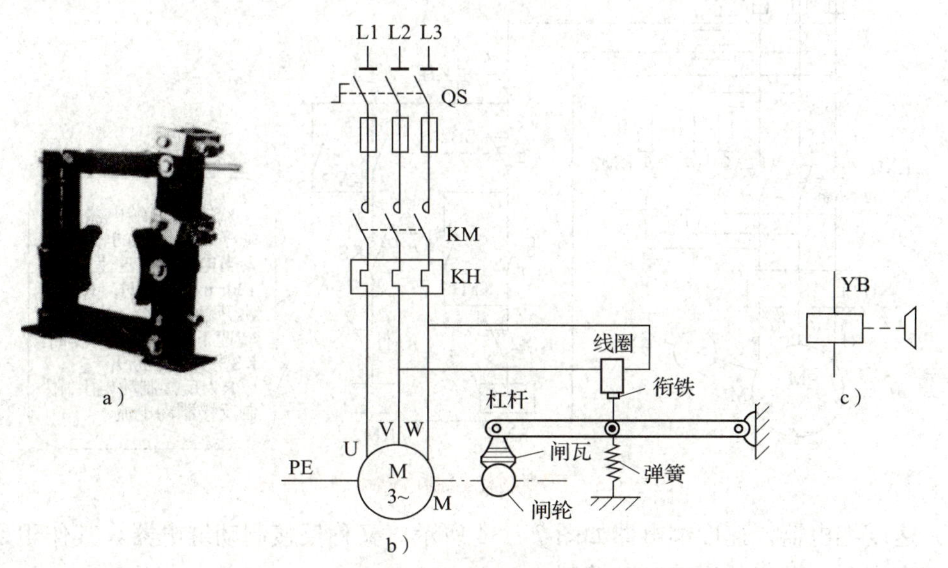

图 7—32　电磁抱闸制动器示意图及图形符号

a）外形　b）电磁抱闸制动示意图　c）图形符号

1. 动作原理

线圈通电后，衔铁被吸引并克服弹簧拉力，迫使制动杠杆向上移动，从而使闸瓦与闸轮分开，闸轮与电动机转子就可以自由转动。一旦线圈断电，衔铁释放并在弹簧的拉力下，迫使制动杠杆向下移动，闸瓦紧紧地将闸轮抱住，使电动机被迅速制动，实现断电停止。

2. 安装方法

将闸轮的轴与电动机同轴相连，线圈并接在电动机的进线端子上，使制动器与电动机可同时通电、断电。

3. 适用范围

断电制动型电磁抱闸制动器适用于需要电动机断电制动的场合，特别是在起重装卸机械上被广泛采用。例如，当货物被起吊到一定高度时，无论是正常停电还是故障停电，由于电磁抱闸制动器的制动作用，货物都不会自行坠落。

二、电气制动控制电路

利用电动机本身的电磁转矩使电动机断开电源后迅速停转的制动方法称为**电气制动**。常用的方法有反接制动和能耗制动。

1. 反接制动控制电路

所谓**反接制动**，就是改变通入异步电动机定子绕组中的三相电源相序，使定子绕组产生反向旋转磁场，从而使转子受到与其转向相反的电磁转矩（制动转矩）而制动停转。图 7—33 所示为反接制动控制电路电气原理图。

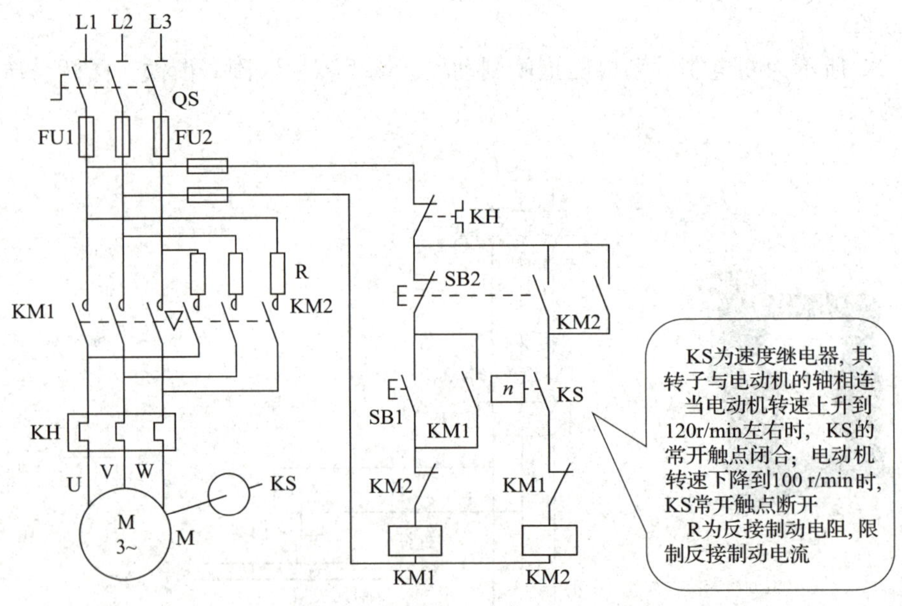

图 7—33　反接制动控制电路电气原理图

（1）速度继电器。速度继电器如图 7—34 所示，又称反接制动继电器，其作用是与接触器配合，实现对电动机的反接制动控制。

1）速度继电器的结构。速度继电器主要由转子、触点及定子三部分组成。

2）速度继电器的动作原理。将速度继电器的转子与电动机的转子安装在同一根轴上；将其常开触点串接在被控电路的接触器线圈回路中。

当电动机旋转时，带动与其同轴连接的速度继电器的转子旋转，一旦达到速度继电器的动作转速（一般不低于 100～300 r/min），其触点动作（常开触点闭合、常闭触点断开），为制动做好准备。

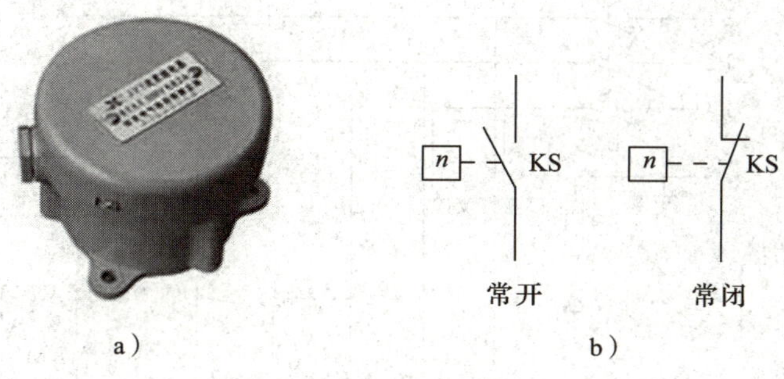

图 7—34　速度继电器

a）外形　b）图形符号

当转子转速减小到低于速度继电器的复位转速（一般在 100 r/min 以下）时，其触点复位（常开触点断开、常闭触点闭合），被控接触器的线圈断电，接触器主触点断开，将电源切除，实现了对电动机反接制动的控制。

（2）动作原理。合上电源开关 QS。

启动运转　按下启动按钮 SB1，KM1 线圈通电，KM1 联锁触点断开，自锁触点和主触点闭合，电动机 M 接通电源启动运转；当转速上升到 120 r/min 左右时，KS 常开触点闭合，为制动做好准备。

反接制动　按下停止按钮 SB2，KM1 线圈断电，KM1 自锁触点和主触点分断，电动机 M 断开电源凭惯性转动；同时 KM1 联锁触点复位，KM2 线圈通电，KM2 联锁触点断开，自锁触点和主触点闭合，电动机 M 串接 R 反接制动，至转速下降到一定值（100 r/min左右），KS 常开触点断开，KM2 线圈断电，主触点分断，电动机 M 断电，反接制动结束。

停止使用时，断开电源开关 QS。

（3）特点及适用范围。反接制动力矩大，制动效果显著，但在制动时冲击较强烈，能量消耗大；适用于 10 kW 以下小容量电动机的制动；对 4.5 kW 以上的电动机进行反接制动时，需要在定子回路中串入限流电阻 R，以限制反接制动电流。

2. 能耗制动控制电路

能耗制动是在三相异步电动机断开三相交流电源后，将直流电源接入定子绕组，使定子绕组产生一个恒定的静止磁场，当电动机转子在惯性作用下继续旋转时，在转子中产生与其旋转方向相反的电磁转矩，对转子起制动作用，将电动机快速制动停止。图 7—35 所示为能耗制动控制电路电气原理图。制动时所需直流电源由二极管 V 和限流电阻 R 所组成的整流电路提供。

（1）动作原理。合上电源开关 QS。

启动运转　按下启动按钮 SB1，KM1 线圈通电，KM1 联锁触点断开、自锁触点和主触点闭合，电动机 M 接通交流电源启动运转。

能耗制动　按下停止按钮 SB2，KM1 线圈断电，其主触点断开，电动机断开三相交流电源，KM2 和时间继电器 KT 的线圈通电并自锁，KM2 主触点闭合。将直流电源通入电动机，电动机进入能耗制动状态，当电动机的转速接近零时 KT 的延时常闭触点断开，断开 KM2 线圈回路，制动结束。停止使用时，断开电源开关 QS。

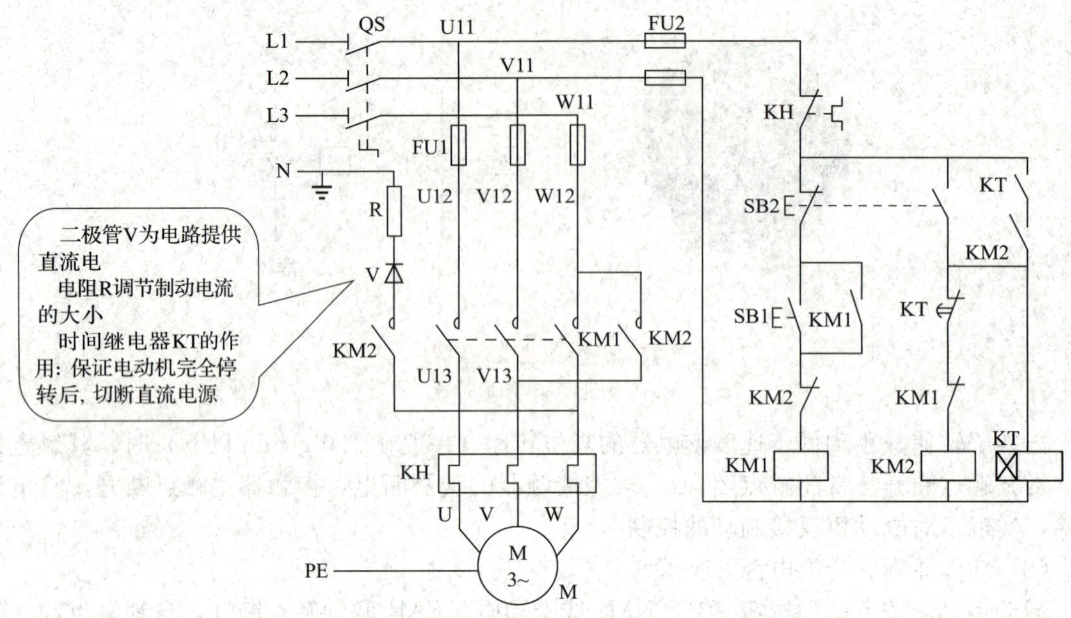

图 7—35　能耗制动控制电路电气原理图

（2）特点及适用范围。能耗制动制动平稳、准确，且能量消耗较少，常用于 10 kW 以下小容量电动机，且对制动要求不高的场合。

能耗制动不仅可以用来使电动机快速停止，还可以用来匀速落货。例如，起重机采用能耗制动，可以平稳、准确地放下易燃、易爆或贵重物品，减少货损量；铣床采用能耗制动，可以使刀具平稳、准确地定位，提高工件的加工精度。

知识链接

再生制动

电动机在运转中遇到一些特殊情况（如吊车的挂钩下降时受到挂钩上物体的重力作用），使电动机的转速低于机械负载的转速，则电动机变为异步发电机工作状态，在电动机的轴上产生力矩，该力矩的方向与转速的方向相反，即在轴上产生电气制动力矩，如图 7—36 所示。这种制动叫再生制动（也叫回馈制动）。

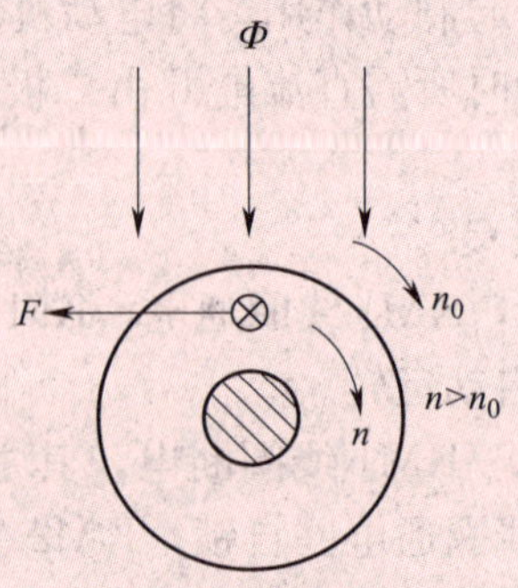

图 7—36　再生制动原理图

§7—7　普通机床典型控制电路分析

机床电路分析的内容包括阅读机床说明书，分析电气原理图、电气元件布置图、电气安装接线图等。本节主要介绍如何分析电气原理电路图。

一、机床电气原理图的分析步骤

机床电气原理图的分析步骤一般为：

1. 了解机床的主要结构和运动形式、电力驱动的特点及控制要求。

2. 从主电路开始，分析每一台电动机由哪个接触器来控制，电路中有哪些联锁电路、保护电路和特殊电路。读图时应结合图上部的功能说明栏和机械动作来进行分析。

3. 结合已较为熟悉的基本控制电路，先分析局部电路的工作原理，再分析它们之间的相互联系，进而了解整个电气控制系统的原理。对于不熟悉的控制电路，可以先从按钮指令开始。

二、CA6140 型普通车床电气控制原理

现以 CA6140 型普通车床为例进行具体说明。

1. 主要结构和运动形式

CA6140 型普通车床主要由床身、主轴箱、进给箱、溜板箱、刀架、丝杠、光杠、尾座等部分组成（图 7—37）。

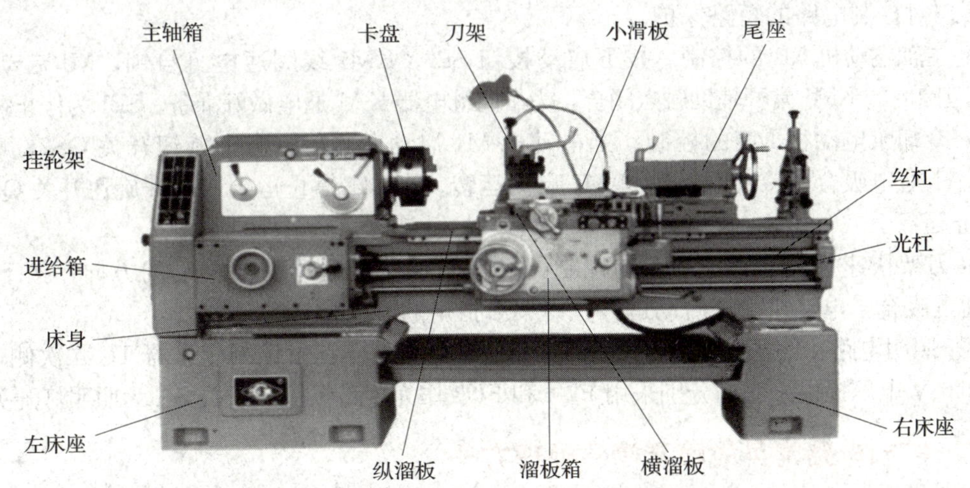

图 7—37　CA6140 型普通车床的外观

车床的主运动是主轴带动工件的旋转运动。

车床的进给运动是溜板带动刀架的纵向或横向直线运动。

车床的辅助运动有刀架的快速移动、尾座的移动以及工件的夹紧与放松等。

2. 电力驱动特点及控制要求

（1）主驱动电动机选用三相笼型异步电动机，采用齿轮箱进行机械有级调速。主轴电动机采用直接启动；为实现快速停机，采用机械制动。

（2）为车削螺纹，主轴要求能正反转，并要求刀架移动和主轴转动有固定的比例关系。

（3）要求冷却泵电动机应在主轴电动机启动后方可选择是否启动，当主轴电动机停止时，冷却泵电动机也应立即停止。

（4）为实现溜板箱的快速移动，由单独的快速移动电动机驱动，采用点动控制。

3. 电气原理分析

电气原理图如图 7—38 所示。图中上方为功能说明栏，说明相应元件或电路的功能；下方为电路编号栏。在接触器线圈及继电器线圈符号下方标出的是与该线圈配套的触点在图中的位置，且对未使用的触点用“×”表明，有时也可采用省略的表示方法。

由图 7—38 可见，编号中 1、2、3、4 是主电路，编号中 6、7、8、9 是控制电路，5 是变压器电路，10 是信号电路，11 是照明电路，PE 板是保护电路。KM1 有三副主触点在电路编号 2 范围内，一副常开触点在电路编号 7 范围内，另一副常开触点在电路编号 9 范围内。KA1 的三副主触点均在编号 3 范围内，KA2 的三副主触点均在编号 4 范围内。

（1）主电路。主电路中共有三台电动机，M1 为主轴电动机，M2 为冷却泵电动机，M3 为刀架快速移动电动机。

主轴电动机 M1 由接触器 KM1 控制，热继电器 KH1 实现过载保护。冷却泵电动机 M2 由中间继电器 KA1 控制，热继电器 KH2 实现过载保护。刀架快速移动电动机 M3 由中间继电器 KA2 控制，由于 M3 是短期工作，故未设过载保护。熔断器 FU1 实现对电动机 M2、M3 的短路保护。

（2）控制电路。控制电路电源由控制变压器 TC 二次侧输出的 110 V 电压提供。熔断器 FU2 实现对控制电路的短路保护。

1）主轴电动机 M1 的控制。按下启动按钮 SB2，KM1 线圈通电且自锁，M1 启动运转。编号 9 范围内的 KM1 常开辅助触点闭合，为中间继电器 KA1 通电做好准备。SB1 为停止按钮。

2）冷却泵电动机 M2 的控制。当电动机 M1 启动运转后，合上旋钮开关 QS2，中间继电器 KA1 通电吸合，冷却泵电动机 M2 启动运转。当 M1 停止运行或断开旋钮开关 QS2 时，M2 停止运行。

3）刀架快速移动电动机 M3 的控制。将操作手柄扳到所需要移动的方向，按下 SB3，KA2 通电吸合，电动机 M3 启动运转，刀架沿指定的方向快速移动。

（3）照明电路和信号电路。照明灯 EL 和信号灯 HL 分别由控制变压器 TC 二次侧输出的 24 V 和 6 V 电压提供。它们分别采用 FU4 和 FU3 作为短路保护。开关 SA 为照明灯开关。

三、控制电路常见故障及简易处理方法

机床在工作过程中，难免会产生一些故障。有些是电气故障；有些是机械故障；有些先是机械故障，由于没有及时排除而导致电气故障；还有些是由于操作者不遵守操作规程或误操作而引起故障等。每一位机床操作者，不仅要遵守操作规程，而且还要懂得对常见故障的判断，掌握一些简单的处理方法。

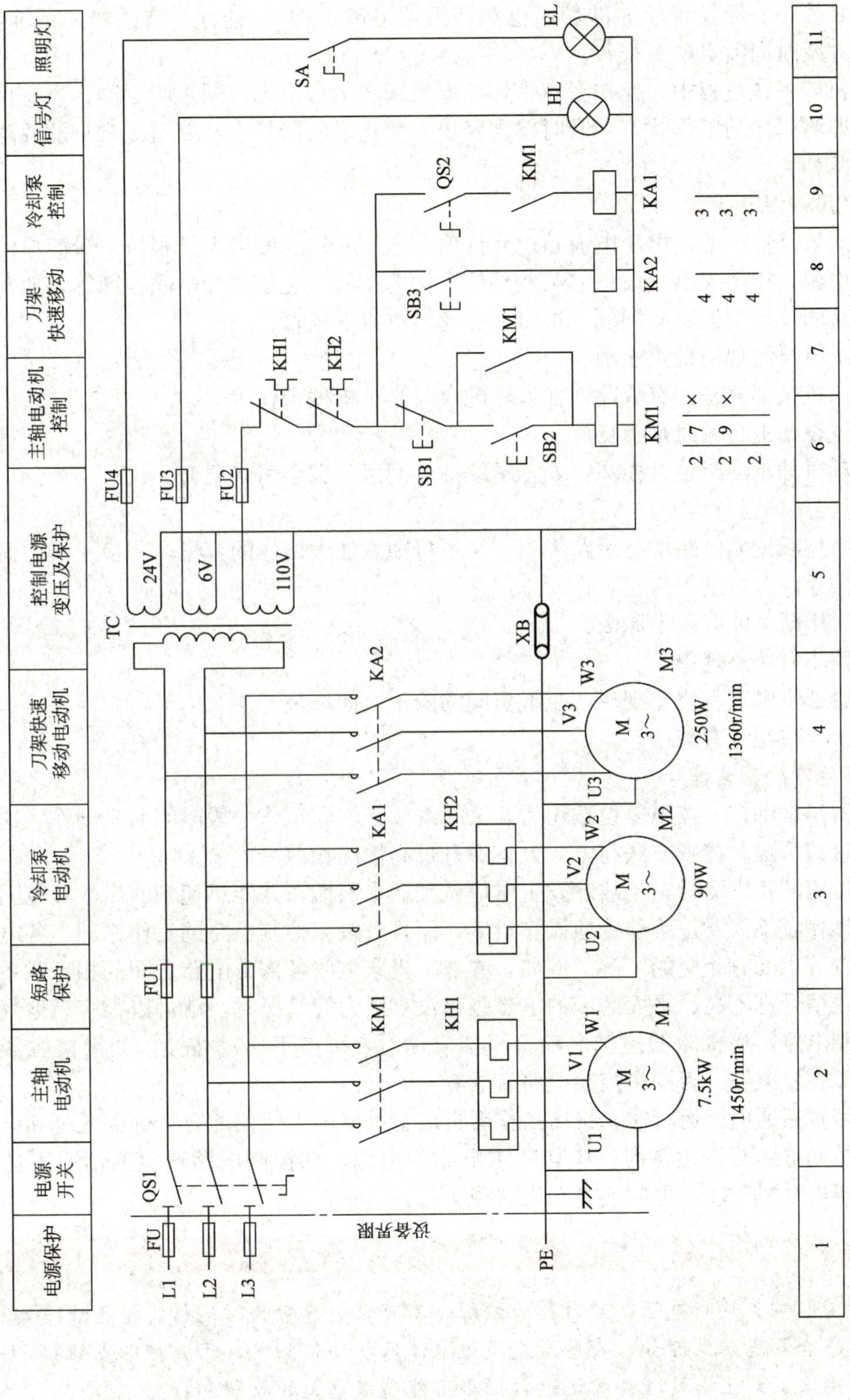

图 7—38　CA6140 型普通车床电气原理图

对于一些明显的电气故障，如熔断器中熔体熔断，电动机停转，电动机发出嗡嗡声，接触器发出振动声，电动机运行时不能自锁，电动机运行后无法停转，电动机或电气控制箱冒烟、有焦煳味等，一经发现应立即切断电源（刀架退离工件），挂好“有故障，不准使用”的警示牌，并及时向值班电工报告。

平时在机床工作过程中，操作者应密切注意机床的运行情况，通过听、闻、看、摸等直接感觉随时监测机床的工作状态，及时发现隐患，防止事故的扩大和蔓延。常见的故障隐患主要有以下几种。

1. 电气设备温升异常

在过载或短路情况下，由于电流超过允许值，电气元件的温度上升很快。最简单的检查方法是切断电源，用手摸电气设备的某些部位，如电动机、变压器和电磁线圈等，通常热而不烫手是正常的，否则说明有问题。这时应注意检查以下项目：

（1）热继电器的规格是否正确。

（2）机床机械部分是否有故障，如齿轮配合过紧、机械卡住等。

（3）电气设备本身通风是否良好。

（4）电动机轴承油封是否损坏，如轴承缺油、润滑不良会引起温升。

2. 熔断器熔体经常熔断

熔体经常熔断说明电路中有短路隐患，切不可随意加大熔体的容量，一换了事，而应进一步查明故障原因，再进行修复工作。

熔体经常熔断可能有以下原因：

（1）电路中有短路现象。

（2）接触器主触点有烧毛现象，主触点间的胶木可能烧焦。

（3）连接导线绝缘有破损。

3. 热继电器经常动作

热继电器经常动作，按下复位按钮后，又能继续工作，工作一段时间后又动作。这说明电路中存在过载情况，检查方法与电气设备温升过高情况相似。

为确保机床的正常运行，当故障发生时应做到遇事不慌，并能迅速判断出故障范围，这就要求机床操作者不仅要正确熟练地操作机床，而且对机床控制电路的工作原理、各电气设备的安装位置等也要有相应的了解。例如，弄清了机床电路各部分电路之间的相互联系，当发现照明灯或信号灯不亮、平面磨床的电磁吸盘没有吸力等情况时，就可以很容易地判断出故障在其控制电路。当机床的主轴电动机不能启动时，可按下启动按钮，如果接触器能吸合，说明故障在主电路，否则是控制电路有故障。

当机床修复后通电试运行时，机床操作者更应与维修电工密切配合，确保人身和设备的安全。测试控制电路是否正常时，应切断主电路的电源，在控制电路通电的情况下进行测试。如果需要电动机转动，也应使电动机空载运行。

提示

发现故障应首先切断电源，及时排除故障，不可让设备带故障运行。排除故障切忌不负责任的“凑合”思想。例如，有些人发现过电流保护动作频繁，干脆把触点短接，一去了之。这样做表面看上去处理故障迅速，但很可能造成更大的故障和损失。

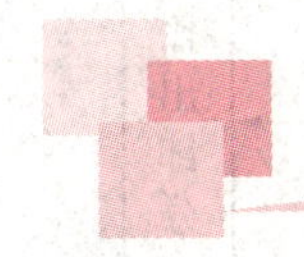

§7—8　可编程控制器

继电接触器控制电路虽然应用很广，但也存在触点使用寿命短、体积大、接线繁杂、可靠性低等缺点，特别是因为它采用固定接线方式，一旦控制要求有所变动，就得重新设计安装，通用性和灵活性较差。

可编程逻辑控制器简称可编程控制器（PLC），是以微处理器为核心，综合了计算机技术、自动控制技术和通信技术发展起来的通用的工业自动控制装置，其性能远远优于传统的继电接触器，目前已被广泛应用于各工业领域中的控制系统。

一、可编程控制器的基本结构

PLC 的硬件组成与微型计算机相似，其主机由 CPU、存储器、输入/输出（I/O）接口、通信接口、电源等几大部分组成。此外，根据用户的需要还可以配备其他外部设备，如编程器、图形显示器、微型计算机等，如图 7—39 所示。

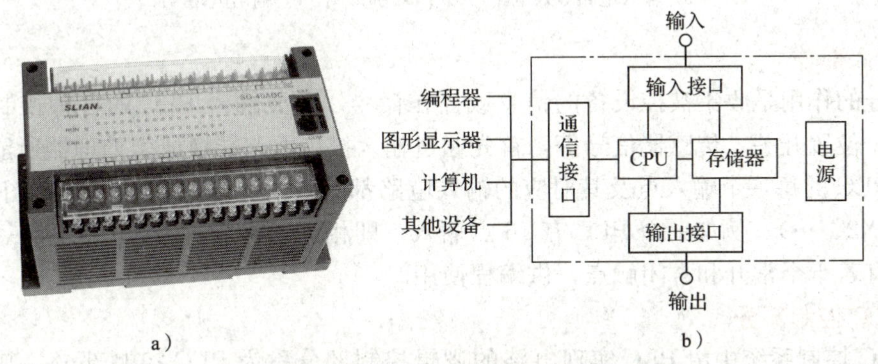

图 7—39　可编程控制器

a）外形　b）内部结构示意图

二、PLC 控制系统的基本组成

传统的继电接触器控制系统是由输入部分（按钮、开关等）、逻辑控制电路（各类继电器、接触器、导线连接而成，可执行某种逻辑功能的电路）和输出部分（接触器线圈、电磁阀、指示灯等）三部分组成，如图 7—40a 所示。与此相似，PLC 控制系统也是由这三部分组成，只不过其逻辑控制电路采用的是可编程控制器（PLC），其控制作用是通过 PLC 内预先编写的程序来实现的（图 7—40b）。

三、PLC 控制系统的工作原理

为了便于分析，先将图 7—40b 变换为类似于继电接触器控制的等效电路图，如图 7—41 所示。

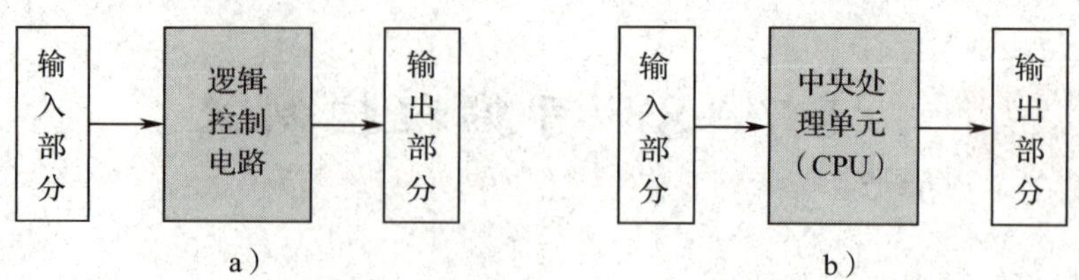

图 7—40　继电接触器控制系统与 PLC 控制系统的比较

a）继电接触器控制系统　b）PLC 控制系统

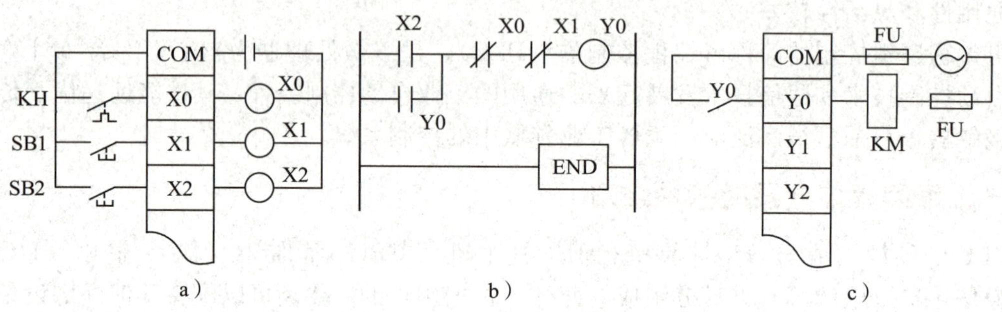

图 7—41　PLC 的等效电路

a）输入电路等效电路　b）PLC 梯形图　c）输出电路

1. 输入部分

这部分的作用是收集被控设备的信息或操作命令。需要输入 PLC 的各种控制信号，如操作按钮、位置开关、传感器信号等，首先通过输入接口电路转换成微处理器所能接受的数字信号。PLC 的每一个输入点及其对应的输入电路都等效为一个输入继电器（图 7—41a 中 X0、X1、X2、…）。例如一个 PLC 有 16 点输入，即相当于有 16 个继电器，而每一个输入继电器都有若干个常开和常闭触点，供编程使用。

2. PLC 控制部分

在 PLC 控制系统中由 PLC 实现电路的逻辑控制部分称为 PLC 控制部分。其作用是按用户程序的控制要求，对输入信号进行处理，并根据处理结果驱动输出。PLC 的这种处理过程，可以看作是 PLC 内部的各种继电器、定时器、计数器、数据寄存器等的多个触点与线圈的连接和组合。与实际的元件不同，这些内部元件虽然也使用触点和线圈，但它们的作用都必须通过相应的软件来实现，所以被称为**软元件**。

PLC 常用的编程语言有梯形图（图 7—41b）、指令语句表、状态流程图等。

3. 输出部分

这部分的作用是驱动外部负载。输出接线端子与控制对象（如接触器线圈、电磁阀、指示灯等）连接。每一个输出点都可等效为一个输出继电器（图 7—41c 中 Y0、Y1、Y2、…）。继电器输出既可接交流负载也可接直流负载，应根据负载要求选择不同的输出方式，并外接不同类型的电源。此外，PLC 还有晶体管输出和晶闸管输出，前者只能接直流负载，后者只能接交流负载，但两者都是采用的无触点输出，响应速度快、动作频率高。

四、可编程控制器的应用

可编程控制器是在电气控制技术和计算机技术的基础上开发出来的，并逐渐发展成为以微处理器为核心，把自动化技术、计算机技术、通信技术融为一体的新型工业控制装置。

目前，PLC 已被广泛应用于各种生产机械和生产过程的自动控制中，如各类自动控制机床、加工中心、自动化生产线的控制元件，成为一种最重要、最普及、应用场合最多的工业控制装置。

第 8 章 电子技术基础

§8—1 常用电子元器件

一、二极管

1. 二极管的单向导电性

半导体二极管简称二极管，是电子电路中基本的半导体器件之一。图 8—1 所示为几种不同外形的二极管。二极管的图形符号如图 8—2 所示，文字符号为“V”或“VD”。

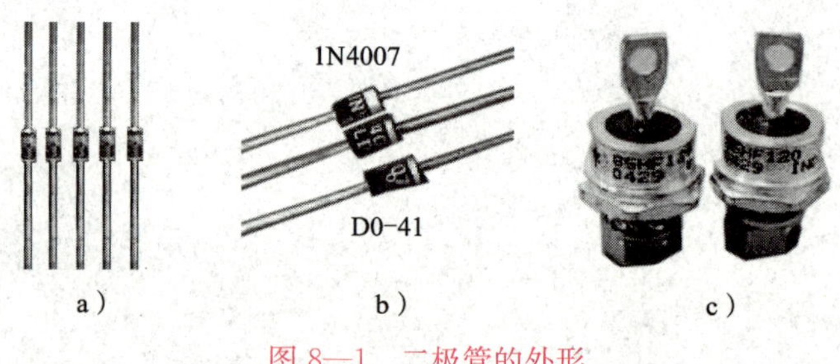

图 8—1 二极管的外形

a）玻璃封装 b）塑料封装 c）金属封装

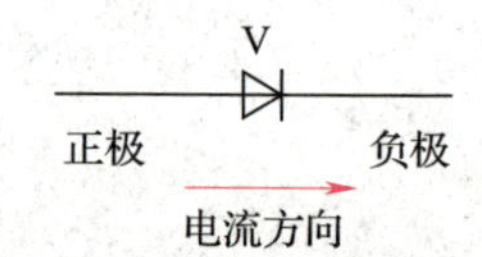

图 8—2 二极管的图形符号

二极管的正、负极一般都在外壳上用图形符号、色点或标志环等标注出来，见表 8—1。

表 8—1 几种常见二极管的正、负极

判别方法	图示	说明
通过二极管的造型判别	正极	螺栓端为正极

续表

判别方法	图示	说明
通过二极管的标注判别	正极	在器件表面标注有二极管符号
	正极	有色环一端为负极，另一端为正极
通过二极管的电极特征判别	正极	长管脚为正极，短管脚为负极
通过二极管电极管键判别	正极	有一块比电极稍宽的管键为正极，另一端为负极

按制作材料不同，二极管主要有硅二极管和锗二极管两大类。

按用途不同，二极管主要有普通二极管、整流二极管、开关二极管、稳压二极管、热敏二极管、发光二极管、光敏二极管、变容二极管等。

二极管最主要的特点是具有单向导电性，这可以通过如下实验加以说明。取一只二极管分别接成如图 8—3a 和 8—3b 所示电路。可以看到，图 8—3a 所示电路中灯泡发光，而图 8—3b 所示电路中灯泡不亮。这说明二极管加正向电压（正偏）时**导通**，加反向电压（反偏）时**截止**，这就是二极管的**单向导电性**。二极管导通时电源正极所接的管脚称为二极管的正极，另一管脚称为二极管的负极。

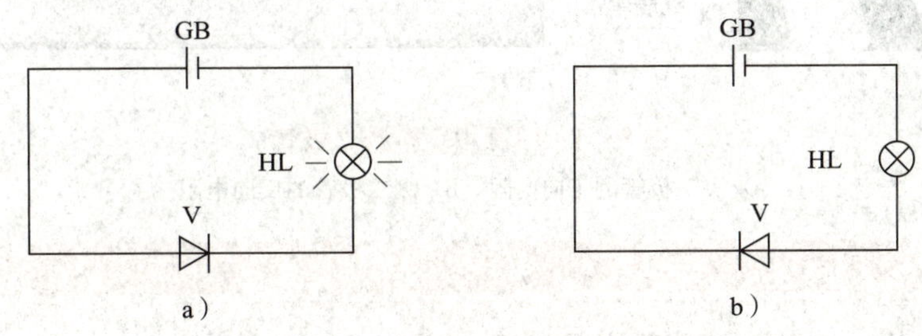

图 8—3　二极管单向导电实验电路

a）加正向电压时　b）加反向电压时

二极管导通时的电流方向是从二极管的正极至负极。

二极管导通后其正向压降几乎不随流过的电流的大小而变化，**硅二极管的正向压降约为 0.7 V，锗二极管的正向压降约为 0.3 V。**

二极管反向截止时，仍有很小的反向电流。在一定范围内，即使反向电压增大，反向电流也基本保持不变，所以此电流称为**反向饱和电流**。

当反向电压增加到某一数值时，反向电流急剧增大，这种现象称为**反向击穿**，这时的电压称为**反向击穿电压**。

2. 二极管的简单检测

根据二极管正向电阻小、反向电阻大的特性，可用万用表的电阻挡大致判断出二极管的极性和好坏。将万用表置于 $R\times100$ 或 $R\times1$ k 电阻挡，并将两表笔短接调零。**注意，对于指针式万用表，此时红表笔与表内电池负极相连，黑表笔与表内电池正极相连。**

如图 8—4 所示，将红、黑两支表笔跨接在二极管的两端（图 8—4a），若测得阻值较小（几千欧以下），再将红、黑表笔对调后接在二极管两端（图 8—4b），测得的阻值较大（几百千欧），说明二极管质量良好，测得阻值较小的那一次黑表笔所接为二极管的正极。如果测得二极管的正、反向电阻都很小（接近零），说明二极管内部已短路；如果测得二极管的正、反向电阻都很大，说明二极管内部已开路。

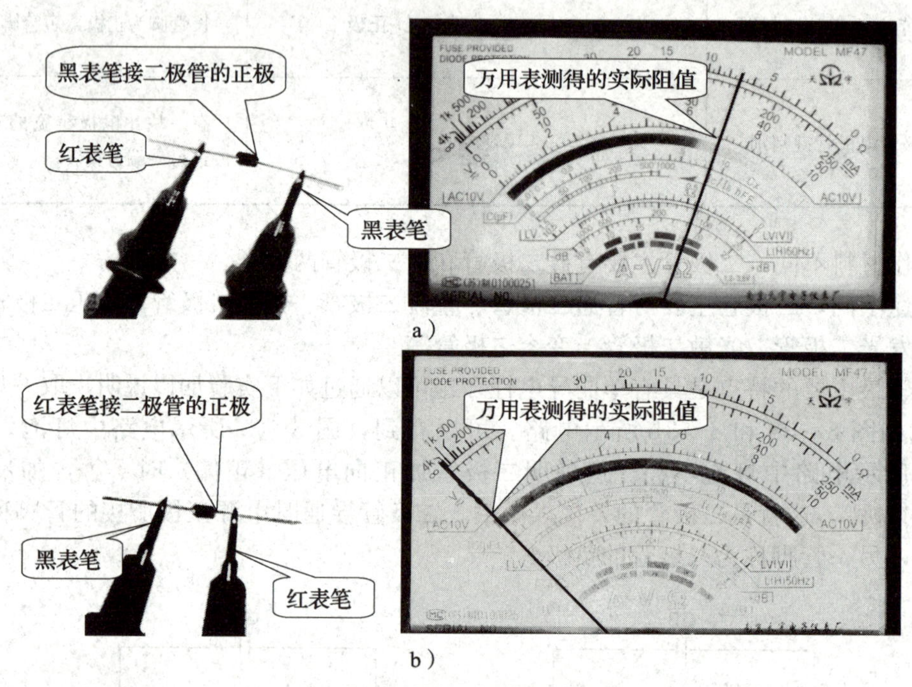

图 8—4　用万用表检测二极管

a）测二极管的正向电阻　b）测二极管的反向电阻

练一练

参照上述方法，进行二极管的检测练习。

3. 二极管应用举例

（1）二极管保护电路。在图 8—5 所示电路中，某集成电路采用正、负电源供电，接入二极管 V1、V2 后，只有当电源连接正确时，二极管导通，电源才能对集成电路正常供电。这样可以防止电源反接，从而对集成电路起到保护作用。

（2）二极管控制电路。在图 8—6 所示电路中，二极管 V1 和 V2 接法相反，当控制电压为上正下负时，线圈 KA2 通电；当控制电压为上负下正时，线圈 KA1 通电，从而使受控电路在不同控制电压下工作。

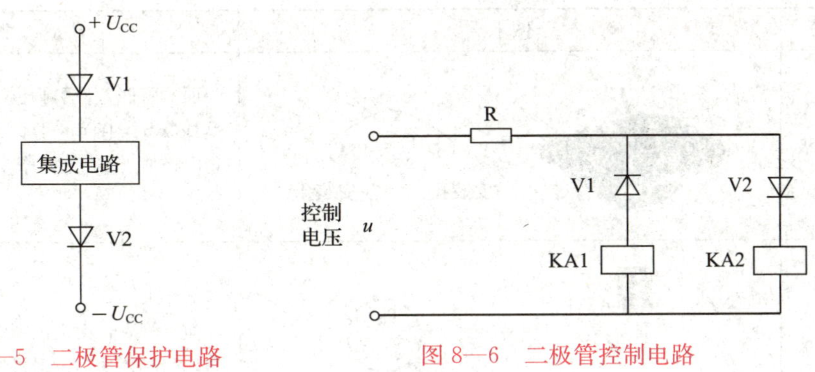

图 8—5　二极管保护电路　　图 8—6　二极管控制电路

二、三极管

1. 三极管的类型

三极管是具有电流放大作用的半导体器件，通常有三个引出端，分别为基极 b、发射极 e 和集电极 c。三极管分 NPN 和 PNP 两种类型，结构和图形符号、文字符号如图 8—7 所示，发射极箭头表示电流的方向。其中集电结和发射结的导通特性与二极管类似，P 侧类似于二极管正极，N 侧类似于二极管负极，但三极管无单向导电特性。

几种常见三极管封装形式与管脚排列见表 8—2。

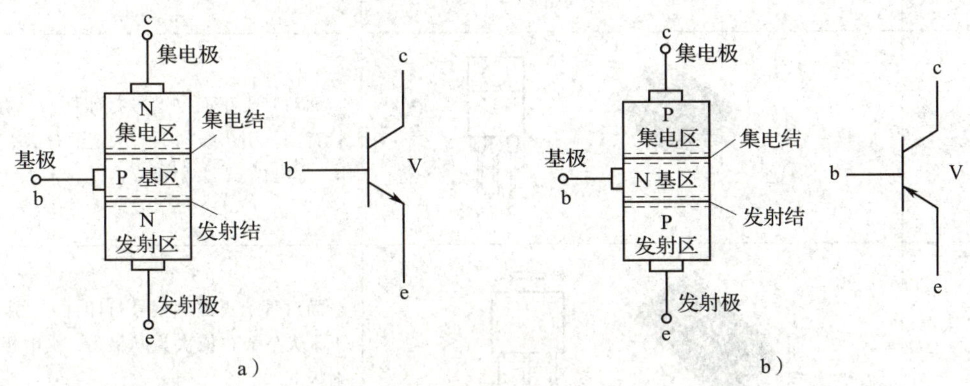

图 8—7　三极管的结构与图形符号

a）NPN 型　b）PNP 型

表 8—2　　常见三极管封装形式与管脚排列

类型	图示	管脚排列
大功率金属封装三极管（圆柱形）	b e c	将管脚朝向自己，“品”字放正，从左起顺时针方向依次为 e、b、c

续表

类型	图示	管脚排列
大功率金属封装三极管	c、e、b、安装孔、安装孔	面对管底，使引脚位于左侧，下面的引脚是基极 b，上面的引脚为发射极 e，管壳是集电极 c，管壳上两个安装孔用来固定三极管
小功率金属封装三极管	b、e、c、定位销	面对管底，由定位销位置起，按顺时针方向，引脚依次为发射极 e、基极 b、集电极 c
小功率塑封三极管	e b c　e b c	将三极管塑封平面对着自己，从左到右依次为发射极 e、基极 b、集电极 c
中功率塑封三极管	b c e	面对管子正面（型号打印面），散热片为管背面，引出线向下，从左至右依次为基极 b、集电极 c、发射极 e
贴片式三极管	DJ RH　b c e	面对管子正面（型号打印面），引出线向下，从左至右依次为基极 b、集电极 c、发射极 e

2. 三极管的电流放大作用

图 8—8 所示为三极管基本放大电路，I_B 流经的回路称为**输入回路**；I_C 流经的回路称为**输出回路**。两个回路的公共端是三极管的发射极 e，所以上述电路称为**共发射极放大电路**，简称**共射电路**。

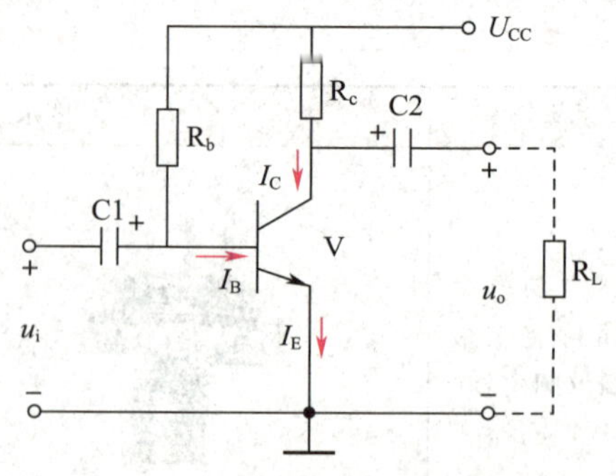

图 8—8　三极管基本放大电路

三极管各极电流有如下关系

$$I_E = I_B + I_C$$

I_C 与 I_B 之比称为三极管的**共射直流电流放大系数**，用 $\bar{\beta}$ 表示，即

$$\bar{\beta}=\frac{I_C}{I_B}$$

若使 I_B 有一个变化量 ΔI_B，I_C 也会有一个相应的变化 ΔI_C，ΔI_C 与 ΔI_B 之比称为三极管的**共射交流电流放大系数**，用 β 表示，即

$$\beta=\frac{\Delta I_C}{\Delta I_B}$$

一般情况下 $\bar{\beta}$ 与 β 近似相等，实际应用中并不严格区分。

3. 三极管的三种工作状态

下面以 NPN 型三极管为例说明其工作状态，见表 8—3。

表 8—3　　NPN 型三极管的三种工作状态

工作状态	截止	放大	饱和
工作条件	发射结反偏，集电结反偏	发射结正偏，集电结反偏	发射结和集电结都是正偏
特点	$I_B=0$，$U_{CE}\approx U_{CC}$。集电极仅有很小的漏电流 I_{CEO}，称为穿透电流	$I_C=\beta I_B$，三极管的管压降为 $U_{CE}=U_{CC}-I_CR_c$	$I_C\approx\frac{U_{CC}}{R_c}$，$U_{CE}\approx 0$。这时不论 I_B 再怎样增大，I_C 也不再增大

4. 三极管的简单检测

（1）确定基极和管型。将指针式万用表置于 $R\times100$ 或 $R\times1$ k 电阻挡，按图 8—9 所示步骤进行测量判断。

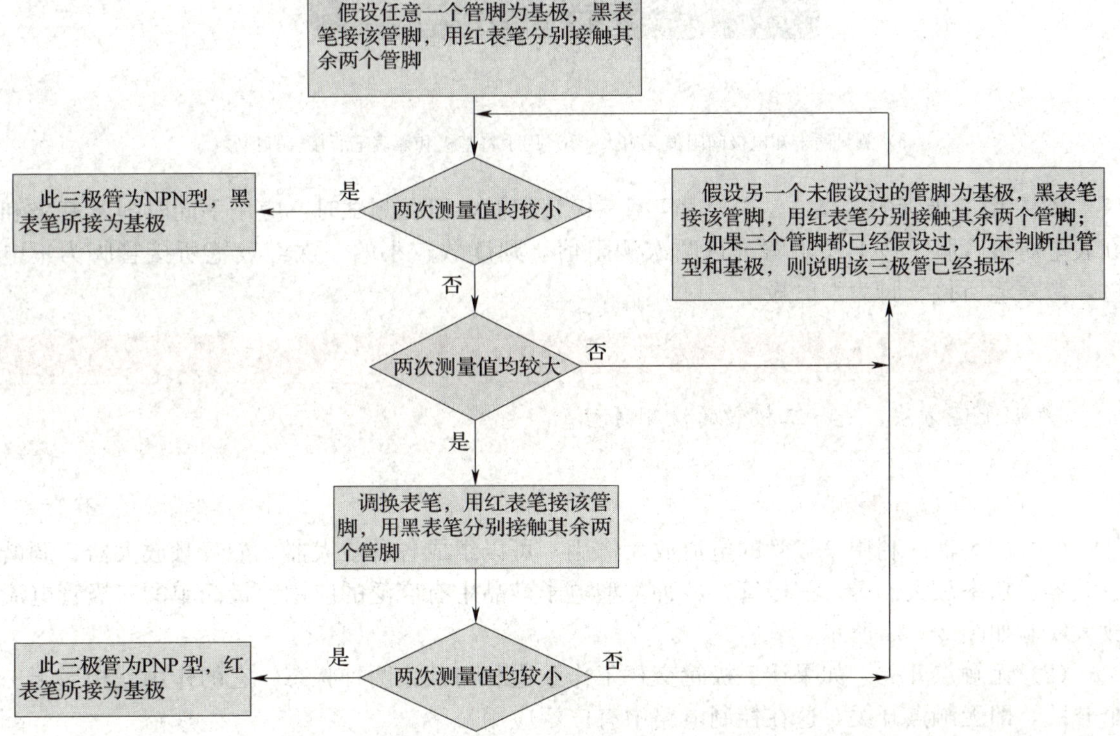

图 8—9　确定三极管的基极和管型

（2）确定集电极与发射极。在确定基极后，如果是 NPN 型三极管，可将红、黑表笔分别接在两个未知电极上，表针应指向无穷大处，如图 8—10a 所示。再用手把基极和黑表笔所接管脚捏紧（注意两极不能相碰，即相当于接入一个电阻），如图 8—10b 所示，记下此时万用表测得的阻值。然后对调表笔，用同样的方法再测得一个阻值。比较两次结果，读数小的一次黑表笔所接的管脚为集电极，红表笔所接为发射极。若两次测试表针均不动，则表明三极管已失去放大能力。

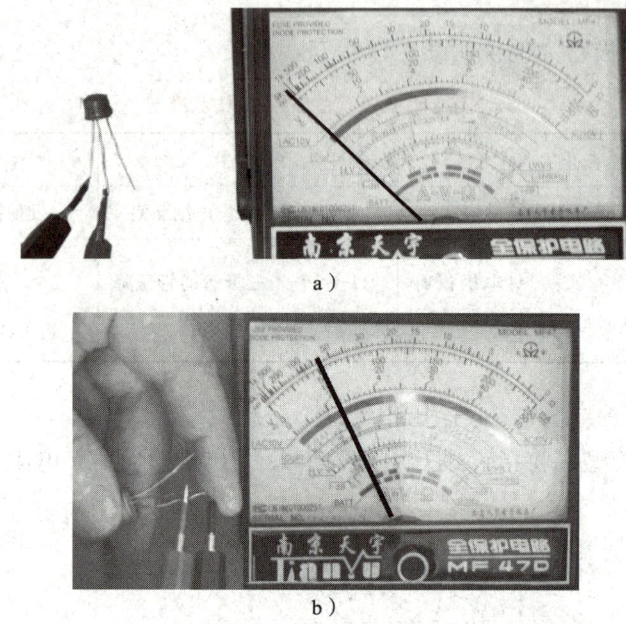

a）

b）

图 8—10　确定三极管的集电极和发射极

a）测量两未知电极间阻值无穷大　b）用手将基极和黑表笔所接管脚捏紧

PNP 型三极管的测试方法与 NPN 型三极管相似，但在测试时，应用手同时捏紧基极和红表笔所接管脚。按上述步骤进行两次测阻值，则读数较小的一次红表笔所接管脚为集电极，黑表笔所接管脚为发射极。

练一练

参照上述方法，进行三极管的检测练习。

5. 三极管应用举例

（1）放大器。利用三极管的电流放大作用，可以组成各种放大器，如音频放大器、调谐放大器、功率放大器等。三极管在各种类型电子产品中有广泛的应用。最简单的三极管电流放大实验如图 8—11 所示。

（2）无触点开关。如果让三极管交替工作于饱和与截止两种状态，它的作用就相当于一个开关，即无触点开关，这在控制电路中有广泛应用。

利用电容器充放电过程来实现延时的两种时间继电器见表 8—4，在这两种电路中，三极管即起到无触点开关的作用。

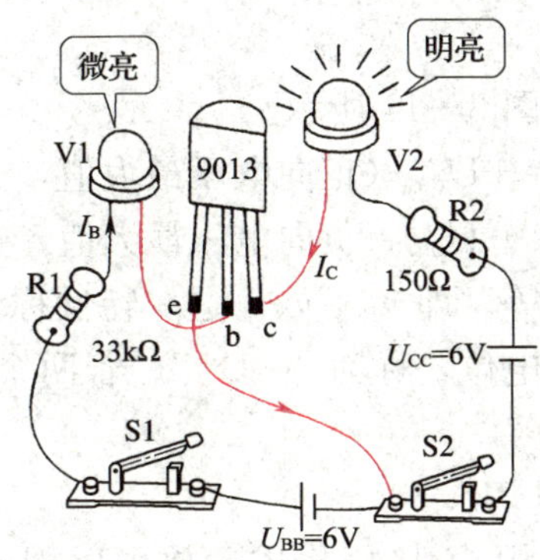

图 8—11　最简单的三极管电流放大实验

表 8—4　　两种时间继电器

时间继电器	延时吸合继电器	延时释放继电器
电路图		
工作过程	开关 SA 闭合时，三极管截止，继电器 KA 处于释放状态。断开 SA，电容器充电，当电容器两端电压上升到一定值时，三极管导通，KA 通电吸合	开关 SA 闭合时，三极管导通，继电器 KA 通电吸合。断开 SA，电容器开始充电，三极管继续导通，KA 继续保持吸合。电容器两端电压升高，三极管基极电位下降，经过一定时间后，三极管截止，KA 断电释放

三、集成运算放大器

集成运算放大器（以下简称集成运放）是一种通用性很强的功能器件。集成运放的图形符号如图 8—12 所示。图中输入端标“+”（或 P）者为**同相输入端**，输出端信号与该端输入信号同相。标“−”（或 N）者为**反相输入端**，输出端信号与该端输入信号反相。常用的集成运放的外形如图 8—13 所示。

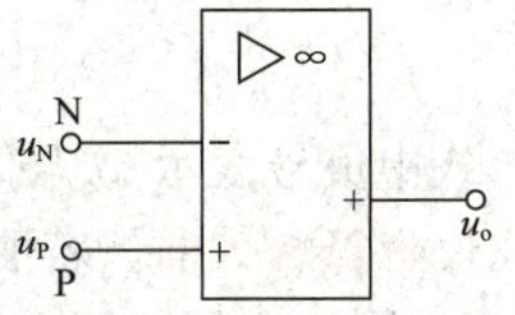

图 8—12　集成运算放大器的图形符号

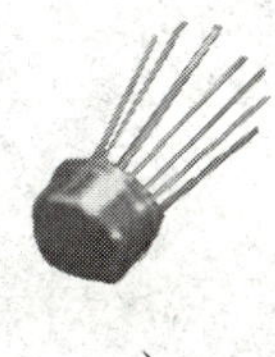

a）

b）

c）

d）

图 8—13　几种常用的集成运放外形

a）金属圆壳式　b）双列直插式　c）单列直插式　d）贴片式

1. 集成运放的特性

集成运放的电压传输特性如图 8—14 所示。

当输入电压 $u_P > u_N$ 时，$u_o = +U_{om}$（正向电压最大值，又称**高电平**）；

当输入电压 $u_P < u_N$ 时，$u_o = -U_{om}$（负向电压最大值，又称**低电平**）。

集成运放的两输入端电压相等，即 $u_P = u_N$。这一特性称为“**虚短**”，如果有一输入端接地，则另一输入端也非常接近地电位，称为“**虚地**”。若两个输入端口输入电流均为零，即 $i_P = i_N = 0$，这一特性称为“**虚断**”。

2. 集成运放应用举例

（1）基本运算电路（线性应用）。应用集成运放可以构成多种运算电路，如比例运算、加法运算、对数运算、积分运算、微分运算等，其中比例运算电路是最简单最基本的运算电路。

1）反相比例运算电路。该电路如图 8—15 所示，由于同相输入端接地，故输入端为“虚地”点，即 $u_P = u_N = 0$ 。又根据“虚断”特性，净输入电流为零，故有 $i_1 = i_f$ 。由图 8—15 所示可得

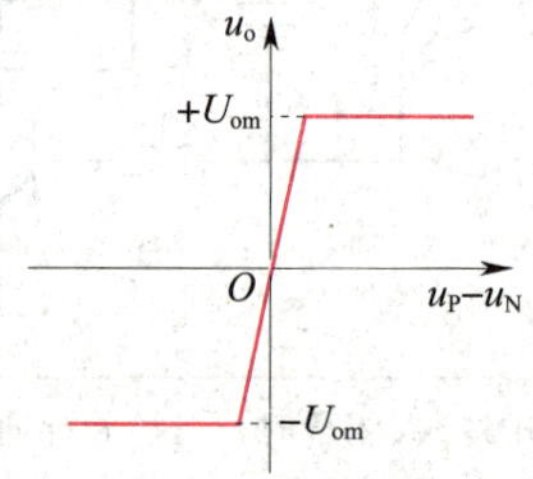

图 8—14　集成运放的电压传输特性

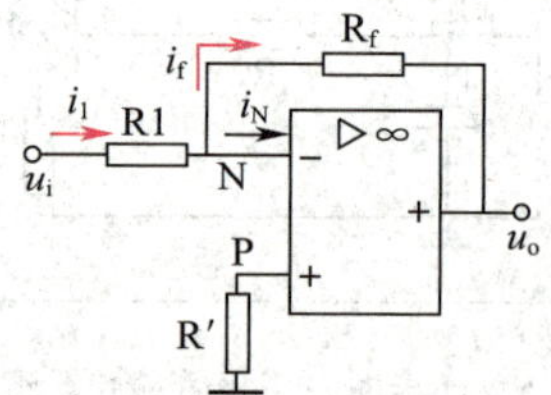

图 8—15　反相比例运算电路

$$\frac{u_i - u_N}{R_1} = \frac{u_N - u_o}{R_f}$$

即

$$u_o = -\frac{R_f}{R_1} u_i$$

式中负号表示 u_o 与 u_i 反相，故称为反相放大器。又由于 u_o 与 u_i 成比例关系，故又称**反相比例运算放大器**。若取 $R_f = R_1 = R$ ，则比例系数为−1，电路便称为**反相器**。

2）同相比例运算电路。该电路如图 8—16 所示，利用“虚短”特性（注意同相输入时无“虚地”特性），可得

$$u_P = u_N = u_i$$

又根据“虚断”特性，$i_N = 0$ ，可得

$$u_N = \frac{R_1}{R_1 + R_f} u_o = u_i$$

$$u_o = \left(1 + \frac{R_f}{R_1}\right) u_i$$

u_o 与 u_i 同相，故称同相放大器，又称**同相比例运算放大器**。

如果 $R_1 = \infty$, $R_f = 0$ ，则为**电压跟随器**。其输出量与输入量相等，即 $u_o = u_i$ ，如图 8—17所示。

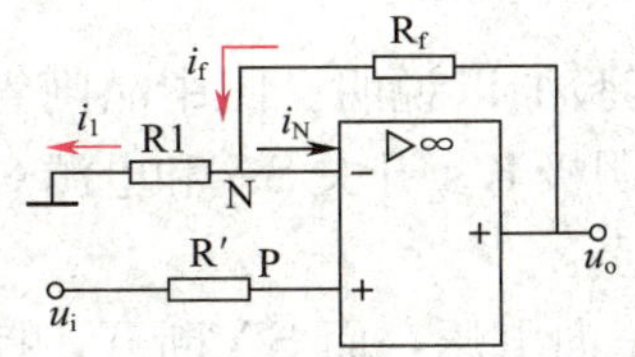

图 8—16　同相比例运算电路

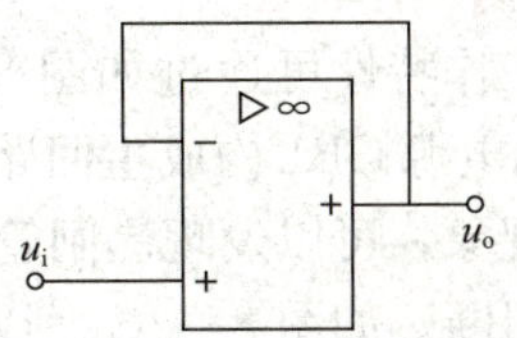

图 8—17　电压跟随器

（2）电压比较器（非线性应用）。简单电压比较器如图 8—18 所示。U_R 为已知的参考电压，当 $u_i > U_R$ 时，$u_o = -U_{om}$；当 $u_i < U_R$ 时，$u_o = +U_{om}$（图 8—18b、图 8—18c）。若 $U_R = 0$，则称为**过零比较器**（图 8—18d）。

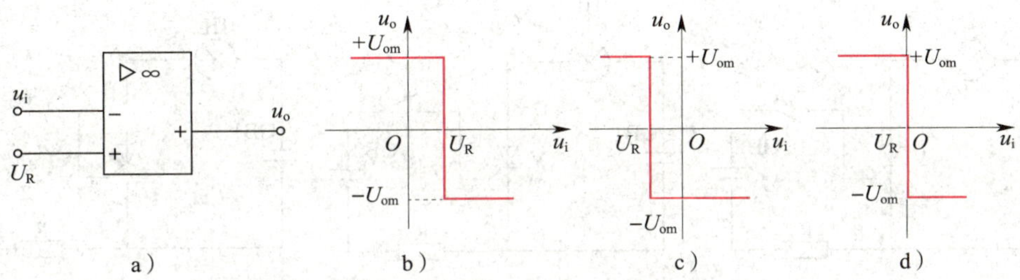

图 8—18　简单电压比较器

a）图形符号　b）$U_R > 0$　c）$U_R < 0$　d）$U_R = 0$

四、晶闸管

晶闸管是硅晶体闸流管的简称，是一种可控制的硅整流器件，也称为**可控硅**（SCR）。它是一种大功率半导体器件，广泛应用于可控整流、无触点继电器、交流调压、电动机速度控制等。

1．晶闸管的外形和符号

晶闸管的外形有塑封式（小功率）、平板式（中功率）和螺栓式（中、大功率）几种，如图 8—19a 所示。平板式和螺栓式晶闸管使用时固定在散热器上。它有三个极：阳极（A）、阴极（K）和控制极（G）。图 8—19b 所示为普通（单向）晶闸管的图形符号，其图形符号是在二极管符号的基础上又增加了一个控制极，表示其特性相当于一只带有控制端的特殊二极管。

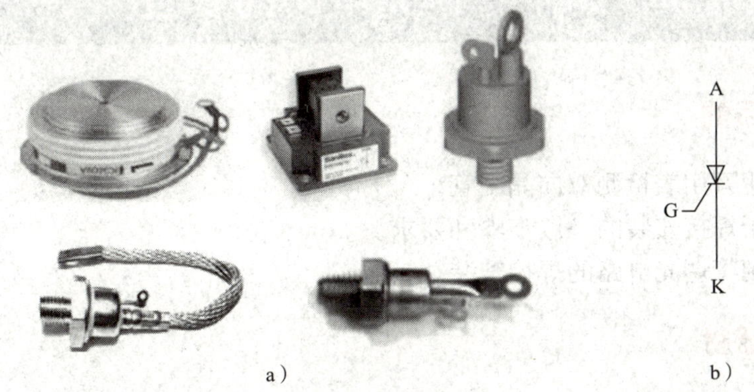

图 8—19　晶闸管的外形和图形符号

a）外形　b）图形符号

2. 晶闸管的工作特性

晶闸管的工作特性可通过如图 8—20 所示的实验加以说明。图中晶闸管阳极 A、阴极 K、灯泡 HL 和电源 GB1 构成主回路，控制极 G、阴极 K、开关 SA 和电源 GB2 构成控制回路。观察实验现象，可以发现晶闸管工作有以下特点：

（1）正向阻断。如图 8—20a 所示，晶闸管加正向电压，而 SA 断开，控制极不加正向电压，灯不亮。这种状态称为正向阻断。

（2）触发导通。如图 8—20b 所示，晶闸管加正向电压，闭合开关 SA，使控制极和阴极之间也加上正向电压（称为触发电压），这时灯亮，说明晶闸管已导通。这种状态称为触发导通。

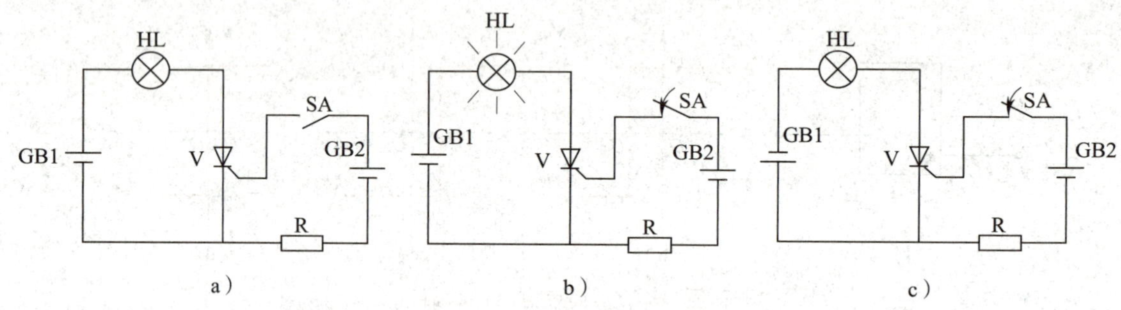

图 8—20　晶闸管特性实验

a）正向阻断　b）触发导通　c）反向阻断

（3）维持导通。晶闸管一旦导通后，维持阳极电压不变，断开触发电压（断开开关 SA），灯仍亮，说明晶闸管仍然导通。这种状态称为维持导通。

（4）反向阻断。如图 8—20c 所示，晶闸管加反向电压，这时不论是否加控制电压，也不论控制极所加是正向电压还是反向电压，灯都不亮，晶闸管都不导通。这种状态称为反向阻断。

实验与实训 6　晶闸管调光电路的安装

一、实验目的

1. 学会使用万用表检测双向晶闸管。
2. 学会电子焊接安装的一般步骤和要求。
3. 学会晶闸管调光电路的焊接安装。

二、实验器材

指针式万用表 1 块，电工电子工具 1 套，元器件明细见表 8—5。

表 8—5　　元器件明细

代号	名称	规格	代号	名称	规格
HL	白炽灯	25～100 W	R	碳膜电阻器	4.3 kΩ
L	电感	100 μH	VS	双向晶闸管	BT136
C1、C2	电容	0.1 μF/400 V	VD	双向二极管	AS903
RP	带开关电位器	470 kΩ	SA	开关	

三、相关知识

晶闸管调光台灯电路如图 8—21 所示。

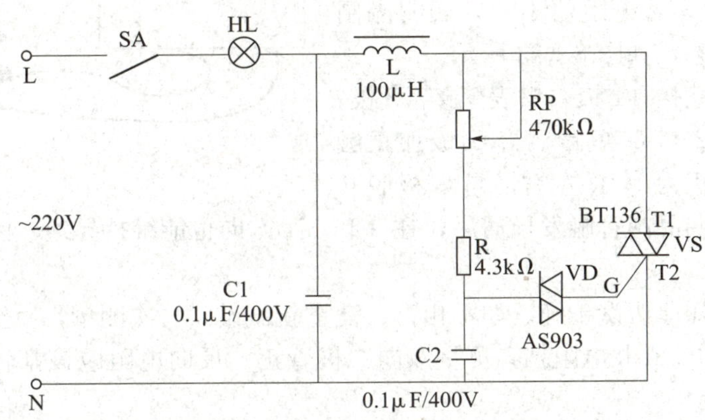

图 8—21　晶闸管调光台灯电路

1. 双向晶闸管（VS）的工作特性

电路中 BT136（代号 VS）是一只双向晶闸管。通常要控制交流电压，必须将两只晶闸管反极性并联，让每只晶闸管控制一个半波，为此需要两套独立的触发电路，使用不够方便。双向晶闸管可代替两只反极性并联的晶闸管，而且只需一个触发电路。

2. 双向二极管（VD）的工作特性

双向二极管也称触发二极管，其结构相当于把两只二极管反向并联，电路中图形符号如图 8—22 所示。

3. 电路的工作过程

开关 SA 闭合后，交流电经 HL、L、RP、R 对电容 C2 充电，当 C2 上的电压上升到双向二极管导通电压时，VD 导通，触发双向晶闸管 VS，使其导通，灯泡 HL 点亮。随着电容 C2 放电，电容两端电压降低，VD 截止，晶闸管也随之截止，灯泡熄灭，电容 C2 又开始充电。电容 C2 充放电速度越快，灯泡越亮。调节 RP 的阻值可改变晶闸管 VS 的导通角，即改变灯泡两端的电压，从而起到调光作用。

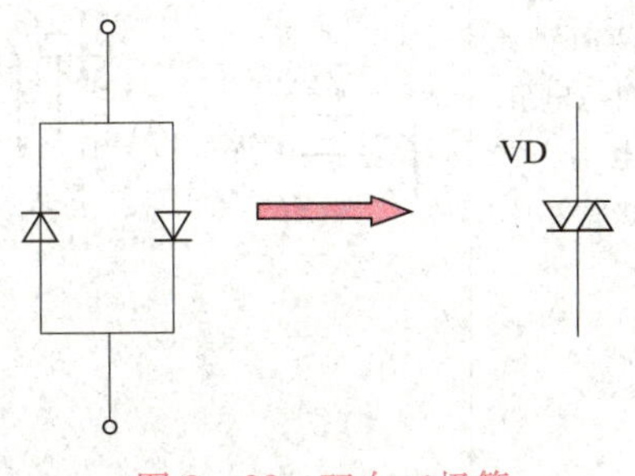

图 8—22　双向二极管

四、实验步骤

1. 用万用表检测双向晶闸管

（1）将万用表置于 $R\times1$ 电阻挡进行测量。双向晶闸管 G－T1 之间的正、反向电阻都很小，仅为几十欧，而 G－T2 及 T1－T2 之间的正、反向电阻均为无穷大，据此可判定 T2 极。

（2）判定 T2 极后，假设某一脚为 T1 极，另一脚为 G 极。把黑表笔接假设的 T1 极，红表笔接 T2 极，电阻应为无穷大，然后用红表笔把 T2 与 G 短路，相当于给 G 极加上了负触发信号，电阻值应为 10 Ω 左右，表明双向晶闸管已被触发导通，导通方向为 T1－T2。将红表笔移开 G 极（仍接 T2），若电阻值不变，表明晶闸管处于维持导通状态，如图 8—23 所示。

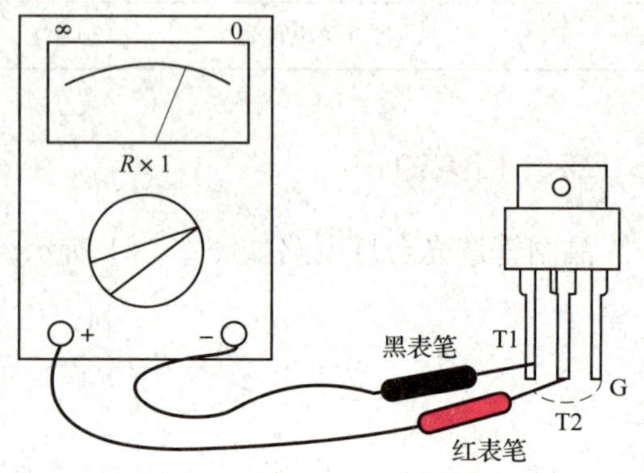

图 8—23　给 G 极加上负触发信号

（3）改用红表笔接 T1 极，黑表笔接 T2 极，然后用黑表笔把 T2 与 G 短路，给 G 极加正触发信号，电阻值应仍为 10 Ω 左右，与 G 极脱开后若阻值不变，表明晶闸管触发导通后，在 T2－T1 方向也能维持导通，因此具有双向触发导通的性质。

经上述测量可知原假设正确。如不相符，需重新假设，再次测量，直至确定 T1 极。

将万用表置于 $R\times1$ k 电阻挡，测量双向二极管正、反向电阻应该都较大，为几百欧至几千欧。

2. 元件的整形

元件在装配或插入线路板之前，必须根据其外形特点以及焊点之间的位置关系，对元件的引脚进行整形处理，常用元件的整形要求及安装形式见表 8—6。

表 8—6　　常见元件的整形要求及安装形式

元件	整形要求	安装形式
两引脚元件（电阻、电容、二极管等）	>1.5mm　r　>1.5mm　2~6mm	套管

续表

元件	整形要求	安装形式
三引脚元件（三极管、晶闸管等）	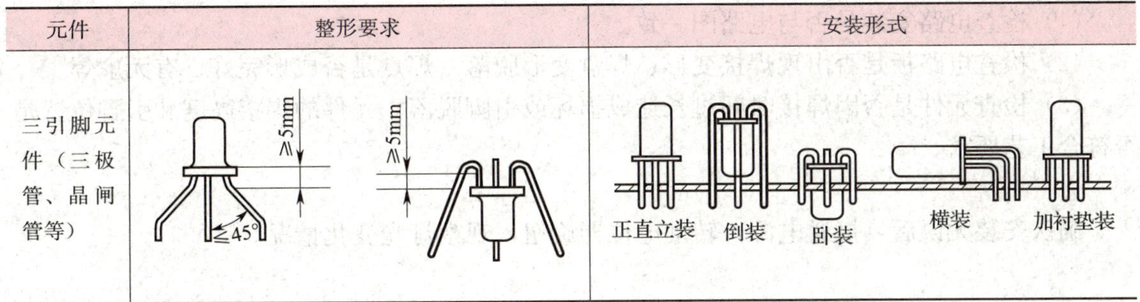	

提示

元件整形时注意弯曲半径 r 大于 2 倍线径，不可从元件根部弯曲，折弯处至少距离元件根部 3～5 mm。

3. 元件的焊接

元件的焊接操作过程可以概括为 5 个步骤，如图 8—24 所示。

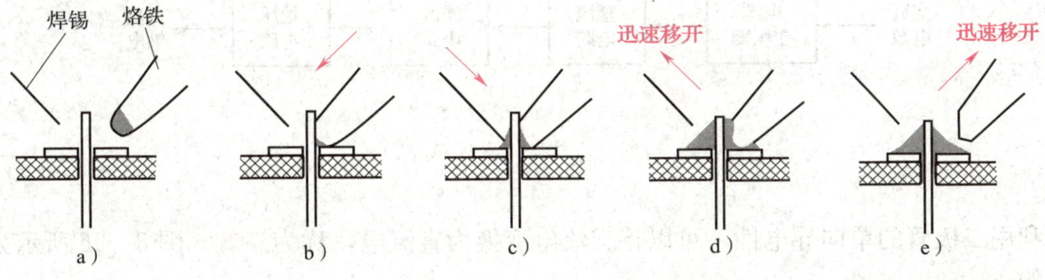

图 8—24　焊接操作的 5 个步骤

a）准备　b）加热　c）上锡　d）去锡　e）去烙铁

（1）准备：准备好被焊工件、元件、材料等，给电烙铁接通电源，右手握烙铁，左手捏焊锡丝。

（2）加热：待烙铁达到额定温度，用烙铁头同时接触工件的焊盘和元件的引脚进行加热。

（3）上锡：当工件被焊位置升温到焊接温度时，送上焊锡丝并与工件焊点部位接触，直至焊锡熔化、焊点圆满。

（4）去锡：观察到焊点符合焊接要求，迅速移去焊锡丝。

（5）去烙铁：移去焊锡丝后，在助焊剂还未挥发完之前，迅速移去烙铁。否则，焊点成形将出现缺陷。

4. 电路安装

根据图 8—21 所示的电路，在电路板上安装焊接元件。按先低后高、先内后外的顺序，先装焊电阻 R 和双向二极管 VD，然后装焊电容 C1、C2 与双向晶闸管 VS，再装焊电位器，最后安装灯及相关接线。

5. 电路检查

（1）检查电路安装是否与电路图一致。

（2）检查电路板是否出现焊接变形、焊盘变形脱落。焊点是否成形完好、有无虚焊。

（3）检查元件是否因焊接时间过长造成损坏或引脚脱落。元件的焊接高度和引脚位置是否符合工艺要求。

6. 通电调试

确认安装无误后，接通电源，转动电位器旋钮，观察灯光变化情况。

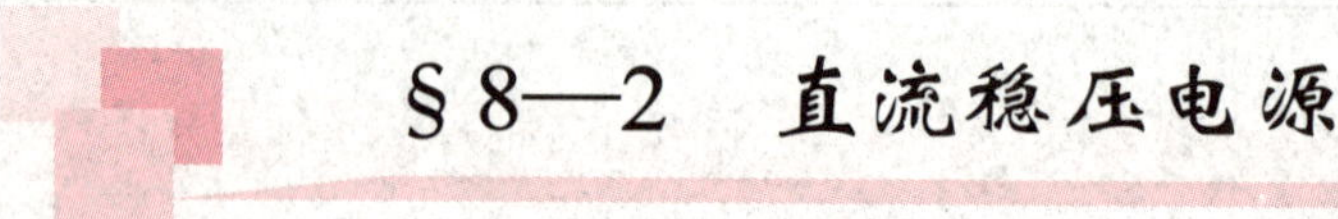

§8—2 直流稳压电源

通常使用的供电电源都是交流电源，但许多电气设备要用直流供电，直流稳压电源的作用就是把交流电转换成稳定的直流电。它主要由电源变压器、整流电路、滤波电路和稳压电路组成，其整体结构的电路框图如图 8—25 所示。

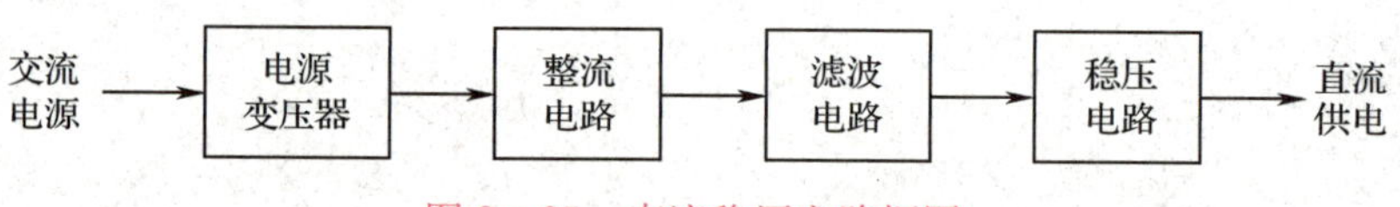

图 8—25 直流稳压电路框图

一、整流电路

利用二极管的单向导电性，可以将交流电变换为直流电，称为**整流**。图 8—26 所示为最简单的**半波整流电路**。

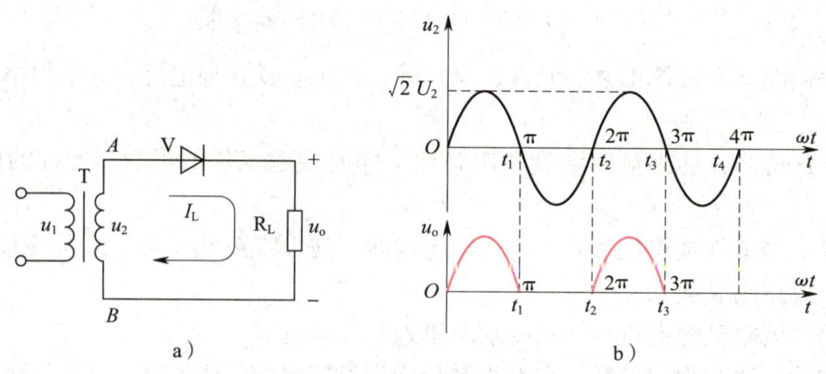

图 8—26 二极管半波整流电路

a）电路图 b）波形图

设变压器的二次侧电压为 u_2，在 u_2 的正半周，设 A 端为正，B 端为负，二极管在正向电压的作用下导通。若忽略二极管导通时的管压降，则负载 R_L 两端的电压 u_o 就等于 u_2；在 u_2 的负半周，变压器二次侧 A 端为负，B 端为正，则二极管承受反向电压而截止，负载

两端的电压 u_o 为零。随着 u_2 周而复始的变化，负载上就得到如图 8—26b 所示的电压波形。这种整流电路只利用电源电压 u_2 的半个周期，所以称为半波整流。

负载中的电压方向不变，但大小波动，是一种脉动直流电。在输入电压 u_2 的一个周期内，负载获得的脉动直流电压的平均值用 U_o 表示，半波整流所获得的直流电压平均值为

$$U_o \approx 0.45U_2$$

半波整流电路结构简单，但电源利用率低，实际应用最广的是**桥式整流电路**，如图 8—27 所示。

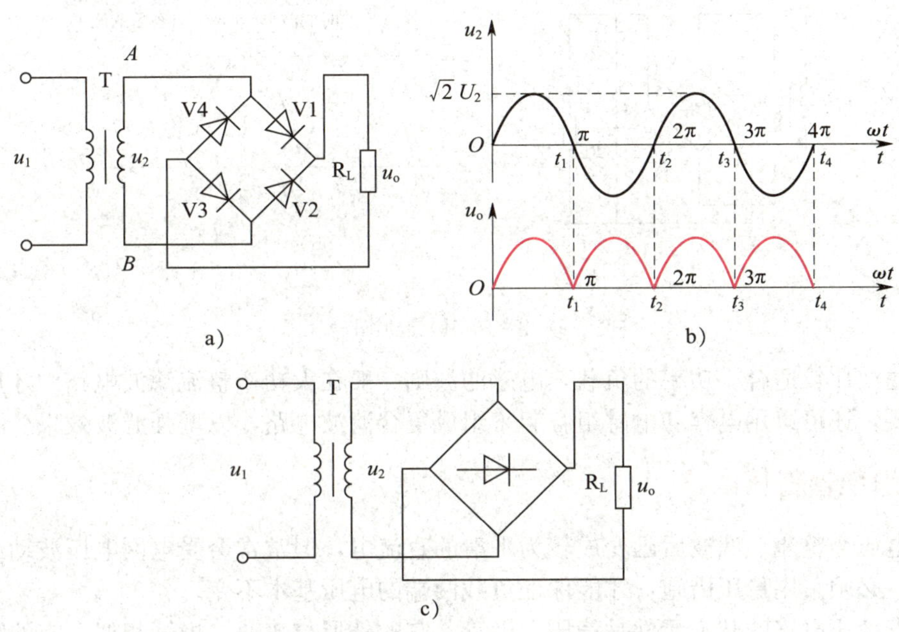

图 8—27　二极管单相桥式整流电路

a）电路图　b）波形图　c）整流桥简化画法

设变压器的二次侧电压为 u_2，其波形如图 8—27b 所示。在 u_2 的正半周，二极管 V1 和 V3 承受正向电压导通，而 V2 和 V4 承受反向电压截止，电流流向为 $A \rightarrow \mathrm{V1} \rightarrow R_L \rightarrow \mathrm{V3} \rightarrow B$。

在 u_2 的负半周，V1 和 V3 承受反向电压而截止，而 V2 和 V4 在正向电压的作用下导通，电流方向为 $B \rightarrow \mathrm{V2} \rightarrow R_L \rightarrow \mathrm{V4} \rightarrow A$。

单相桥式整流电路负载上得到的直流电压和电流的平均值比单相半波整流提高了 1 倍，即

$$U_o \approx 0.9\,U_2$$

桥式整流电路具有变压器利用率高、平均直流电压和脉动小等优点，所以得到广泛应用。

将几个整流元件按某种整流方式通过一定工艺做成一体，称为**整流桥**（图 8—28）。

机床中各种电磁离合器及电磁吸盘等所需直流电都是由桥式整流电路所提供的。

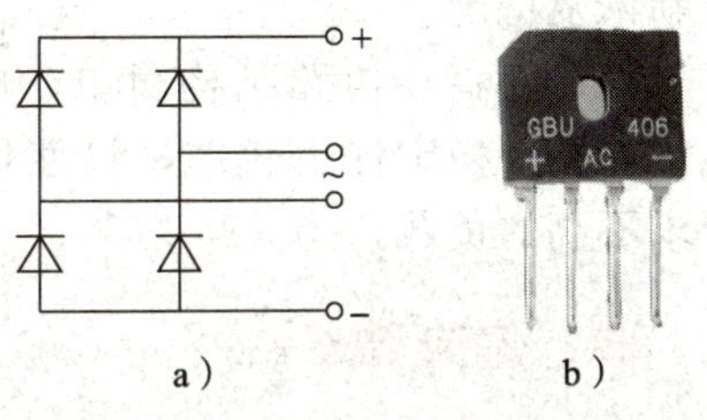

图 8—28　单相整流桥

a）电路图　b）实物图

二、滤波电路

整流电路输出的直流电仍含有较多脉动成分，把脉动直流电变成平稳的直流电的过程称为**滤波**。通常的滤波电路由电容、电感等元件组成。

图 8—29 所示就是一种由滤波电容组成的简单的滤波电路，其中滤波电容与负载并联，当 u_o电压减小时，电容放电，于是负载便得到较为平稳的电压。

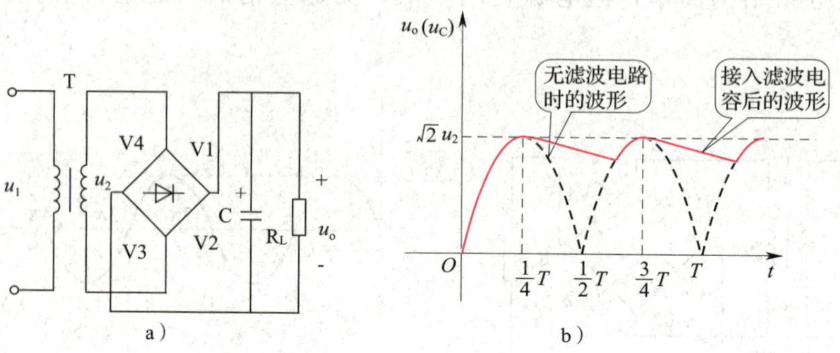

图 8—29 电容滤波

a）电路图 b）波形图

电容滤波比较适合小功率的负载，电感滤波则一般在大功率整流滤波电路中才用到。有时根据需要，还可以用电容和电感组合起来组成复合滤波电路，以增强滤波效果。

三、稳压管稳压电路

交流电压经整流、滤波后已变成较为平滑的直流电，但常常会受电网电压波动或负载变化的影响，必须采用稳压措施，才能保证负载两端的电压基本不变。

稳压管稳压电路的基本元件是稳压二极管。它的外形与普通二极管相似。它的特性与普通二极管的不同之处在于：反向击穿电压可根据需要制成不同规格，当管子反向击穿时，只要控制反向电流不要太大，稳压管就可以长时间工作在反向击穿区。由稳压管和限流电阻组成的稳压电路如图 8—30 所示。

若 U_o 略有升高，因稳压管工作在反向击穿区，所以其电流 I_Z 显著增加，流经电阻 R 的电流 I_R 也随之增大，R 上的电压降也要增大，U_o 又将减小，基本恢复到原来的稳定值。若 U_o 有所降低，将出现与上述相反的过程使其升高，重新恢复稳定。

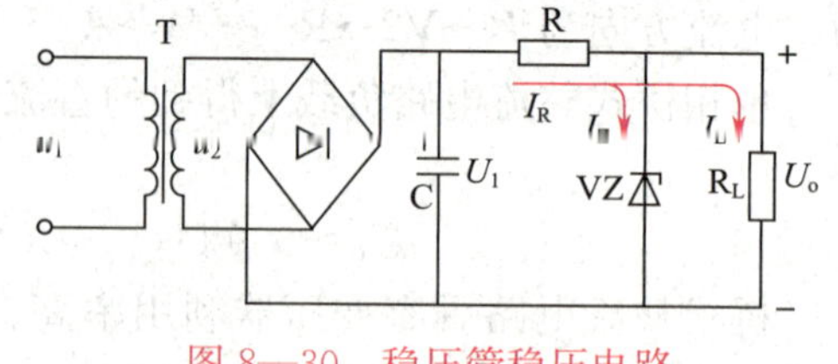

图 8—30 稳压管稳压电路

稳压管稳压电路结构简单，成本低；但输出电流较小，稳定性也较差，只使用于功率较小且要求不高的负载。

四、集成稳压器

目前普遍应用的是集成稳压器（图 8—31），根据其工作方式可分为线性集成稳压器和开关集成稳压器两类。

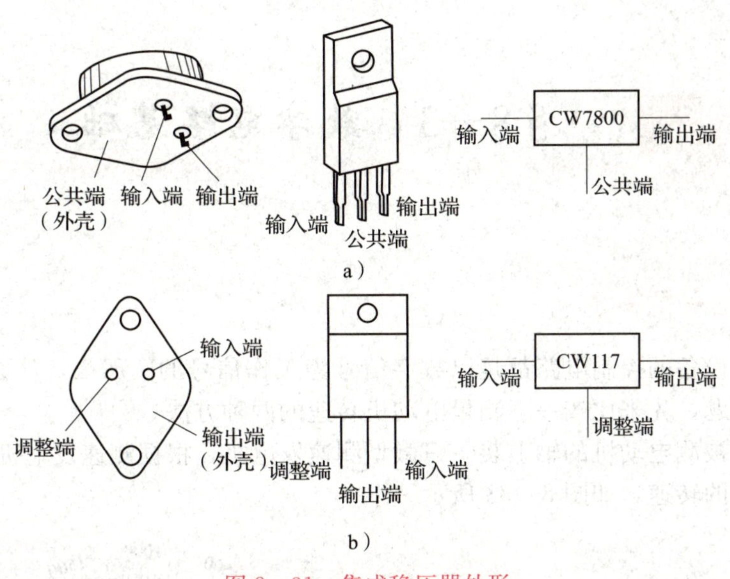

图 8—31　集成稳压器外形

a）CW7800 型　b）CW117 型

线性集成稳压器根据引脚数可分为：三端式稳压器、四端式稳压器、多端式稳压器，其中三端式集成稳压器应用最广。常用集成稳压器有 CW78××正电压输出系列和 CW79××负电压输出系列。

如果要求输出电压可以调节，可选用 CW117、CW317 等三端可调式集成稳压器，电路接线如图 8—32 所示。图中 R、RP 称为取样电阻，调节 RP 即可在允许范围内调节输出电压值。

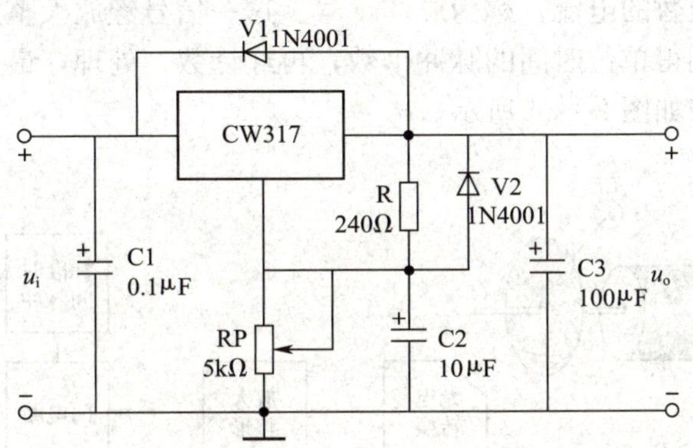

图 8—32　CW317 型三端可调式稳压器的电路接线

提示

使用三端可调式集成稳压器应注意以下几点：

1. 为了保证集成稳压器正常工作，当电网电压处于最低值时，应使集成稳压器的输入电压高于输出电压 2～3 V。

2. 集成稳压器的引脚不可接错，同时注意接地端不可浮空。

3. 按要求加装散热器。

§8—3 数字电路基础

一、数字信号的概念

许多自动化设备的控制电路都是以数字信号为工作信号的。那么，什么是数字信号呢？为了说明这一问题，先来比较一下测量电动机转速的两种方法。

方法一 在被测电动机的轴上装一只微型测速发电机，根据测速发电机输出电压的大小即可得知电动机的转速，如图 8—33 所示。

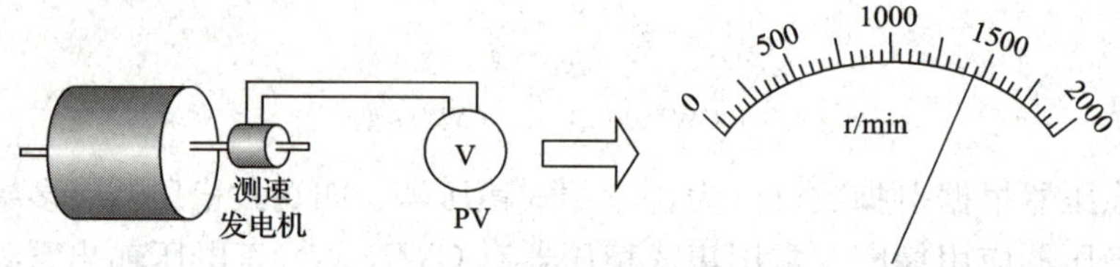

图 8—33 用测速发电机测量转速

方法二 采用非接触式数字转速表来测量转速，使用时只需在被测电动机转轴上装一带有小孔的圆盘（或在转轴上贴一块反射标记），用光源照射。电动机每转一周，光电管被照射一次，就输出一个短暂的电流，称为**脉冲信号**。这一信号经放大整形后成为幅度较大也较为规则的矩形脉冲，测得单位时间的脉冲个数，再经计数、处理，最后便能从显示器直接读出被测电动机的转速，如图 8—34 所示。

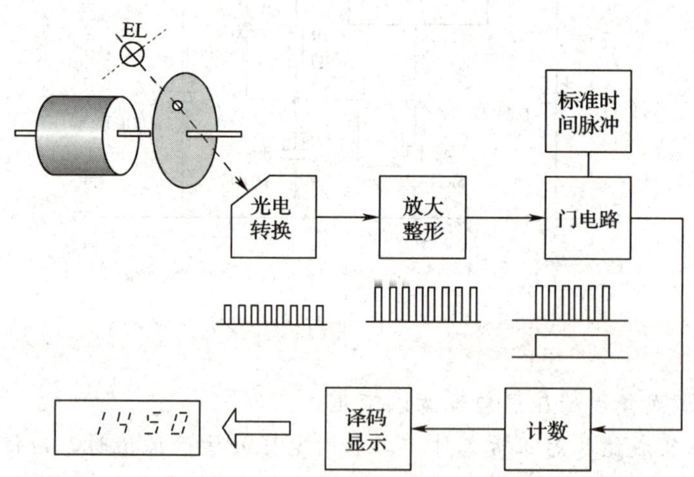

图 8—34 用数字转速表测量转速

采用方法一测量时，测速发电机输出电压信号的大小是随电动机的转速而变化的，在时间上是连续的，这种信号称为**模拟信号**。其波形如图 8—35a 所示。

采用方法二测量时，光电转换所得到的信号在幅度上是离散的，在时间上是不连续的，这种信号称为**数字信号**。其波形如图 8—35b 所示。

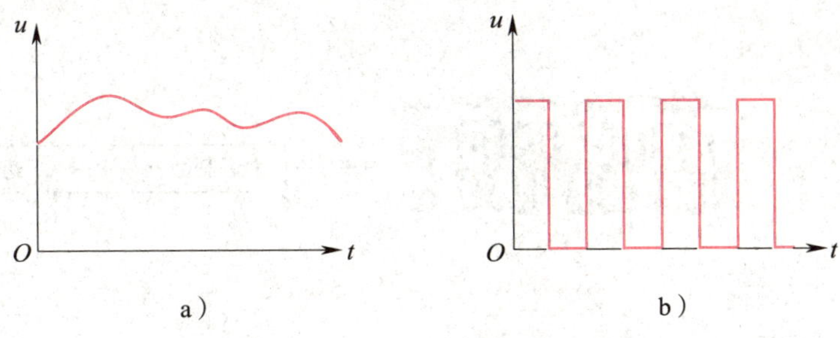

图 8—35　信号波形

a）模拟信号　b）数字信号

数字信号只有高电平和低电平（常用 1 和 0 表示）两种状态，在实际电路中，高电平通常为 3.6 V 左右，低电平通常为 0.3 V 左右，允许在数值上有一定范围的误差。因此，数字信号具有抗干扰能力强，容易识别处理，便于记录、保存等优点。

想一想

下列信号中，哪些是模拟信号？哪些是数字信号？

1. 传声器输出的声音信号。
2. 海洋上船只与船只之间的灯光联络信号。
3. 220 V 正弦交流电压。
4. 信用卡上的条码。

知识链接

数制与编码

1. 数制

数制是进位计数的方法。在人们的日常生活中，有多种进制的技术方式，如平时计数用得最多的十进制、时钟计时用到的十二进制（或二十四进制）和六十进制、在计算机电路中用的二进制等。

图 8—36 所示为目前人们普遍使用的计算器，按键输入十进制数，计算器将其转换为二进制数后进行运算，然后再将二进制数转换为十进制数，最后显示十进制数。

在数字电路中，常用的数制有十进制、二进制、八进制、十六进制等。这里介绍的是十进制和二进制。

（1）十进制。十进制数有 10 个数码：0、1、2、3、4、5、6、7、8、9，基数为 10。任何一个十进制数都可以用这 10 个数码按一定规律排列起来表示。十进制数的计数规律是“**逢十进一**”。

在一个十进制数中，每个数码位置不同时，它代表的数值也不同。

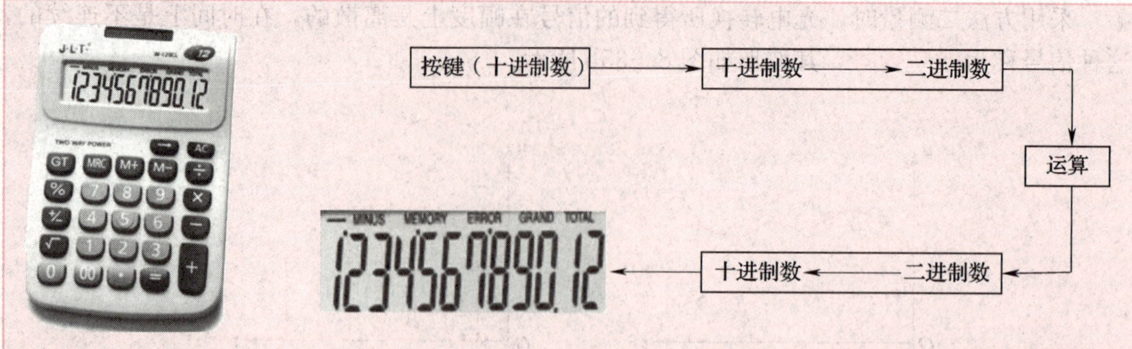

图 8—36　计算器的工作过程

如：$(369)_{10}=3\times10^2+6\times10^1+9\times10^0$

通常把 10^2、10^1、10^0 称为对应数位的**权**，它表示数码在数中处于不同位置时其数值的大小。

（2）二进制。二进制数只有两个数码：0 和 1，基数为 2，计数规律是“**逢二进一**”。一个二进制数也可以按权位展开。

如：$(1011)_2=1\times2^3+0\times2^2+1\times2^1+1\times2^0$

式中 2^3、2^2、2^1、2^0 就是对应数位的权。可见，四位二进制数的权分别为 8、4、2、1。

2. 编码

用数码、符号、文字来表示特定对象的过程称为**编码**。例如，各地的邮政编码、个人的身份证号码、学校教学楼每一个教室的代码等，这些代码包含有对象的特定信息，并不表示数值的大小。

对于数字技术的编码，不同的编码方式称为**码制**。常用的码制有二进制码、BCD 码、格雷码等。

（1）二进制代码。数字系统的信息通常采用多位二进制数表示，称为二进制代码。

一个二进制数有 1 和 0 两个代码，可以表示两个信息，n 位二级制代码可以表示 2^n 个不同的信息。如果需要编码的信息有 N 项，则应满足 $N\leqslant2^n$。

（2）BCD 码。用二进制数表示十进制数的编码方式称为二 十进制编码，简称 BCD 码。

由于十进制数有 10 个（0～9）不同的数码，而 4 位二进制数可以组成 $2^4=16$ 种不同的组合，根据从 16 种组合中选出 10 种组合方式的不同，可以得到多种二 十进制编码方案。常见的 BCD 码有 8421BCD 码、余 3BCD 码等。

二、门电路

处理数字信号的电路称为**数字电路**，数字电路中最基本的单元是**门电路**。门电路的输出状态是由输入状态决定的，两者之间具有一定的逻辑关系，所以门电路又称为**逻辑门电路**。

1. 与门（AND）

在图 8—37 所示逻辑控制电路中，只有当 SB1、SB2 两个按钮都按下，即 A、B 两个线圈都通电时，灯才亮；只要有一个线圈不通电，灯就不亮。这就是说，只有当决定一件事情

的几个条件全部具备时，这件事情才能发生，否则不发生。这样的关系称为**与逻辑关系**。

图 8—38 所示为**与门逻辑符号**。

把线圈通断与灯泡亮、灭的关系列在表 8—7 中。如果设线圈通电为 1、不通电为 0，灯亮为 1、不亮为 0，可得表 8—8，这便是与门的**真值表**，它反映了与门输出状态与输入状态之间的逻辑关系。

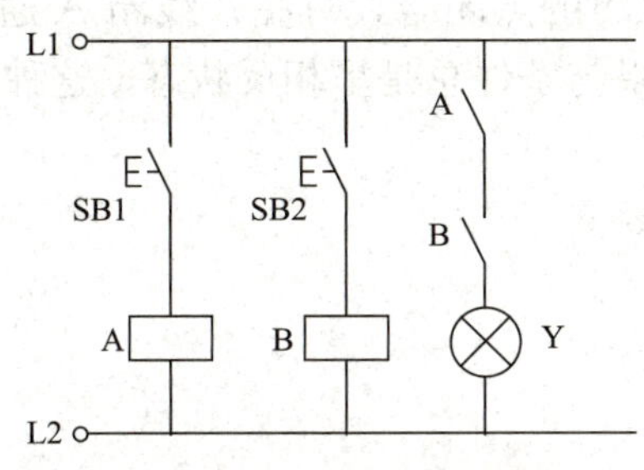

图 8—37　与逻辑控制电路

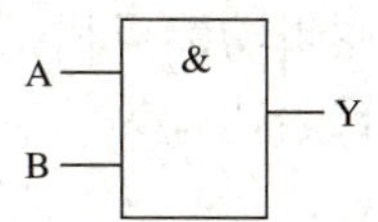

图 8—38　与门逻辑符号

表 8—7　线圈通电情况与灯泡亮灭关系

线圈 A	线圈 B	灯泡 Y
不通电	不通电	不亮
不通电	通电	不亮
通电	不通电	不亮
通电	通电	亮

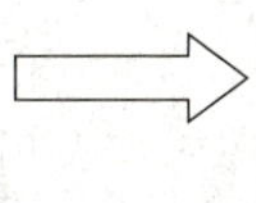

表 8—8　与门真值表

A	B	Y
0	0	0
0	1	0
1	0	0
1	1	1

与门的逻辑功能可概括为“**有 0 出 0，全 1 出 1**”。

与门的逻辑表达式为

$$Y = A \cdot B$$

读作“Y 等于 A 与 B”或“Y 等于 A 乘 B”，通常也把与逻辑称为**逻辑乘**。

2. 或门（OR）

在图 8—39 所示或逻辑控制电路中，A 和 B 两个线圈只要有一个通电，灯就亮。这说明，当决定一件事情的几个条件中，只要有一个条件具备，这件事情就会发生。这样的逻辑关系称为**或逻辑关系**。

图 8—40 所示为或门逻辑符号，或门真值表见表 8—9。

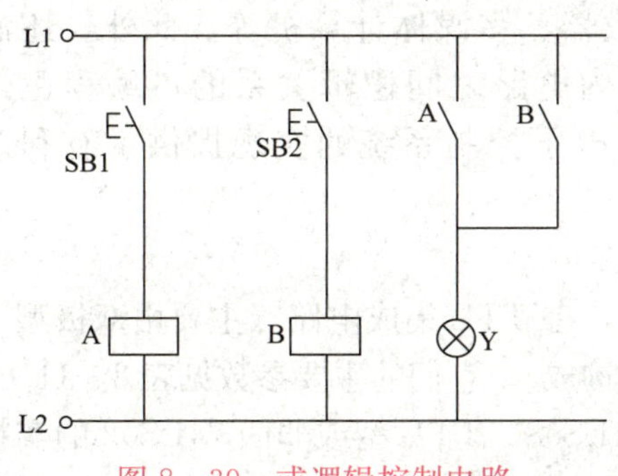

图 8—39　或逻辑控制电路

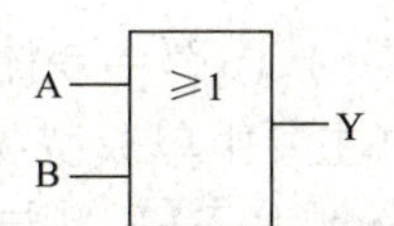

图 8—40　或门逻辑符号

表 8—9　或门真值表

A	B	Y
0	0	0
0	1	1
1	0	1
1	1	1

或门的逻辑功能可概括为“**全0出0，有1出1**”。

或门的逻辑表达式为

$$Y = A + B$$

读作“Y等于A或B”或“Y等于A加B”，或逻辑也称**逻辑加**。

3. 非门（NOT）

如图8—41所示，当线圈A不通电时，A的常闭触点闭合，灯亮；线圈A通电时，A的常闭触点分断，灯就不亮。也就是说，事情的结果与条件总是呈相反状态。这种关系称为**非逻辑关系**。

图8—42所示为非门逻辑符号，非门真值表见表8—10。

非门的逻辑功能可概括为“**有0出1，有1出0**”。

非门逻辑表达式为

$$Y = \overline{A}$$

读作“Y等于A非”或Y等于A反。

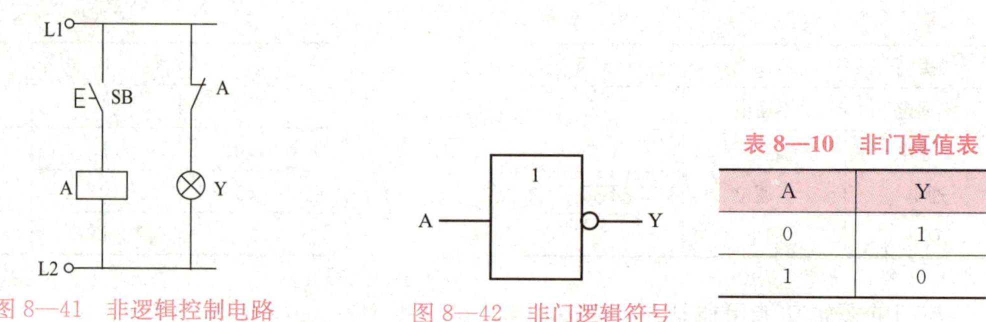

图8—41 非逻辑控制电路

图8—42 非门逻辑符号

表8—10 非门真值表

A	Y
0	1
1	0

此外，还可以由与、或、非三种基本逻辑门电路组成与非门、或非门、与或非门和异或门等复合逻辑门电路。

三、数字集成电路简介

1. 数字集成电路的发展

数字电路现在都已集成化，而且发展极为迅速，集成度（即每片芯片所含的半导体管数）越来越高。

一个芯片上能集成$1\times10^{8}\sim1\times10^{9}$只半导体管，可实现一个较复杂系统功能的所谓片上系统（SOC）也已出现，如数字电视单片接收器、多媒体计算机等。此外，还涌现出许多新型的数字集成电路，如用户可以改变片内电路之间逻辑关系的可编程逻辑器件（PLD）和现场可编程门阵列（FPGA）等，为电子控制系统的实现提供了有利条件。

2. 数字集成电路的类型

数字集成的电路有多种类型，按内部半导体管不同，有TTL集成电路（主要由双极型三极管构成）和CMOS集成电路（主要由单极型场效应管构成）。它们的主要参数见表8—11。

图8—43和图8—44所示分别为TTL型与非门74LS08、TTL型或非门74LS02的实物图。

表 8—11　　集成电路的主要参数

参数	TTL	CMOS
电源电压（V）	5	3～18
电压传输特性（输出电压随输入电压变化的理想化曲线）	u_o(V)　U_{OH}　U_{OL}　O　u_i(V)　U_{TH}≈1.4V	u_o(V)　O　u_i(V)　U_{TH}≈ 0.5U_{DD}
	U_{TH}是输出电压由高至低转折的界限值，称为阈值电压或门限电压。当u_i<U_{TH}时，输出高电平（$U_O=U_{OH}$）；当u_i>U_{TH}时，输出低电平（$U_O=U_{OL}$）	
输出高电平U_{OH}（V）	≥2.4（典型值 3.6 V）	约等于U_{DD}
输出低电平U_{OL}（V）	≤0.4（典型值 0.3 V）	约等于 0

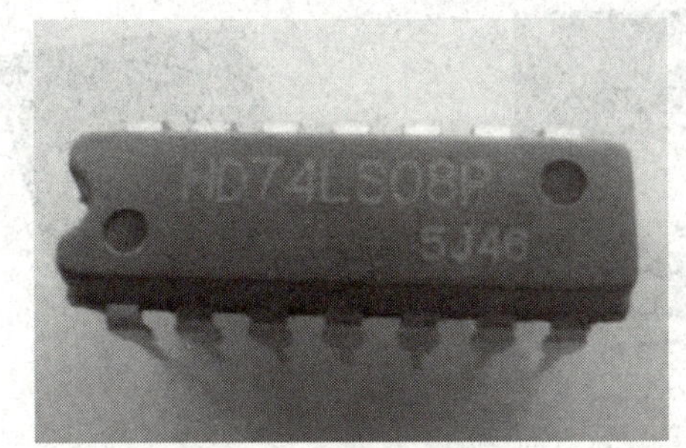

图 8—43　四 2 输入与非门 74LS08（74LS00 及 74LS32 与此类似）

图 8—44　四 2 输入或非门 74LS02

常用的数字集成电路有编码器、译码器、显示器、触发器、寄存器、计数器、模数转换器、数模转换器、可编程逻辑器件等。

四、数字控制系统

机械加工中常常需要对压力、速度、时间及加工动作等进行控制，其中许多因果关系都可以用逻辑关系来描述，并用数字电路来实现。运用数字信号实现控制功能称为**数字控制**，简称**数控（NC）**。以数字控制为主要环节的控制系统称为**数字控制系统**。

与一般控制系统相似，数字控制系统也包括输入、控制和输出三个基本组成部分。

输入部分　通常由各种传感器组成，它将采集到的非电量变化转变为电量的变化。例如，用手按动按钮开关，输入部分就把机械开关的通或断转变为数字信号 1 或 0。

控制部分　一般由具有各种控制功能的数字电路（或微处理器）等组成，它的作用是对输入的信号进行比较、分析和处理，并发出指令。

输出部分 一般由电磁继电器、晶闸管等多种执行机构组成，它的任务是执行某种操作，实现某种功能，如电磁继电器中衔铁的动作、电动机的转动等。

由传感器采集到的信号有可能是模拟信号，需要转换为数字信号；有的可能不规则，需要整形；有的可能太弱，需要放大。所以，在传感器与控制器之间需要加一个**接口**，称为模拟/数字转换（A/D）。由控制器发出的数字信号指令需要转换成模拟信号，往往还需要进行功率放大，才能推动执行机构工作，因此，在控制器和执行机构之间同样需要加装**接口**，称为数字/模拟转换（D/A）。

通过以上讨论和分析，可以将数字控制系统的基本组成用图 8—45 来表示。

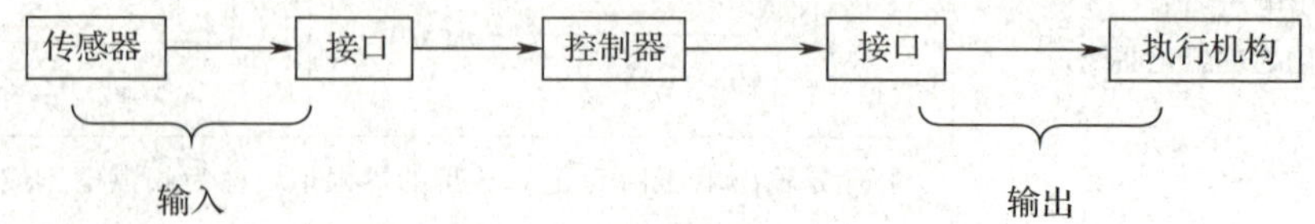

图 8—45　数字控制系统基本组成框图

数字集成电路和数字控制系统在现代生产生活中的应用十分广泛。

在人们日常生活中，智能手机、数字电视机、计算机、数码相机等各类数字电子产品日益普及，如图 8—46 所示。

a）　b）　c）

图 8—46　数字电子产品

a）智能手机　b）智能数字电视机　c）笔记本计算机

在工业生产自动控制系统、无线电遥感测量、智能化仪表、现代化军事技术及航天等众多领域，都广泛采用了数字技术，如图 8—47 所示。

a）

b）

c）

图 8—47　数字电子产品

a）数控加工中心　b）智能农业大棚监控显示　c）卫星运行

§8—4　数字逻辑电路

数字逻辑电路可以分为**组合逻辑电路**和**时序逻辑电路**两大类。

一、组合逻辑电路介绍

组合逻辑电路是一种无记忆功能的逻辑电路，任一时刻的输出仅由该时刻的输入所决定，而与电路原来的状态无关。

组合逻辑电路是由各种门电路组合而成的，实际上，各种复合逻辑门电路就是最简单的组合逻辑电路，例如，与非门即可由与门和非门组合而成。任意时刻只要有一个输入为 0，与非门输出就为 1，而与电路原来的状态无关。

如图 8—48 所示超市存包装置，人们要存包时只需要按一下“存”按钮，该装置立即就能输出一张有条形码的纸条。当人们取下纸条时，相应箱门打开，便可存包。条形码实际上就是对可存包的箱地址的编码和密码。当人们需要取出包时，只要将条形码对准扫描器扫描一下，里面的译码器就把条形码所对应的箱地址翻译出来，箱门便自动打开。在整个存取过程中，无论是编码器的编码，还是译码器的译码，都取决于当时人们是否按下“存”按钮或是否将条形码进行扫描，也就是说，系统在任一时刻的输出都是由同一时刻的输入所决定的，而与电路原来的状态无关，可见该系统所采用的也是一种组合逻辑电路。

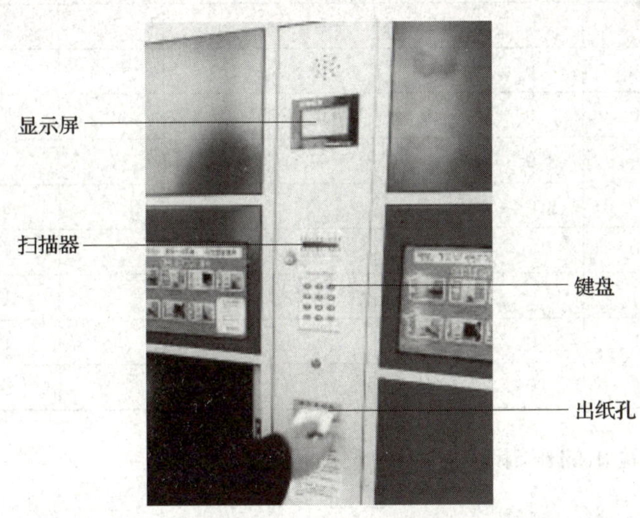

图 8—48　超市存包装置

二、典型组合逻辑电路

编码器、译码器、数据选择器和数据分配器是几种最常见的组合逻辑电路。

1. 编码器

编码是用文字、符号或数字表示特定对象的过程，实现编码功能的电路称为**编码器**。

如图 8—49 所示的计算机键盘内部就用到编码器，当按下某个按键时，会给编码器输入一个信号，编码器会将该信号转换成一串由 0、1 组成的代码送入计算机，计算机根据代码就能识别按下的是哪个按键。

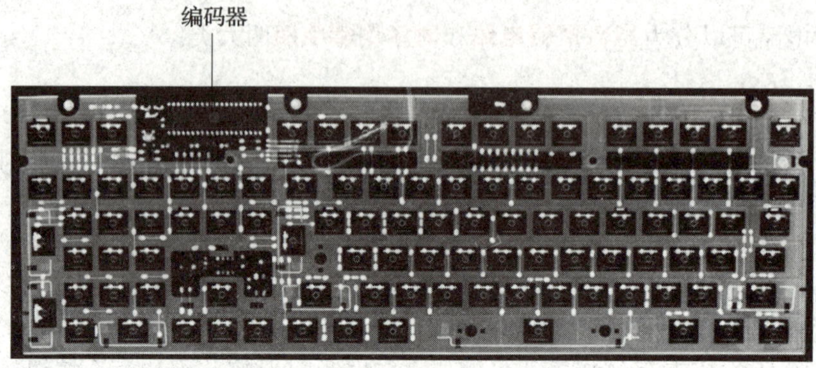

图 8—49　键盘内部结构

常见的编码器有**二进制编码器**和**二-十进制编码器**。本节介绍二进制编码器。

用二进制代码表示某种信号的电路称为二进制编码器。

三位二进制编码器有 8 个输入端和 3 个输出端，所以也称为 8 线-3 线编码器，其编码见表 8—12，输入为高电平有效。

表 8—12　　三位二进制编码器编码表

输入								输出		
I_7	I_6	I_5	I_4	I_3	I_2	I_1	I_0	Y_2	Y_1	Y_0
0	0	0	0	0	0	0	1	0	0	0
0	0	0	0	0	0	1	0	0	0	1
0	0	0	0	0	1	0	0	0	1	0
0	0	0	0	1	0	0	0	0	1	1
0	0	0	1	0	0	0	0	1	0	0
0	0	1	0	0	0	0	0	1	0	1
0	1	0	0	0	0	0	0	1	1	0
1	0	0	0	0	0	0	0	1	1	1

由真值表写出各输出的逻辑表达式为：

$$Y_2 = I_4 + I_5 + I_6 + I_7$$

$$Y_1 = I_2 + I_3 + I_6 + I_7$$

$$Y_0 = I_1 + I_3 + I_5 + I_7$$

根据逻辑表达式可以画出或门组成的三位二进制编码器，如图 8—50 所示。在图中 I_0 的编码是隐含着的，当 I_1～I_7 均为 0 时，电路输出就是 I_0 的编码。

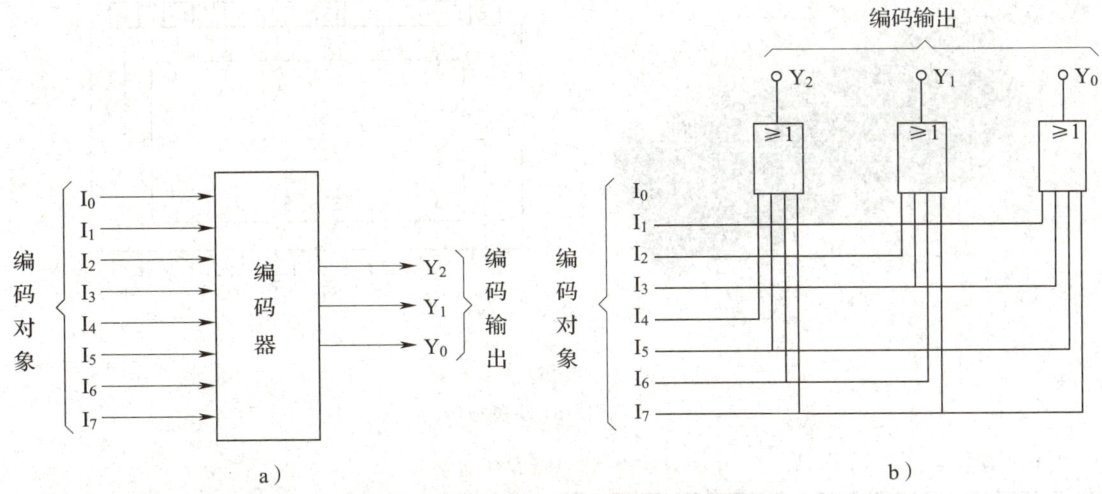

图 8—50　三位二进制编码器逻辑图

a）示意图　b）逻辑图

2. 译码器

将某种输入代码转换为相应信号的过程称为**译码**，译码是编码的逆过程，能实现译码功能的电路称为**译码器**。

如图 8—51 所示的电子记分牌、列车时刻表等电子设备，在其工作过程中，运算操作的对象主要是二进制数和二进制代码，但最终结果都要以人们习惯的十进制数和文字显示出来，这就需要通过译码器进行转换。

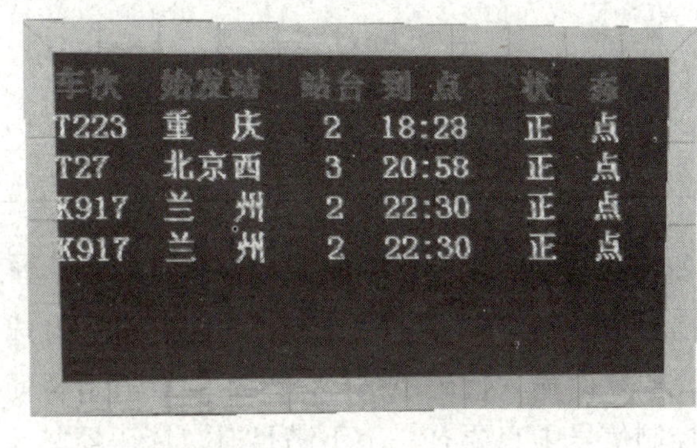

图 8—51　电子记分牌、列车时刻表

a）电子记分牌　b）列车时刻表

常见的译码器有**二进制译码器**和**二-十进制译码器**。本节介绍二进制译码器。

二进制译码器是将二进制代码翻译成相应输出信号的电路。74LS138 是一种典型的二进制译码器，其实物图和引脚排列如图 8—52 所示。

它有 3 个输入端，8 个输出端，所以也称为 3 线- 8 线译码器，其功能表见表 8—13。

a）

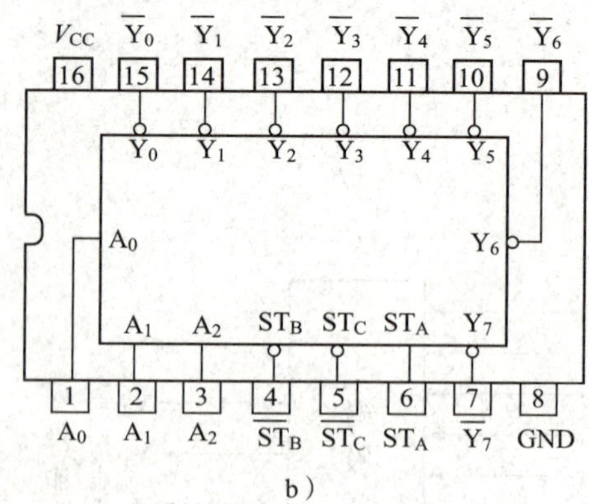

b）

图 8—52　74LS138 译码器

a）实物图　b）引脚排列

表 8—13　　74LS138 译码器的功能表

输入					输出							
ST_A	$\overline{ST_B}+\overline{ST_C}$	A_2	A_1	A_0	$\overline{Y_7}$	$\overline{Y_6}$	$\overline{Y_5}$	$\overline{Y_4}$	$\overline{Y_3}$	$\overline{Y_2}$	$\overline{Y_1}$	$\overline{Y_0}$
1	0	0	0	0	1	1	1	1	1	1	1	0
1	0	0	0	1	1	1	1	1	1	1	0	1
1	0	0	1	0	1	1	1	1	1	0	1	1
1	0	0	1	1	1	1	1	1	0	1	1	1
1	0	1	0	0	1	1	1	0	1	1	1	1
1	0	1	0	1	1	1	0	1	1	1	1	1
1	0	1	1	0	1	0	1	1	1	1	1	1
1	0	1	1	1	0	1	1	1	1	1	1	1
0	×	×	×	×	1	1	1	1	1	1	1	1
×	1	×	×	×	1	1	1	1	1	1	1	1

A_2、A_1、A_0为三位二进制代码输入，$\overline{Y_0}\sim\overline{Y_7}$ 为 8 个译码输出，低电平有效，即某一输出信号为 0 时译码成功。ST_A、$\overline{ST_B}$、$\overline{ST_C}$为选通控制，当 $ST_A=1$，$\overline{ST_B}=\overline{ST_C}=0$ 时，允许译码，由输入代码 A_2、A_1、A_0的取值组合使$\overline{Y_0}\sim\overline{Y_7}$ 中的某一位输出低电平。当 3 个选通控制信号中只要有一个不满足时，译码器禁止译码，输出皆为无用信号。

知识链接

数码管和显示译码器

数码管是指用以显示数字和字符的电子器件，也称为数码显示器。**显示译码器**的作用是将输入端的 8421 二 十进制代码译成数码管的字段信号，以驱动数码管显示出相应的十进制数码。

最常用的数码管是七段 LED 数码显示器，如图 8—53 所示。有些数码管在右下角还增加一个小数点，成为字形的第 8 段。

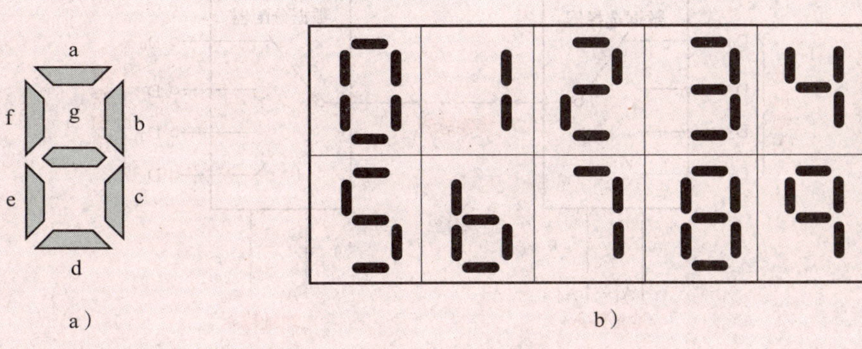

图 8—53　七段 LED 数码显示器

a）笔画图　b）七段显示数值

七段数码管由于其内部七段发光二极管的连接方式不同，分为共阳极和共阴极两种接法，如图 8—54 所示。

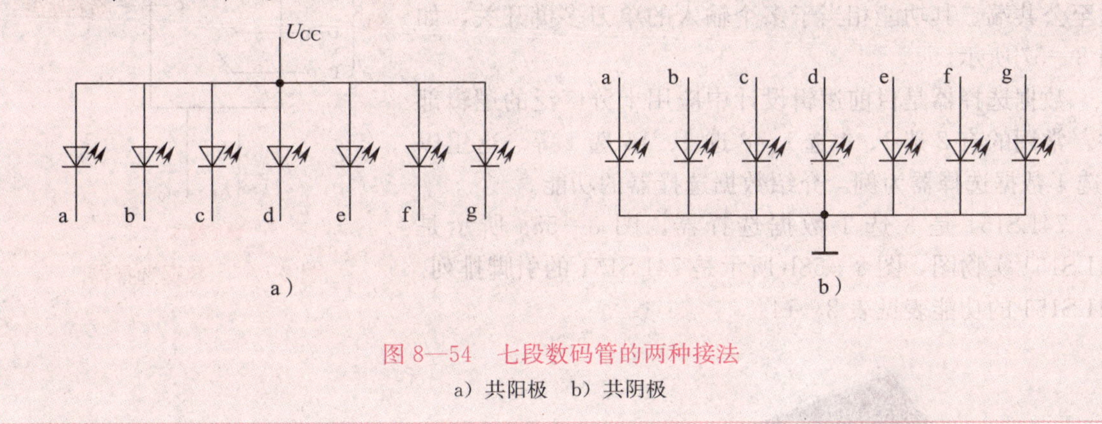

图 8—54　七段数码管的两种接法

a）共阳极　b）共阴极

3. 数据选择器和数据分配器

信件的收发就是一个信件的收集、选择和分送的过程：邮局在把许多信件收齐后，先按大范围的地址传送，然后再由邮递员按具体的地址分送到收信人手中，如图 8—55 所示。

图 8—55　信件的传送

在数字系统中，信息的收集、传送和分发的过程也有相似之处，为了减少传输线，提高传输效率，经常采用**总线技术**，即在同一条传输线上对多路数据进行接收或传送，为了实现这种逻辑功能，就要用到数据选择器和数据分配器。其示意图如图 8—56 所示。

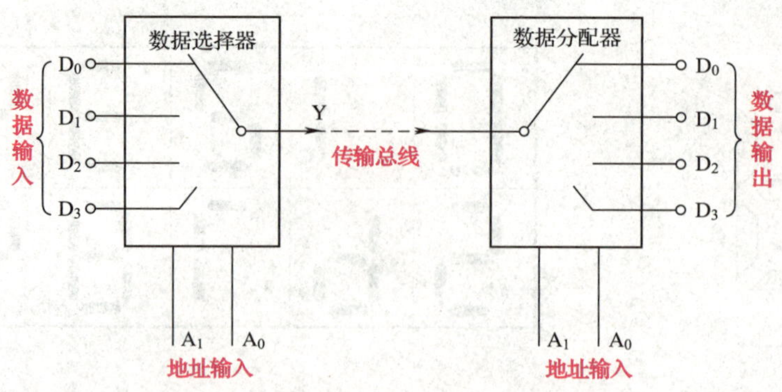

图 8—56　数据的传送

（1）数据选择器。数据选择器又称**多路调制器**或**多路选择开关**，其功能是在**选择输入**（又称**地址输入**）信号的作用下，能从多路输入数据中选择其中一路输出并将其传送至公共端。其功能相当于多个输入的单刀多掷开关，如图 8—57 所示。

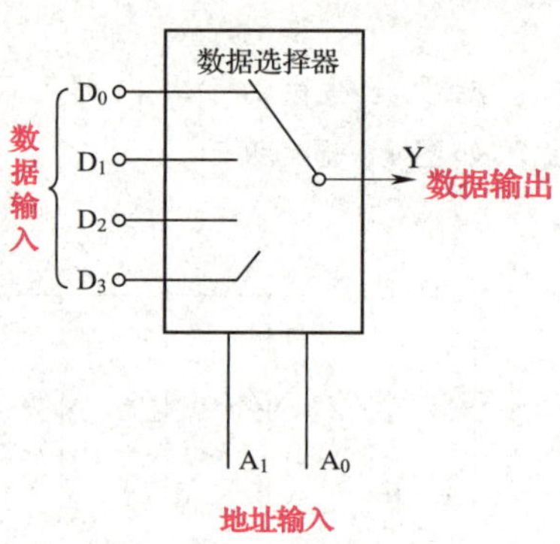

图 8—57　数据选择器

数据选择器是目前逻辑设计中应用十分广泛的逻辑部件，常用的有 2 选 1、4 选 1、8 选 1、16 选 1 等。这里以 8 选 1 数据选择器为例，介绍数据选择器的功能。

74LS151 是 8 选 1 数据选择器，图 8—58a 所示是 74LS151 实物图，图 8—58b 所示是 74LS151 的引脚排列。74LS151 的功能表见表 8—14。

图 8—58　数据选择器 74LS151

a）实物图　b）引脚排列

表 8—14　　**74LS151 的功能表**

使能控制 $\overline{S}$	选择输入（输入地址）			输出	
	A_2	A_1	A_0	Y	$\overline{Y}$
1	×	×	×	0	1
0	0	0	0	D_0	$\overline{D}_0$
0	0	0	1	D_1	$\overline{D}_1$
0	0	1	0	D_2	$\overline{D}_2$

续表

使能控制 $\overline{S}$	选择输入（输入地址）			输出	
	A_2	A_1	A_0	Y	$\overline{Y}$
0	0	1	1	D_3	$\overline{D}_3$
0	1	0	0	D_4	$\overline{D}_4$
0	1	0	1	D_5	$\overline{D}_5$
0	1	1	0	D_6	$\overline{D}_6$
0	1	1	1	D_7	$\overline{D}_7$

（2）数据分配器。数据分配器又称**多路解调器**或**反向多路开关**。其功能与数据选择器相反，它是根据地址选择信号将一路输入数据传送到多路设备的某一输出端，其功能相当于多个输出的单刀多掷开关，如图 8—59 所示。

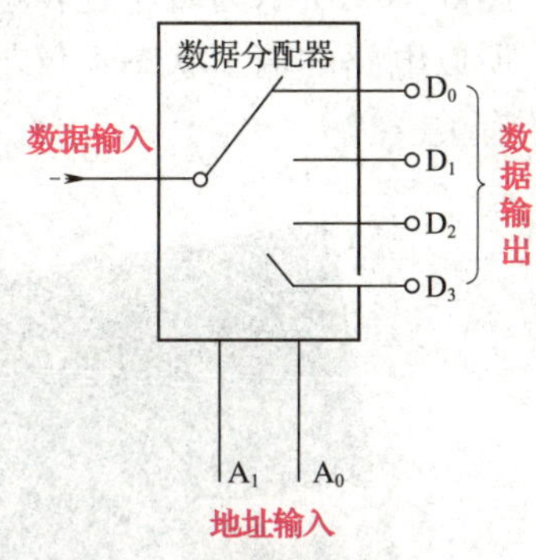

图 8—59　数据分配器示意图

数据分配器实质上就是译码器，两者只不过是使用角度不同而已。下面用 2 线- 4 线译码器 74LS139 来构成一个双 2 线- 4 线数据分配器。74LS139 译码器实物图和引脚排列如图 8—60 所示，功能表见表 8—15。

a）

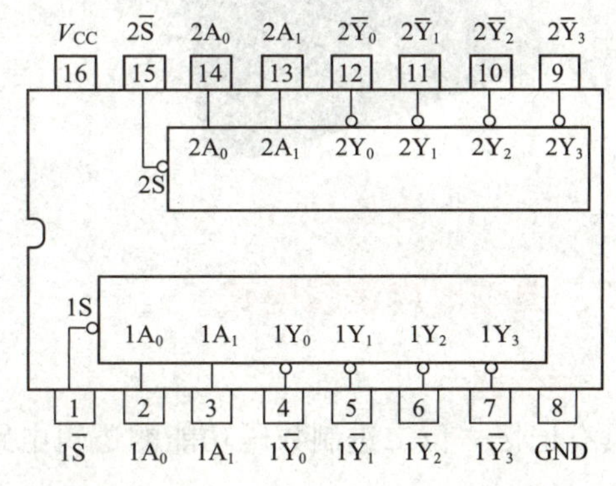

b）

图 8—60　74LS139

a）实物图　b）引脚排列

表 8—15　74LS139 功能表

输入数据	地址输入		输出			
$\overline{S}$	A_1	A_0	$\overline{Y}_3$	$\overline{Y}_2$	$\overline{Y}_1$	$\overline{Y}_0$
1	×	×	1	1	1	1
0	0	0	1	1	1	0
0	0	1	1	1	0	1
0	1	0	1	0	1	1
0	1	1	0	1	1	1

三、时序逻辑电路介绍

如图 8—61 所示是一种触摸式电子开关，用户摸一下接触点，开关接通，灯亮；再摸一下接触点，开关断开，灯灭。当手摸接触点时，灯的状态发生变化；而当手离开接触点后，灯的状态不会改变，可见该控制电路具有记忆功能。

具有记忆功能的逻辑电路称为时序逻辑电路，简称时序电路。时序逻辑电路以触发器为基本单元构成，常见的有寄存器、计数器等。

图 8—62 所示为时序逻辑电路框图。从图中可以看出，由于时序逻辑电路中接有存储单元，所以电路的输出状态不仅与当时的输入状态有关，还与电路原先状态（存储单元中的信息）有关。

图 8—61　触摸式电子开关

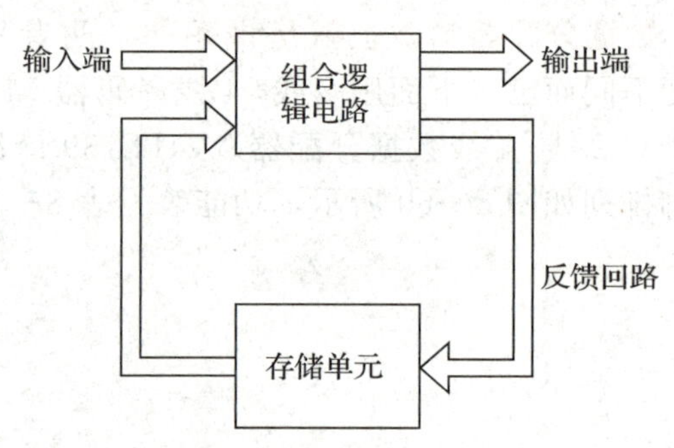

图 8—62　时序逻辑电路框图

四、典型时序逻辑电路

1. 触发器

具有记忆一位二进制数码功能的逻辑电路统称为触发器，它是构成时序逻辑电路的基本单元。

常用触发器按逻辑功能分为 RS 触发器、JK 触发器、D 触发器和 T 触发器等。其中 RS 触发器结构最为简单，它也是构成各种结构复杂触发器的基础。

（1）基本 RS 触发器。基本 RS 触发器又称直接复位-置位触发器或 RS 锁存器。

图 8—63a 所示是用两个与非门交叉连接而成的基本 RS 触发器。$\overline{R}$、$\overline{S}$ 是它的两个输入端，非号表示低电平有效，Q、$\overline{Q}$ 是它的两个输出端，基本 RS 触发器的逻辑符号如图 8—63b 所示。其中，输入端带小圆圈表示低电平触发；输出端不带小圆圈表示 Q 端，带小圆圈表示 $\overline{Q}$ 端。

在正常工作情况下，基本 RS 触发器的两个输出端 Q 和 $\overline{Q}$ 的状态相反，通常规定 **Q 端的状态为触发器的状态**。Q=1、$\overline{Q}$=0，称为 1 态；Q=0、$\overline{Q}$=1，称为 0 态。$\overline{S}$ 端为**置 1 端**或**置位端**，$\overline{R}$ 端为**置 0 端**或**复位端**。

基本 RS 触发器的真值表见表 8—16。

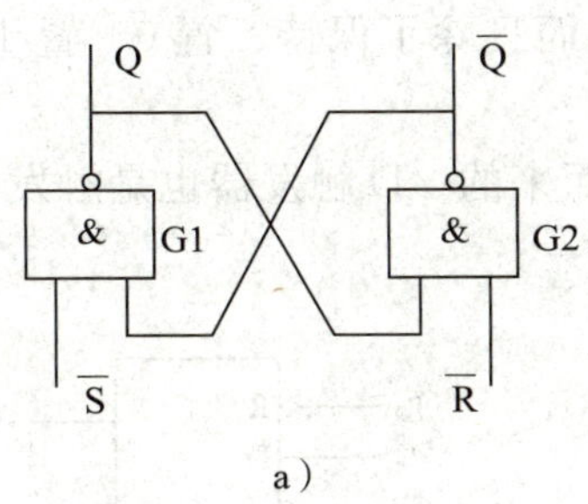

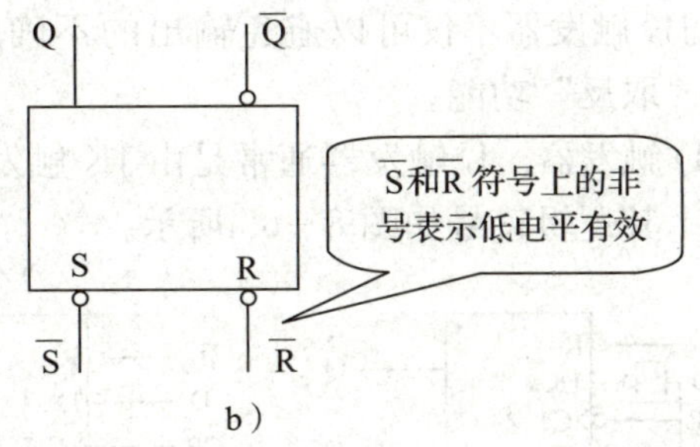

图 8—63 基本 RS 触发器

a）逻辑电路 b）逻辑符号

表 8—16 基本 RS 触发器的真值表

输入信号		输出状态	功能说明
$\overline{R}$	$\overline{S}$	Q^{n+1}	
0	0	×	禁止
0	1	0	置 0
1	0	1	置 1
1	1	Q^n	保持

表中 **Q^n 为触发器的初态**，即输入信号作用前触发器 Q 端的状态；**Q^{n+1} 为触发器的次态**，即输入信号作用后触发器 Q 端的状态。“×”表示触发器状态不定。

（2）JK 触发器。JK 触发器是在 RS 触发器的基础上发展出的一种实用性很强的触发器，也是构成其他数字电路的基础之一，例如计数器等。

JK 触发器的逻辑符号如图 8—64 所示。其中 J、K 为信号输入端，又称**激励端**；C1 是**时钟脉冲** CP 的输入端。

C1 旁的小三角表示边沿触发，小三角外无小圆圈，表示**上升沿触发**，如图 8—64a 所示；小三角外有小圆圈，表示**下降沿触发**，如图 8—64b 所示。

JK 触发器真值表见表 8—17。

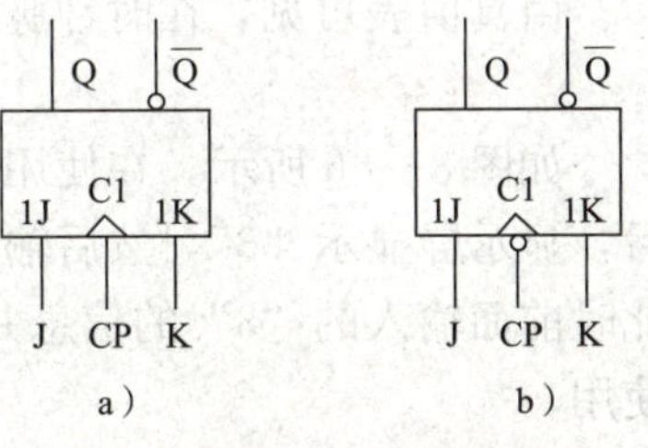

图 8—64 JK 触发器逻辑符号

a）上升沿触发 b）下降沿触发

表 8—17 JK 触发器真值表

输入		输出	功能说明
J	K	Q^{n+1}	
0	0	Q^n	保持
0	1	0	置 0
1	0	1	置 1
1	1	$\overline{Q^n}$	取反

表中 $\overline{Q}^n$ 表示触发器状态发生翻转，即“**取反**”。

可见 JK 触发器不仅可以避免输出的不确定状态，而且除了保持、置 0、置 1 功能外，还增加了“取反”功能。

（3）D 触发器。D 触发器通常是由 JK 触发器演变而来的，D 触发器也是触发器的主要类型之一。其逻辑符号如图 8—65 所示。

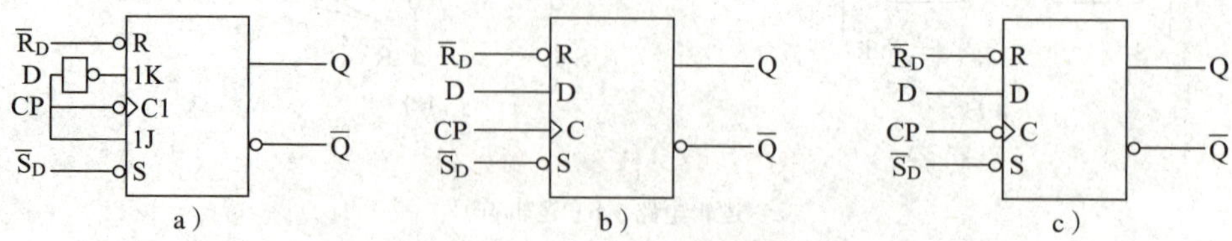

图 8—65　D 触发器逻辑符号

a）由 JK 触发器组成　b）上升沿触发　c）下降沿触发

D 触发器有 4 个控制端，其中 $\overline{R}_D$、$\overline{S}_D$、CP 端的功能与 JK 触发器一样，$\overline{R}_D$ 端和 $\overline{S}_D$ 端也称为**异步操作端**，用于异步直接置 0 和置 1（也称直接复位和置位端），平时都应处于高电平。D 端的控制功能如下：当 D=1 时，触发后输出为“1”；当 D=0 时，触发后输出为“0”。其真值表见表 8—18。

表 8—18　　D 触发器真值表

D	Q^{n+1}
1	1
0	0

由真值表可见，在时钟脉冲作用后，触发器状态与 D 端状态相同，即 $Q^{n+1}=D$。

2. 寄存器

如图 8—66 所示，在使用计算器进行“3+5”的运算时，当通过按键把数字“3”输入后，显示屏显示“3”，然后输入“+”，“3”仍然存在，输入数字“5”后，“3”便消失了，此时前面输入的“3”的信息并未被删除，而是被存放到“寄存器”中，以便做加法运算时使用。

图 8—66　计算器做加法运算

寄存器的基本作用是存放用高、低电平表示的二进制代码。因为系统必须把需要处理的数据先寄存起来，所以寄存器被广泛地应用于各类数字电路中，是构成计算机内存的基础部件。

寄存器有**数码寄存器**和**移位寄存器**两种类型。

（1）数码寄存器。数码寄存器是一种最简单的寄存器，它只具有接收数码和清除原有数码的功能。

图 8—67 所示为由 4 个 D 触发器组成的四位数码寄存器。在该电路中，D_0～D_3 为 4 位被存数码，分别接入各触发器的 D 端，当 CP 信号上升沿到来时，$Q_3^{n+1}Q_2^{n+1}Q_1^{n+1}Q_0^{n+1}=D_3D_2D_1D_0$。

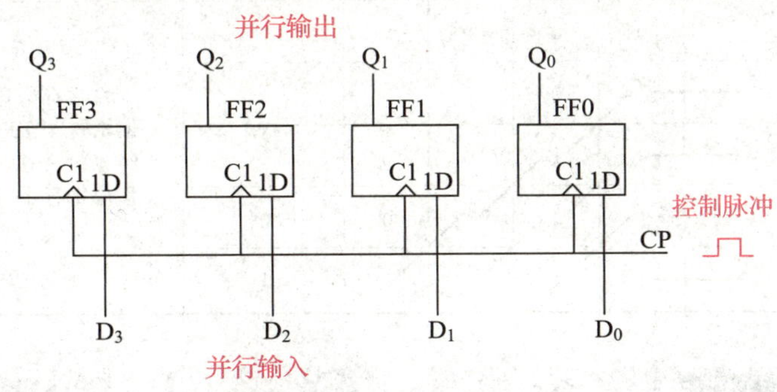

图 8—67　四位数码寄存器

由于该寄存器被存数码同时从各触发器的 D 端输入，又同时从各 Q 端输出，故又称为**并行输入、并行输出**（简称**并入/并出**）数码寄存器。

（2）移位寄存器。移位寄存器除了具有寄存数码的功能外，还具有数码移位的功能。常用的移位寄存器有**单向移位寄存器**和**双向移位寄存器**。

单向移位寄存器可以实现存储数码的单向右移；双向移位寄存器在移位控制信号的作用下，既可以实现右移，又可以实现左移。这里只介绍单向移位寄存器。

图 8—68 所示为四位右移寄存器，电路由 4 个 D 触发器构成。4 位二进制代码 $A_3A_2A_1A_0=1011$。高位在前，低位在后，依次从 A 端输入。设移位寄存器初始状态 $Q_3Q_2Q_1Q_0=0000$，在移位脉冲（触发器时钟脉冲 CP）作用下，移位寄存器的数码移动情况见表 8—19。

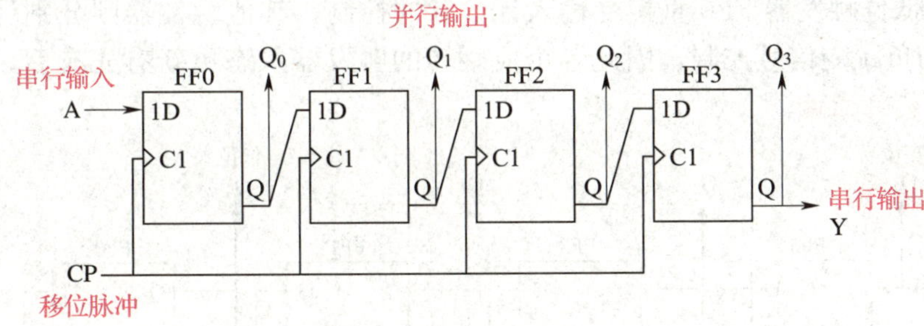

图 8—68　四位右移寄存器

3. 计数器

广义地讲，计数器就是能够实现计数功能的器件，例如水表、电表、里程表、温度计、点钞机等都可以看作是计数器，如图 8—69 所示。

在数字系统中，把用来统计和存储输入脉冲个数的电路称为**计数器**，它不仅用于计数，也可用于定时、分频等，是数字电路中的基本逻辑部件之一。

计数器种类很多，按数制不同可以分为二进制计数器、十进制计数器；按功能不同可分为加法计数器、减法计数器和可逆计数器；按工作方式不同可分为同步计数器和异步计数器。这里只介绍二进制异步加法计数器。

表 8—19　　四位右移寄存器状态表

CP 脉冲	被寄存数码 $A_3A_2A_1A_0=1011$	并行输出				串行输出	说明
		Q_0	Q_1	Q_2	Q_3	$Y=Q_3$	
0	0	0	0	0	0	0	
1	1	1	0	0	0	0	将被存数码 1011 从高位到低位依次送至 FF0、FF1、FF2、FF3，经 4 次右移，将被存数码全部存入移位寄存器，$Q_3Q_2Q_1Q_0=1011$
2	0	0	1	0	0	0	
3	1	1	0	1	0	0	
4	1	1	1	0	1	1	

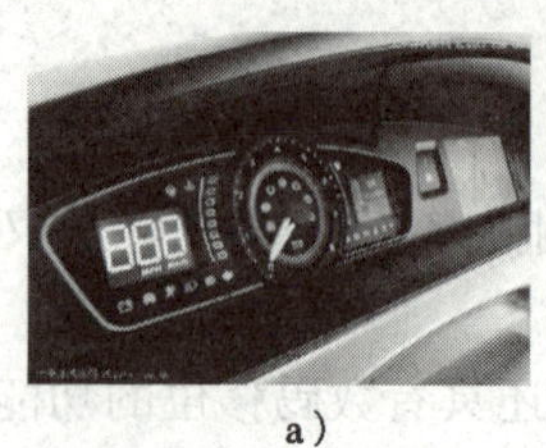
a）

b）

c）

d）

图 8—69　计数器的应用

a）里程表　b）点钞机　c）可逆计数器　d）测速仪

在时钟脉冲作用下，各触发器的状态翻转按二进制数码规律计数的逻辑电路称为**二进制计数器**。每输入一个脉冲，就进行一次加 1 运算的计数器称为**加法计数器**，也称**递增计数器**。

图 8—70 所示为用 4 个 JK 触发器构成的四位二进制异步加法计数器，它的连接特点是：每一个触发器 J、K 端都接 1，成为 T 触发器，再将低位触发器的 Q 端与高一位的 C1 端相连接。最低位触发器 FF0 直接受输入计数脉冲控制，其他触发器则分别受较低位触发器 Q 端输出的负跳变信号控制，因此各个应翻转的触发器状态更新有先有后，故称**异步计数器**，也称**串行计数器**。

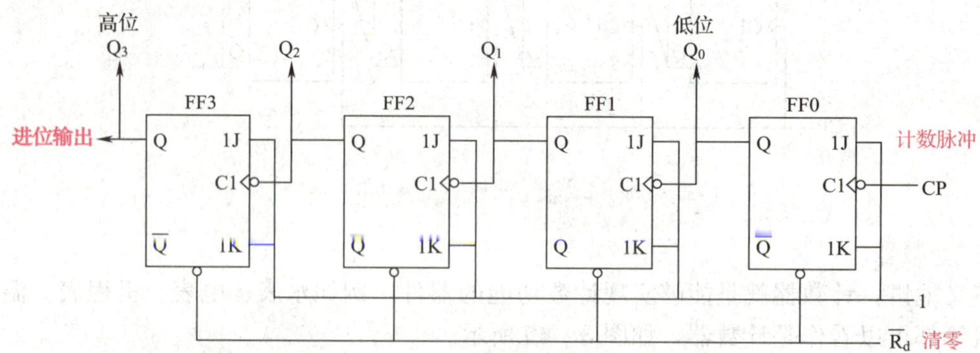

图 8—70　用 JK 触发器构成的四位二进制异步加法计数器

计数器工作前先清零，即计数器初始状态为 $Q_3Q_2Q_1Q_0=0000$。

当第一个 CP 脉冲下降沿到来时，FF0 状态翻转，Q_0 由 0 变 1，其余触发器状态不变，$Q_3Q_2Q_1Q_0=0001$。

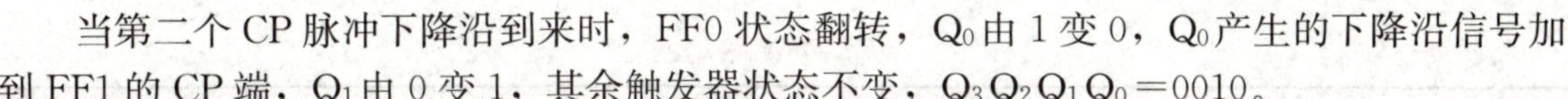

当第二个 CP 脉冲下降沿到来时，FF0 状态翻转，Q_0 由 1 变 0，Q_0 产生的下降沿信号加到 FF1 的 CP 端，Q_1 由 0 变 1，其余触发器状态不变，$Q_3Q_2Q_1Q_0$＝0010。

当第三个 CP 脉冲下降沿到来时，FF0 状态翻转，Q_0 由 0 变 1，其余触发器状态不变，$Q_3Q_2Q_1Q_0$＝0011。

依次类推，当第 15 个 CP 脉冲下降沿到来时，$Q_3Q_2Q_1Q_0$＝1111。

当第 16 个 CP 脉冲下降沿到来时，$Q_3Q_2Q_1Q_0$＝0000，计数器开始新的计数周期。

输入脉冲数与对应的四位二进制数见表 8—20。

表 8—20　　四位二进制异步加法计数器状态表

计数脉冲 CP	Q_3	Q_2	Q_1	Q_0	计数脉冲 CP	Q_3	Q_2	Q_1	Q_0
0	0	0	0	0	9	1	0	0	1
1	0	0	0	1	10	1	0	1	0
2	0	0	1	0	11	1	0	1	1
3	0	0	1	1	12	1	1	0	0
4	0	1	0	0	13	1	1	0	1
5	0	1	0	1	14	1	1	1	0
6	0	1	1	0	15	1	1	1	1
7	0	1	1	1	16	0	0	0	0
8	1	0	0	0					

§8—5　555时基电路

555 时基电路也称 555 定时器，是一种将模拟电路和数字电路巧妙集合在一起的组合集成电路。它具有定时精度高、工作速度快、温度稳定性好等优点，而且结构简单，使用灵活，因此在电子电路中得到了广泛的应用。

一、555 时基电路的引脚及功能

NE555 定时器外形及引脚排列如图 8—71 所示，555 时基电路功能见表 8—21。

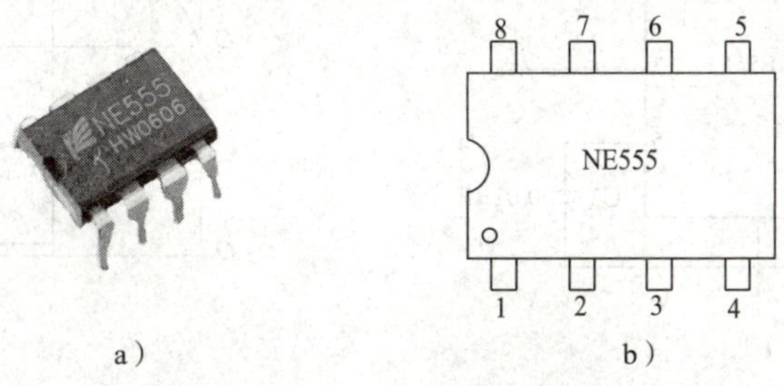

图 8—71　NE555 时基电路

a）外形图　b）引脚排列

表 8—21　555 时基电路功能

复位端④脚	高触发端⑥脚	低触发端②脚	输出端③脚	放电端⑦脚
0	×	×	0	导通
1	$>\frac{2}{3}U_{CC}$	$>\frac{1}{3}U_{CC}$	0	导通
1	$<\frac{2}{3}U_{CC}$	$>\frac{1}{3}U_{CC}$	保持原态	保持原态
1	×	$<\frac{1}{3}U_{CC}$	1	截止

注：表中 1、0 分别表示高、低电平，×表示可为任意电平。

①脚为接地端。

②脚为低触发端。当该端电压低于 1/3 U_{CC}时，输出为高电平。

③脚为输出端。

④脚为强制复位端。当该端外加电压为低电平时，不论②脚、⑥脚处于何种状态，输出均为低电平。如果不需要强制复位，该端可与电源正极相连或悬空。

⑤脚为控制端。若在此端接电压，可调节基准电压。若不需要调节，可通过 0.01 μF 电容接地，以消除高频干扰。

⑥脚为高触发端。当该端电压高于 2/3 U_{CC}时，输出为低电平。

⑦脚为放电端。该端与集成电路内部放电管相连，用于为定时电容器放电，当输出为低电平时，放电管处于导通状态。

⑧脚为电源正端。双极型 555 时基电路允许电源电压为 4.5～15 V，CMOS 型 555 时基电路允许电压为 3～18 V。

二、555 时基电路的应用

1. 用 555 时基电路构成多谐振荡器

用 555 时基电路可以构成一种称为振荡器的电路，如图 8—72a 所示，其波形图如图 8—72b 所示。

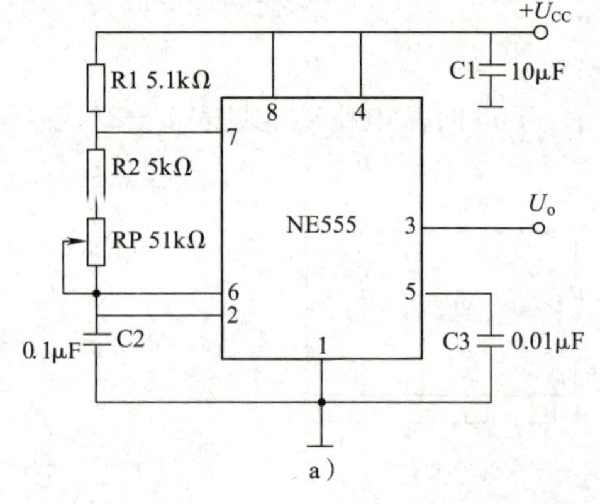

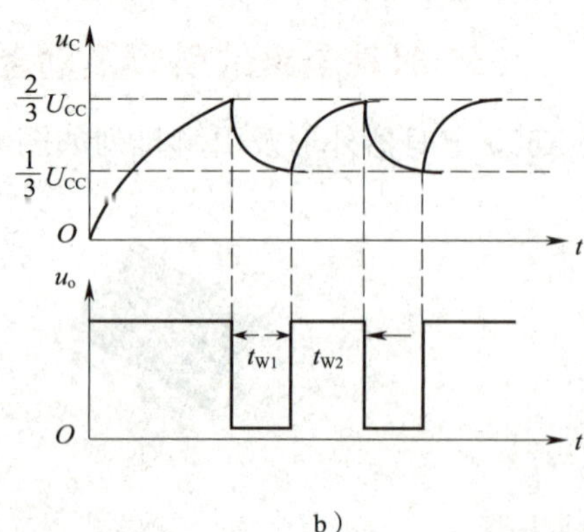

图 8—72　用 555 时基电路构成的振荡器

a）电路图　b）波形图

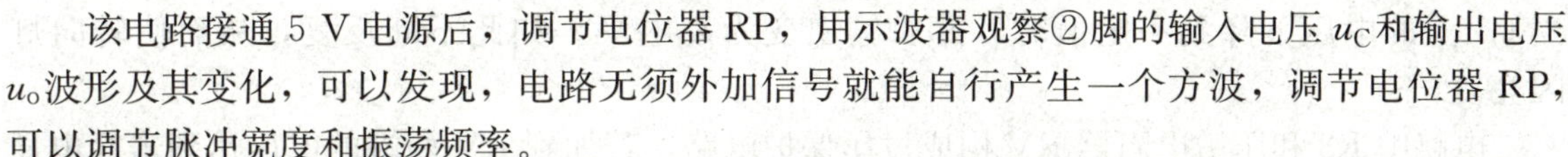

该电路接通 5 V 电源后，调节电位器 RP，用示波器观察②脚的输入电压 u_C 和输出电压 u_o 波形及其变化，可以发现，电路无须外加信号就能自行产生一个方波，调节电位器 RP，可以调节脉冲宽度和振荡频率。

在图 8—72 所示电路中，接通电源后，u_C 为零，输出为高电平，U_{CC} 通过 R1、R2、RP 对 C2 充电，当 u_C 上升到 $u_C \geqslant 2/3\ U_{CC}$ 时，输出为低电平。电容 C2 放电，u_C 下降，当 u_C 下降到 $u_C \leqslant 1/3\ U_{CC}$ 时，输出又变为高电平，U_{CC} 再次通过 R1、R2、RP 对 C2 充电。以后重复上述过程。

知识链接

多谐振荡器是一种常见的脉冲波形发生器，在接通电源后，它不需要外加信号就能产生一定频率和幅度的矩形波。因该矩形波中含有多种谐波成分，故称为**多谐振荡器**。多谐振荡器是一种**无稳态**电路，只有两个**暂态**，电路通电后就在这两个暂态之间来回转换。

稳态是指电路的稳定状态。电路由一种稳态转变到另一种稳态的过程称为**过渡过程**或**暂态过程**。电路在暂态过程中所处的状态称为暂态。

2. 用 555 时基电路构成汽车闪光灯电路

图 8—73 所示为用 555 时基电路构成的汽车闪光器电路。

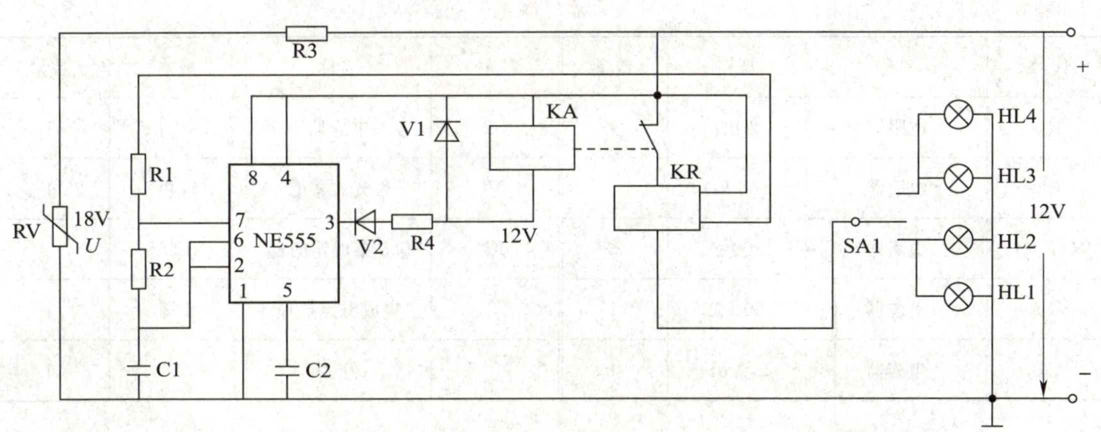

图 8—73　用 555 时基电路构成的汽车闪光器电路

电路中，555 时基电路与 R1、R2、C1、C2 构成振荡器。SA1 为汽车转向灯开关，HL1 与 HL2 为左转向灯，HL3 与 HL4 为右转向灯。KR 是一只干簧管继电器，KA 是一只直流电压为 12 V 的继电器。当转向开关 SA1 处于中间位置时，干簧管继电器 KR 内的触点处于断开状态，555 时基电路的②、⑥、⑦脚均为低电平，③脚输出高电平，二极管 V2 截止，继电器 KA 不工作。

当转向开关 SA1 置于向左或向右转向位置时，转向灯点亮，干簧管继电器线圈通电，内部常开触点闭合，电源电压经闭合的触点、R1、R2 对电容 C1 充电。当 C1 上的电压上升到一定值时，③脚输出变为低电平，二极管 V2 导通，继电器 KA 通电吸合，常闭触点断开，KR 线圈断电，转向灯熄灭。此后，C1 通过 555 时基电路内部放电管放电，当 C1 上的电压下降到一定值时，③脚输出变为高电平。如此不断反复，从而使转向灯闪亮。

电路中 R3 和压敏电阻器 RV 构成过压保护电路，若加到 RV 两端的电压达到击穿电压时，RV 阻值迅速减小，达到过压保护的目的。

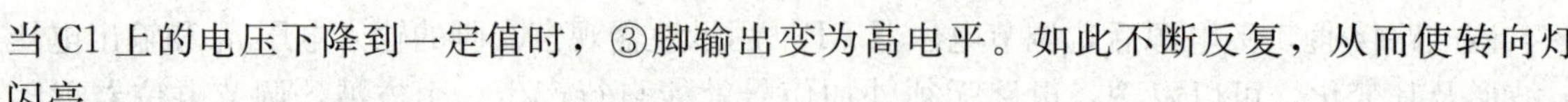

实验与实训 7 用 555 时基电路构成延时电路

一、实验目的

1. 通过设计与安装电路，熟悉 555 时基电路的特点。
2. 通过测试电路，进一步加深对 555 时基电路应用的感性认识。

二、实验器材

1. +5 V 稳压电源、万用表和常用电子装配工具。
2. 元器件明细见表 8—22。

表 8—22　　元器件明细

代号	名称	规格	数量	代号	名称	规格	数量
R1	电阻器	2 kΩ	1	C2	电容器	0.01 μF	1
R2	电阻器	100 kΩ	1	V	发光二极管	红色	1
R3、R4	电阻器	200 Ω	2	IC	555 集成定时器	NE555	1
RP	电位器	50 kΩ	1		集成电路插座	8 脚	1
C1	电容器	2.2 μF	1		开关		1

三、实验步骤

1. 设计电路

555 报警器测试电路如图 8—74 所示。警铃用发光二极管代替。

2. 检测元器件

用万用表电阻挡对元器件进行检测，剔除并更换不符合质量要求的元器件。

3. 识别所用的集成电路

熟悉集成 555 的外形及引脚排列，以便于在实际操作和检测排查故障的过程中能够较顺利地解决问题。

4. 装配电路

焊接好的电路板实物如图 8—75 所示。

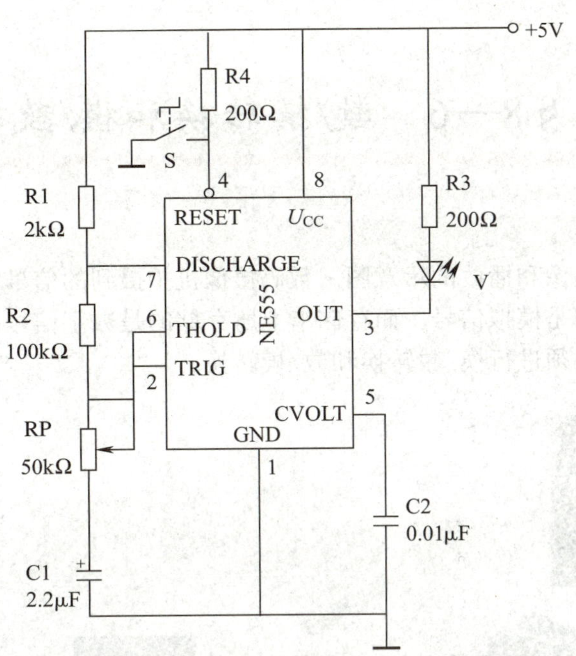

图 8—74　555 报警器测试电路原理图

图 8—75　555 报警器测试电路实物图

5. 测试电路

(1) 安装完后，对照原理图仔细检查电路是否安装正确，导线、焊点是否符合要求，检查有极性器件是否安装并连接正确。

(2) 用万用表检测电源是否有短路问题，待确认无误后，插上集成电路，然后进行通电测试。

(3) 测试内容：分别在打开和闭合开关 S 时，进行如下操作。

1) 用示波器观察 555 定时器③脚的输出波形并记录。

2) 观察发光二极管的变化情况。

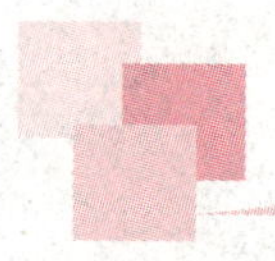

§8—6 数/模转换和模/数转换

图 8—76 所示是摄像和播放的示意图。数码摄像机拍摄到的信号和普通电视机（非数字电视机）播放的信号都是模拟信号，而存储卡上所存储的是数字信号。因此，在摄像和播放设备的工作过程中，必须进行模/数转换和数/模转换。

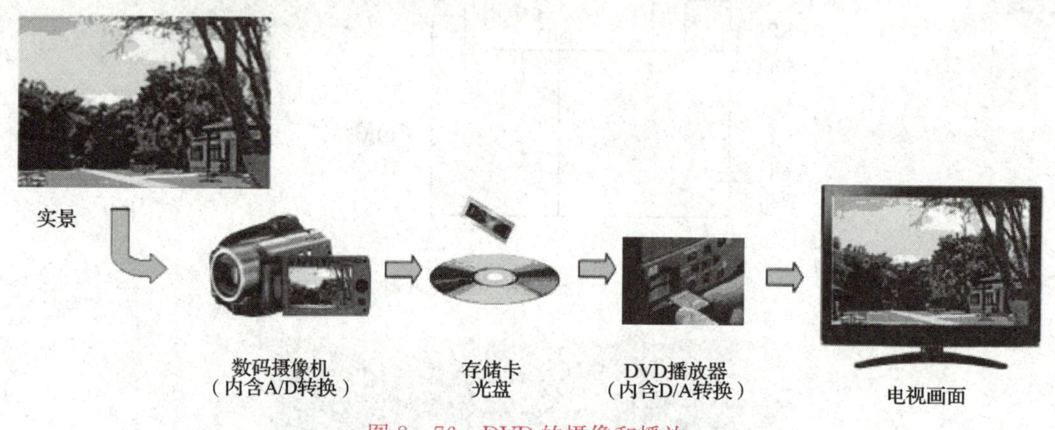

图 8—76 DVD 的摄像和播放

音像录播的模/数转换和数/模转换原理框图如图 8—77 所示。

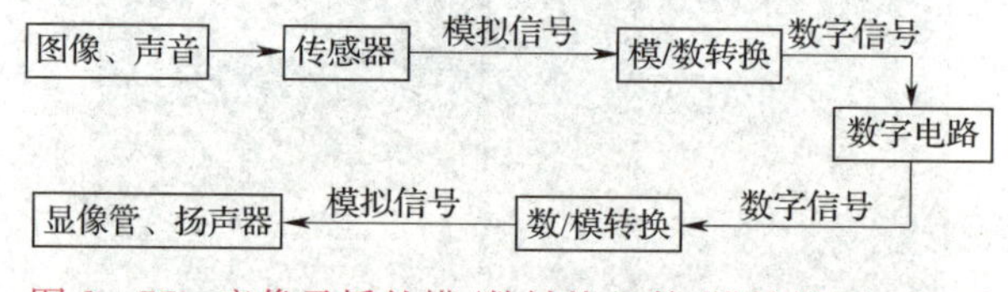

图 8—77 音像录播的模/数转换和数/模转换原理框图

一、数/模转换器

从数字信号到模拟信号的转换称为**数/模转换**，简称 **D/A**。实现 D/A 转换的电路称为 **D/A 转换器**，简称 **DAC**。

1. D/A 转换基本原理

在 D/A 转换过程中，输入的是二进制数字编码信号，将它作为模拟开关信号，控制电阻译码网络进行译码，使电阻译码网络的各个输出端输出的电流大小与该位二进制数大小成正比，再求和放大，最后得到与输入的数字量成正比的模拟量，如图 8—78 所示。

2. AD7520 D/A 转换器

AD7520 D/A 转换器是一种 8 - 10 位 D/A 转换器，具有输入阻抗高、输入电流小、转换速率快、失真度小及噪声小等优点，其外形和引脚排列如图 8—79 所示，各引脚功能见表 8—23。

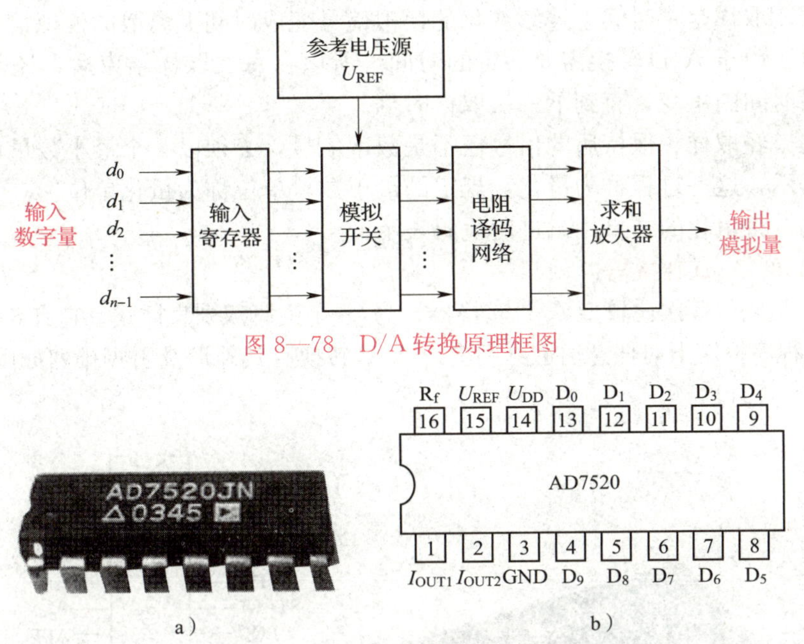

图 8—78　D/A 转换原理框图

图 8—79　AD7520 D/A 转换器

a）实物图　b）引脚排列

表 8—23　AD7520 各引脚功能

引脚号	代号	功能
4～13	D_9～D_0	10 位数字量的输入端，D_9 为最高位，D_0 为最低位
1	I_{OUT1}	模拟电流输出端，接运放反相输入端
2	I_{OUT2}	模拟电流输出端，一般接地
3	GND	接地端
14	U_{DD}	电源电压端（5～15 V）
15	U_{REF}	基准电压接线端
16	R_f	内部反馈电阻输出端

二、模/数转换器

从模拟信号到数字信号的转换称为**模/数转换**，简称 **A/D**。实现 A/D 转换的电路称为 **A/D 转换器**，简称 **ADC**。

1. A/D 转换基本原理

A/D 转换一般要经过取样、保持、量化和编码 4 个环节，其原理框图如图 8—80 所示。

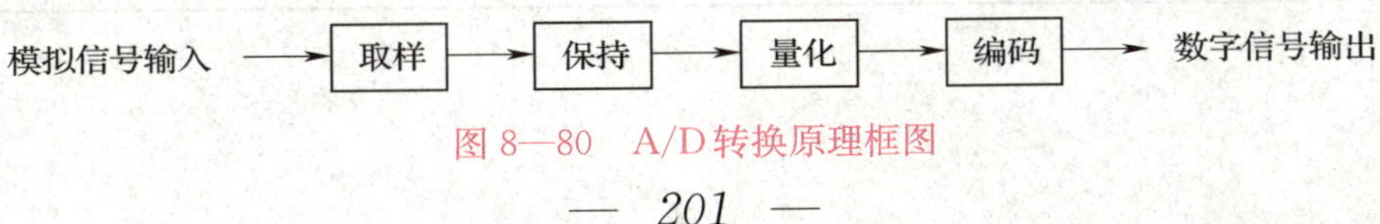

图 8—80　A/D 转换原理框图

（1）取样。取样是将时间上连续变化的模拟信号变成时间上离散的模拟信号。

（2）保持。由于 A/D 转换需要一定的时间，所以在每次取样结束后，还需要保持取样电压值在一段时间内不变，直到下一次取样时刻。

（3）量化。经取样、保持后的信号还不是数字信号，必须以一个最小数量单位的整倍数来进行区分表示，这一过程称为量化，规定的最小数量单位称为量化单位。

（4）编码。将量化的结果用二进制代码表示。

2. ADC0809 A/D 转换器

ADC0809 是八位逐次比较型 A/D 转换器，为 28 个引脚双列直插式。它有 8 个通道的模拟量输入，可在程序控制下对任意通道分别进行 A/D 转换。其外形及引脚排列如图 8—81 所示，引脚功能见表 8—24。

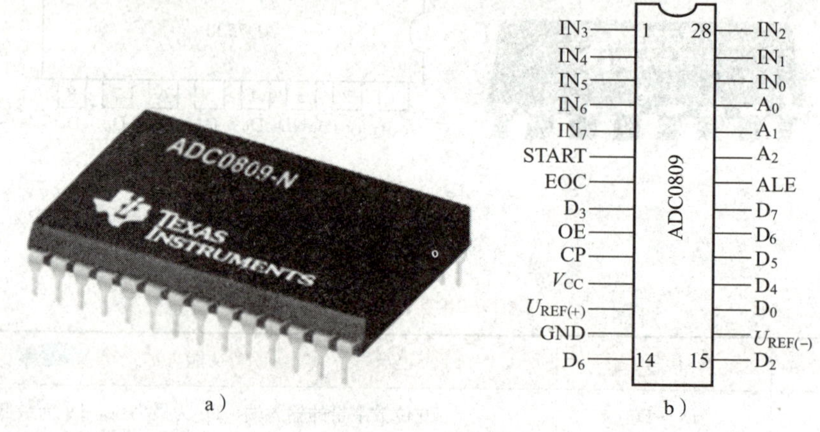

图 8—81　ADC0809 A/D 转换器

a）实物图　b）引脚排列

表 8—24　ADC0809 各引脚功能

引脚号	代号	功能
26～28，1～5	IN_0～IN_7	8 路模拟信号输入端
6	START	启动端
7	EOC	转换结束信号输出端
8，14～15，17～21	D_0～D_7	8 路数字信号输出端
9	OE	允许输出控制端，高电平有效
10	CP	时钟脉冲输入端
11	V_{CC}	电压端，一般为＋5 V
12，16	$U_{REF(+)}$，$U_{REF(-)}$	基准电压端，一般 $U_{REF(+)}$ 端接＋5 V，$U_{REF(-)}$ 端接地
13	GND	接地端
22	ALE	通道地址锁存信号输入端，高电平有效
23～25	A_2，A_1，A_0	8 路模拟信号的地址码输入端